航天科技图书出版基金资助出版

国外地面导弹武器发射系统发展研究

熊大顺　张涛华　黎　兰　等　编著
刘相新　韦学中　张佳林

中国宇航出版社
·北京·

图书在版编目（ＣＩＰ）数据

国外地面导弹武器发射系统发展研究/熊大顺等编
著．－－北京：中国宇航出版社，2022.9
ISBN 978-7-5159-2113-6

Ⅰ.①国… Ⅱ.①熊… Ⅲ.①地对地导弹－发射系统
－研究 Ⅳ.①TJ762.1

中国版本图书馆 CIP 数据核字（2022）第 168662 号

责任编辑　王杰琼　　　封面设计　宇星文化

出　版
发　行　　**中国宇航出版社**

社　址　北京市阜成路 8 号　邮　编　100830
　　　　　(010)68768548
网　址　www.caphbook.com
经　销　新华书店
发行部　(010)68767386　　(010)68371900
　　　　　(010)68767382　　(010)88100613 (传真)
零售店　读者服务部　　　(010)68371105
承　印　天津画中画印刷有限公司

版　次　2022 年 9 月第 1 版
　　　　　2022 年 9 月第 1 次印刷
规　格　787×1092
开　本　1/16
印　张　15.25
字　数　371 千字
书　号　ISBN 978-7-5159-2113-6
定　价　98.00 元

本书如有印装质量问题，可与发行部联系调换

航天科技图书出版基金简介

航天科技图书出版基金是由中国航天科技集团公司于 2007 年设立的，旨在鼓励航天科技人员著书立说，不断积累和传承航天科技知识，为航天事业提供知识储备和技术支持，繁荣航天科技图书出版工作，促进航天事业又好又快地发展。基金资助项目由航天科技图书出版基金评审委员会审定，由中国宇航出版社出版。

申请出版基金资助的项目包括航天基础理论著作，航天工程技术著作，航天科技工具书，航天型号管理经验与管理思想集萃，世界航天各学科前沿技术发展译著以及有代表性的科研生产、经营管理译著，向社会公众普及航天知识、宣传航天文化的优秀读物等。出版基金每年评审 1～2 次，资助 20～30 项。

欢迎广大作者积极申请航天科技图书出版基金。可以登录中国航天科技国际交流中心网站，点击"通知公告"专栏查询详情并下载基金申请表；也可以通过电话、信函索取申报指南和基金申请表。

网址：http://www.ccastic.spacechina.com

电话：(010) 68767205，68767805

序

中国正处在百年未有之大变局的关键期，创新驱动是我国的发展战略，也是国防工业部门发展的原动力。2013年10月21日，习近平总书记在欧美同学会成立100周年庆祝大会上讲话指出："惟创新者进、惟创新者强、惟创新者胜。"

创新是企业实现从"跟跑、并跑到领跑"的过程，是建立在研究、学习、借鉴国内外技术、产品的基础之上。2018年5月28日，习近平总书记在中国科学院第十九次院士大会、中国工程院第十四次院士大会上讲话指出："自主创新是开放环境下的创新，绝不能关起门来搞，而是要聚四海之气、借八方之力。"

北京航天发射技术研究所的作者编著的《国外地面导弹武器发射系统发展研究》一书以扎实的技术背景、熟练的语言水平、敏锐的感知能力、孜孜不倦的求学态度，以及严谨务实的治学风格，聚焦航天发射技术这个较为冷门但重要的专业领域，用大量的文字、数据、图片全面、系统地介绍国外航天发射技术发展情况。本书是国外发射领域研究的综合性研究成果，概括了国外发射技术全貌，是发射技术研究人员较好的参考书。

"他山之石，可以攻玉"，希望本书能为我国导弹武器装备创新发展开拓思路，提供借鉴，促进创新。

前　言

发射技术是对导弹与火箭的发射方式及其地面设备系统和发射工程设施进行研究、设计、试验及使用的理论与技术。发射技术是一门综合运用军事理论、武器设计理论和通用工程设计理论的特殊应用工程技术，是在不断总结导弹与火箭的发射实践和地面设备系统研制经验的基础上逐渐发展起来的。

从技术分类，发射方式分为热发射和冷发射（弹射）两种。发射技术与部署方式、技术发展水平是密切相关的，不同的部署方式有不同的作战使命，则采用不同的发射方式；有时，相同的部署方式也可能采用不同的发射方式。例如，公路机动战略导弹普遍采用冷发射技术。公路机动战术导弹则有冷、热两种发射方式。井基固体战略导弹发射技术则从热发射转向冷发射。井基液体战略导弹发射技术则由热发射转为冷热并存。这些不同的发射方式的论证和作战使命、部署环境、技术水平紧密相关。对国外发射技术进行系统的研究，掌握国外发射技术论证底层逻辑、发展水平与发展方向，有利于国内开展发射技术规划论证、方案设计和工程研制。

本书分为 7 章，第 1 章详细介绍美国陆基核战略武器现状与发展规划，包括现役"民兵-3"导弹以及未来陆基战略威慑（Ground - Based Strategic Deterrent，GBSD）的发展；第 2 章详细介绍俄罗斯陆基核战略武器现状与发展规划，包括公路机动白杨（SS - 25）、白杨-M（SS - 27）、亚尔斯（RS - 24）、边界（RS - 26），铁路机动"巴尔古津"、"死亡列车"（SS - 24），井基撒旦（SS - 18）、先锋（SS - 19M4）、萨尔玛特（RS - 28）的发展；第 3、4 章分别详细介绍美国退役的侏儒战略导弹发射车和 MX 战略导弹发射系统；第 5、6 章分别介绍国外典型公路机动战术导弹发射平台以及典型公路机动防空导弹发射平台；第 7 章介绍美国侦打机动导弹发射车概念，可供提高地面机动发射系统生存能力参考。

在本书的编写过程中，得到许多专家、教授、同事的帮助，在此一并表示感谢！

目　录

第 1 章　美国陆基核战略武器现状与发展规划

1.1　概述

美国陆基战略弹道导弹的发展大体经历了 4 个阶段,研制了众多型号的导弹。

第 1 阶段:20 世纪 50 年代末期之前,美国研制了 SM - 78 "丘比特"、SM - 75 "雷神"、SM - 65 "宇宙神" 和 HGM - 25A "大力神 1" 等型号。

第 2 阶段:20 世纪 60 年代,美国研制了 LGM - 25C "大力神 2"、LGM - 30A "民兵 1A"、LGM - 30B "民兵-1B" 和 LGM - 30F "民兵-2" 等型号。

第 3 阶段:20 世纪 60 年代中期至 70 年代中期,美国研制了 LGM - 30G "民兵-3"。

第 4 阶段:20 世纪 70 年代末期至 80 年代末期,美国研制了 MGM - 118A "和平卫士" MX 导弹,美国在 80 年代后期还研制了 MGM - 134A "侏儒" 导弹。

随着苏联的解体以及各种地缘政治、技术、经济等复杂因素,美国和俄罗斯签署了削减战略武器条约,美国销毁了技术最先进的 "和平卫士" MX 导弹,也没有部署具备抗核加固的 MGM - 134A "侏儒" 公路机动导弹。美国现役陆基战略导弹为 "民兵-3" 导弹,本章将对其地面系统及其发射技术进行详细介绍。

1.2　"民兵-3" 陆基洲际弹道导弹

"民兵-3" 为三级固体导弹,采用热发射技术,起飞质量为 34.5 t,弹径为 1.67 m。根据美国与俄罗斯签署的《第二阶段削减战略核武器条约》,美国将在 2007 年年底以前拆除 "民兵-3" 导弹的分导式多弹头,并计划为其改装 MK21 单弹头,MK21 核弹头的核装置为 W87,威力为 300~475 kt TNT 当量。

1.2.1　简介

美国洲际弹道导弹(Intercontinental Ballistic Missile,ICBM)包括 400 枚单弹头 "民兵-3" 洲际弹道导弹,分散部署在多个州内的 450 处地下发射井中。这些洲际弹道导弹具备全时备战能力,是 "三位一体" 核力量中响应能力最强的力量。

除了大规模核攻击之外,洲际弹道导弹在其他条件下均具有很强的生存能力。如果想要破坏美国的洲际弹道导弹,对手需要开展一次高协同性的精确打击,将使用数百枚高当量、精确核弹头。除了俄罗斯外,没有任何国家具有这种能力。反过来讲,如果 "三位一体" 核力量没有了重要的洲际弹道导弹,仅靠战略核潜艇和战略轰炸机,必将受制于对方首先发起且武器规模相对较小的核攻击。因此，美国对其核力量构成进行过多次论证，每次的结论都是保持"三位一体"的核力量。

洲际弹道导弹的快速发射能力是指没有任何对手能够确保在发射之前将这些导弹摧毁。这些导弹每天都瞄准公海相关区域，在发射前，必须从公海转至相应陆基目标。从1994 年开始，美国和俄罗斯同意这种信任构建做法。美国仍将坚持继续这种做法，使之成为有效的安全保障措施，同时又具备快速发射打击定点目标的能力。

美国洲际弹道导弹具有高当量、30 min 之内抵达、精确打击欧亚大陆任何目标的能力，其高超声速飞行使拦截非常困难。

美国洲际弹道导弹"民兵-3"首次部署于 1970 年，其预计服役寿命为 10 年。后来美国开展了一系列的延寿项目，但由于组件老化和库存消耗速度快，"民兵-3"已经接近寿命延续的终点。2001～2012 年，美国对"民兵-3"导弹实施了一次现代化改造，将其可用寿命延长至 2030 年。完成改造后的"民兵-3"导弹实际上是一种新型战略导弹，升级为第 4 代战略弹道导弹。

1.2.2　部署

400 枚"民兵-3"导弹部署在 450 个发射井中（其中 50 个发射井调整为非作战部署状态），平均隶属于 3 个导弹联队：位于怀俄明州 F. E. 沃伦（Warren）空军基地的第 90导弹联队、位于北达科他州迈诺特（Minot）空军基地的第 91 导弹联队，以及位于蒙大拿州马姆斯特罗姆（Maelstrom）空军基地的第 341 导弹联队。这 3 个基地共同的特征是都在美国西北部，所在的州都以农、牧、矿业为主，周边没有大型城市，公路、铁路、机场都非常多。根据基地的介绍，开始选择这些基地部署民兵导弹最重要的原因是：这些地方都是离苏联最近的区域，核武器可以打击到苏联。

1.2.2.1　Minot 空军基地

Minot 空军基地位于美国 83 号高速公路 Ruthville 段与 Forfar 段之间，四周都是小镇，随处可见大草原，平均海拔 500 m，在美国中西部，以农业为主；天气四季分明，夏天平均温度为 19～25 ℃，冬季平均温度为－16～－10 ℃，湿度低，降水少，多风，多日照；全州有铁路 9 000 km，公路线路总长 15 万 km，有 100 多个机场。

1.2.2.2　Warren 空军基地

Warren 空军基地在美国 87 号高速公路和 30 号高速公路交汇西南角，周边是美国西部牧场与矿场区。Warren 地处怀俄明州，平均海拔 2 000 m，气候冷而干燥，冬天平均温度为－11 ℃，夏天平均温度为 15 ℃，降雨少。州内交通以公路为主。

1.2.2.3　Maelstrom 空军基地

Maelstrom 空军基地在 89 号高速公路附近，四周小镇是美国西部农牧业区。Maelstrom 所在的蒙大拿州草原众多，旅游资源丰富，包括著名的黄石公园。该州气候多变，雨雪频繁。州内有铁路 7 800 km，公路线总长 12 万 km，各类飞机场 100 多座。

1.2.2.4　导弹联队配置

　　每个导弹联队下辖 3 个中队，每个中队配备 50 枚导弹，由 5 个发射控制中心控制，如图 1-1 所示，单个民兵导弹发射井布局如图 1-2 所示。

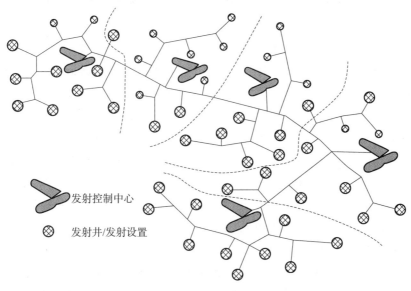

图 1-1　民兵导弹发射控制中心布局

图 1-2　单个民兵导弹发射井布局

1.2.2.5　地下井

　　"民兵-3"导弹采用地下井发射，井深约 27 m，直径 3.6 m，井与井间距离约 9 km，井与发射控制中心距离约 5.5 km。井盖厚 0.9 m，质量为 85 t。

　　地下井由发射筒、井盖、两层环形设备间和人员进出通道等组成。发射筒与井盖都是钢筋混凝土结构。设备间有两层，建筑在发射井的上部四周，在地下 8m 多深。位于上层的电子设备安装在防震地板上。

1971 年 10 月～1977 年 8 月，空军对地下井进行了加固，耗资近 10 亿美元，使地下井的承压能力达到 6 865～13 730 kPa。主要加固措施如下：

1）改进导弹的悬挂系统，把地下井中的发射设备装在加固的由隔震板支撑的悬浮地板上，有效地提高了抗地面冲击波能力。

改进后，导弹像钟摆一样悬挂在地下井内，周围衬有泡沫塑料，起侧向缓冲作用，可消除核爆炸引起的地面冲击的水平分量；垂直分量则通过吊索和吊篮消除。另外，液压和机械弹簧也能吸收一部分冲击载荷。

环形设备间的仪器设备装在悬挂地板上，悬挂地板由加强的减震支柱支撑，用来吸收垂直冲击载荷。

发射井衬的宽度由原来的 19 cm 增至 38 cm。

电池组与发电机由原来的刚性安装改为安装在减震地板上。

2）在井盖上加一层厚 250 mm 的硼酸盐防辐射混凝土，增强了防辐射和抗冲击波的能力。井盖厚为 1.47 m，质量约 100 t。由于井盖质量增加，开启时移动井盖用的燃气发生器和拉索也相应进行了加强。

3）沿井盖缝隙安装了碎片收集器，可以收集核爆炸引起的尘埃、碎石、积雪和冰块，以免落入井内损伤导弹。碎片收集器的形状像一个倒置的"排障器"，当井盖滑开时，它也立即打开，截获从地下井两边掉入的碎石块等。

4）增设了防电磁脉冲措施，如采取绝缘、滤波器和切断电路等办法，限制进入井内的脉冲电流量。许多线路重新布线，防止进入一条线路中的电磁脉冲同其他线路相耦合。在地下井和导弹有可能发生电子击穿的地方，采用电磁脉冲防护装置或加以绝缘。还采用了一种特殊的转换程序，当敏感元件检测到电磁脉冲时，立即将敏感的逻辑电路关闭几毫秒，等电磁脉冲过后再接通。

5）不断提高地下井抗超压能力。民兵导弹的减震装置中，最初采用的减震元件是金属旋转弹簧和金属摆杆。地下井早期的抗超压值为 2 059 kPa，其减震装置隔离的地震冲击波的输入频率只是在低频范围内，冲击过载也较小。

"民兵-2"导弹地下井抗超压能力提高到 6 865 kPa，要求减震的地震频率范围的过载都有所提高。因此，采用刚度较小的金属螺旋弹簧，并采用了挠性好的钢丝绳代替金属摆杆，因为这样隔离水平冲击中的高频效果更好。

"民兵-3"导弹地下井抗超压能力提高到了 13 730 kPa，对减震装置又提出了更高的要求。采用拉压组合型弹簧代替两端受压的弹簧，并在吊杆与金属套筒之间填充了泰弗隆塑料垫层，其发射控制设备及发射控制中心的活动地板都采用了双线性液压减震器。

这些减震器与减震装置的多次改进与所做的大量试验研究工作分不开。为开展民兵导弹地下井用的减震的试验研究，建立了大型的可以用全尺寸实物做试验的模拟试验台，这一试验台由波音宇航公司设计研究，安装在加利福尼亚范登堡空军基地，表 1-1 为其主要技术性能指标。

表 1-1　范登堡空军基地核爆炸地震模拟试验台主要技术性能指标

台面尺寸/m	7×7
载荷质量/t	57.6
最大激振力/kN	4×6 800、1×6 800
激振方向	Z、Y
最大位移/cm	91、279
最大速度/(m/s)	1 140、155.1
最大加速度/g	160、15
工作频率/Hz	0～1 000
连接方式	连杆机械球铰
完成日期	1971 年
研制单位	波音宇航公司

　　该试验台的台面尺寸为 7 m×7 m，净空高度约 24 m，其 4 个减震器的总推力可达 26 478 kN，可以对质量达 57.6 t 的"民兵-3"导弹及其减震系统做模拟核爆炸地震冲击波试验。

　　"民兵-3"导弹的指挥、控制和通信系统比"民兵-2"导弹更加完善，除了地面电缆通信系统、无线电通信系统以及空中指挥所以外，还有卫星通信系统、紧急火箭通信系统和攻击后指挥控制系统，大大提高了实战能力和生存能力。

1.2.2.6　发射控制中心

　　发射控制中心是一个有人控制的阵地，主要由地面后勤供应室、发射控制设备机房和地下发射控制室组成。发射控制中心建在地下 5 m 处，并有防爆防冲击波装置，由战略空军司令部的两名军官组成的发射小组轮流值班。

　　每一个发射控制中心主要负责控制本小队的 10 枚导弹。每个中队的 5 个发射控制中心有 2 个是指挥中心，负责整个中队导弹的发射控制。5 个发射控制中心都是相互备份的，必要时，任何一个发射控制中心都能承担发射控制任务。

　　发射控制中心的任务如下：

　　1）监视系统准备状态，命令定期地对发射设备进行测试；

　　2）发现不安全因素，并采取相应措施；

　　3）确定发射井、发射控制中心的故障类型，并指示采取相应措施；

　　4）提供所需的标准电源盒备用电源，以及为人员和设备提供各种环境控制；

　　5）控制和发射导弹。

　　为消除人为差错，发射指令必须由两个发射控制中心协同并严格按程序发出。此外，每个联队的任一发射控制中心都可以取消中队中的单个发射控制中心单独发出的发射指令。发射程序的最后一步，是由两个发射控制人员各转动一把钥匙，这两把钥匙相距 3.6 m，它们必须在相隔不到 2 s 的时限内转动，并且转过去后还要保持 2 s，这样就能防止一个人同时转动两把钥匙而发射导弹。

此外，美国空军还为民兵导弹研制了一种机载发射控制系统，即 EC - 135 飞机机载指挥所，一旦地下发射控制中心遭到破坏，它可以承担发射控制任务。该系统已经进行了改进，增加了一套与地下发射控制中心武器控制计算机相匹配的计算机系统，实现了从飞机上遥控变换"民兵- 3"导弹的目标。

1.2.2.7　发射装置核加固

"民兵- 2"和"民兵- 3"导弹从 20 世纪 60 年代后期就开始加固，以使导弹在飞行时可能遇到的电磁脉冲环境中生存下来；70 年代初对民兵导弹地下井广泛开展了电磁脉冲加固评价工作，以确保地下井抗高空和地面核爆炸产生的电磁脉冲的能力。

对"民兵- 3"导弹提出的生存要求如下：

1）导弹必须在完成任务的整个过程中在广泛的环境条件下保持生存能力；

2）所有分系统必须保持生存；

3）导弹在直接袭击或多发袭击（袭击邻近的地下井或空空袭击）的条件下必须保持生存。

为了满足上述要求，"民兵- 3"导弹根据不同情况采取了不同的加固措施。"民兵- 3"导弹对于不同阶段所考虑的核环境因素如下：

发射前：空气冲击波、核辐射、电磁脉冲、碎片。

主动段：灰尘、电磁脉冲、核辐射。

自由飞行段：核辐射、电磁脉冲。

再入段：核辐射、电磁脉冲、空气冲击波。

导弹在发射前放置在有一定防护能力的地下井内。在这个时期，需要考虑的影响导弹系统生存能力的最严重的情况就是在地下井附近的地面或临近地面的核爆炸。在这样的核环境条件下，需要考虑的核环境因素主要是空气冲击波及其引起的地冲击波（图 1 - 3）、核辐射（主要是射线和中子）、电磁脉冲以及核爆炸产生的碎片沉积（图 1 - 4）。

"民兵- 3"导弹地下井从 1970 年开始执行一项地下井全面加固计划。制订这一计划的出发点如下：

1）考虑到导弹的命中精度已有很大提高，有必要进一步提高地下井的防护能力，以确保导弹系统的生存。

2）原有的导弹地下井把空气冲击波产生的超压作为防护设计的主要因素，对地冲击波的影响估计不足，对其他的核效应也没有考虑。

为此，1970 年根据对核武器现代效应的认识，空军做出了全面加固地下井的决定。1971 年 10 月～1979 年 9 月先后对 1 000 个民兵导弹地下井进行了加固，前后共用了 8 年时间，耗资 10 亿美元以上。

地下井全面加固的具体措施包括对核辐射的屏蔽、对电磁脉冲的防护、对空气冲击波的防护、对地冲击波的防护、对碎片的防护等。

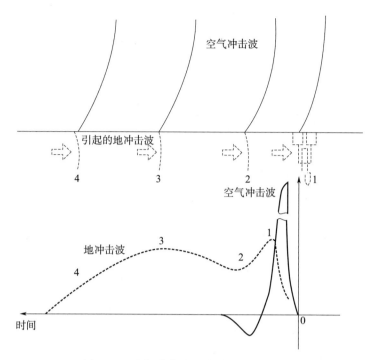

图 1-3　空气冲击波及其引起的地冲击波

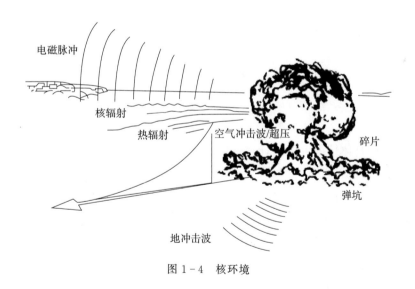

图 1-4　核环境

（1）对核辐射的屏蔽

对于核辐射的防护，采取的主要措施是屏蔽。例如，采用 25 mm 厚的普通水泥作为屏蔽，可以使 γ 射线、中子的辐射通量减少一个数量级。因此，地下井本身已经具备一定的抗辐射能力。地下井中最薄弱的部分就是地下井盖，所以地下井加固计划就把井盖的加固作为提高抗核辐射能力的一个主要措施。原来的井盖厚 90 cm，质量 85 t。加固计划要求在原来的井盖上再浇筑 25.4 cm 厚的钢筋混凝土，并在混凝土中渗入能吸收中子的硼，借助特制的环氧把新浇筑的混凝土固定在现有的地下井井盖上。加固后的井盖质量约107 t，由于质量增加，起动井盖用的燃气发生器的钢索也相应做了加强。

在电子组件和设备方面，主要是采用抗辐射的电子线路和组件。

（2）对电磁脉冲的防护

钢筋混凝土制成的地下井本身有可能使电磁脉冲的辐射减少一个数量级，但是衰减对于频率是很敏感的，很难将地下井内的所有电子设备都隔离。为了确保某些电子元件工作正常，有必要对电磁脉冲的高频部分衰减 3～4 个数量级。

对电磁脉冲的防护措施通常有屏蔽、接地、隔离或切断电路，合理的线路布局，选用防护能力强的线路、元件或组件等（图 1-5）。

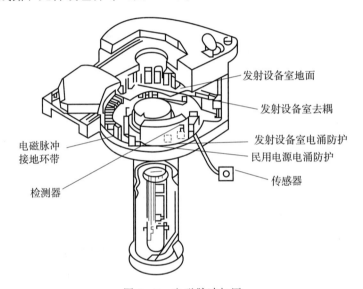

图 1-5　电磁脉冲加固

针对地下井的具体情况，加固计划采用的防电磁脉冲措施如下：

1）在发射井和发射设备之间设置接地环节，以屏蔽电磁脉冲；

2）把整个发射设备室接地，使地下发射井与发射设备室连通；

3）设置专门的高灵敏度（微秒级）检测器和传感器，以便随时探测电磁脉冲，并在电磁脉冲到来时及时断开开关键的电路，使电路停止工作几毫秒，以避开电磁脉冲效应；

4）在所有进入发射装置的电路输入端（如外接民用电源的输入端）设置电涌放电器或大容量电容器，以保护地下井内的电路不致遭受干扰或破坏。

5）选用加固的电子器件。

（3）对空气冲击波和地冲击波的防护

地下井在未加固前的抗超压能力为 2 068 kPa，加固计划要求高到约 478 803 kPa，特别要求增加对地冲击波的防护能力（图 1-6）。

为此，加固计划中采取了如下加固措施：

1）井盖加厚 25.4 cm。

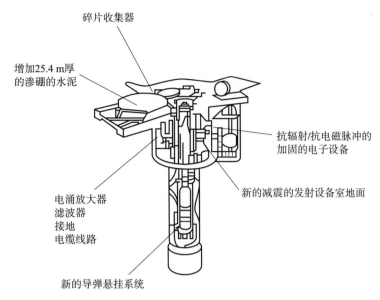

碎片收集器

增加25.4 m厚
的渗硼的水泥

抗辐射/抗电磁脉冲的
加固的电子设备

电涌放大器
滤波器
接地
电缆线路

新的减震的发射设备室地面

新的导弹悬挂系统

图 1-6　经过加固的地下井

　　2）采用新的导弹悬挂系统，以提高抗垂直和水平冲击波的能力。在未加固前，导弹是刚性安装的，主要靠弹簧来减震。新的悬挂系统是将导弹放置在支座或支架上，而支座则借助连接在地下井四侧的几根钢索吊住，这样在冲击波的作用下导弹可以像"摆"一样摆动。铰接的支臂和泡沫塑料使导弹在支座上保持不动。在导弹四周放置的泡沫塑料可以缓冲水平方向的冲击波，而垂直冲击波则由吊挂的支座来缓冲，液压和机械弹簧也能缓冲一部分垂直冲击波。

　　3）将整个发射设备室的地面放置在经过改进并加强的弹簧减震装置上。发射设备室位于地下 8.4 m，分为两层，用来放置发射的各种电子设备和其他设备。通过减震装置来缓冲垂直冲击波，而水平冲击波则借助地下井与发射设备室之间的泡沫塑料来缓冲。设计要求经缓冲后施加到室内仪器、设备的冲击载荷不能超过 $10g$。

　　4）把原先是固定安装的应急电池组和发电机悬挂在发射设备室的下面。

　　5）加固超高频天线。

　　6）增设一个制导和控制系统冷却装置。

　　7）发射井衬套的宽度增加一倍，由原来的 19 mm 增至 38 mm。

　　8）加固电子设备。

　　（4）对碎片的防护

　　在地下井井盖的边沿装设一个碎片收集器（图 1-7），以防止核爆炸后沉积在井盖上的碎片在打开井盖时掉入井内，使导弹受到损坏。另外，在冬季遇到大雪时，在井盖上也会有积雪和冰块，碎片收集器也可以起到防止积雪和冰块掉入地下井的作用。

　　对于地下井，除了采取上述加固措施外，还必须进行各种地面试验，以验证经过加固的地下井能否达到预计的设计要求。地下井加固后进行了以下两类试验：

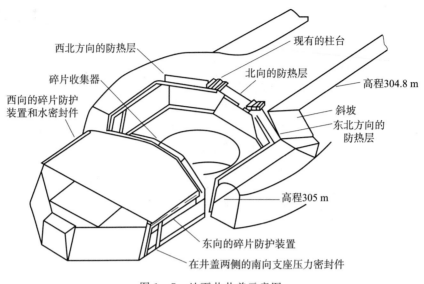

图 1-7　地下井井盖示意图

1) 常规炸药模拟试验：用常规炸药模拟核爆炸产生的冲击波环境。在大福克斯基地作战型地下井 No.2 进行常规炸药模拟试验时约用了 20 t TNT 炸药，炸药上面还有一定厚度的覆盖层，以便能真实地模拟所要求的超压。

2) 电磁脉冲试验：借助瞬变全向辐射单距静止模拟器进行，这是一个可以移动的威慑级模拟器。在民兵导弹的 6 个基地中，每个基地都要选择几个有代表性的地下井做电磁脉冲试验。例如，1972 年 9 月～1973 年 11 月曾对第二联队的 5 个地下井进行了威慑级的电磁脉冲鉴定试验。第一个地下井在试验时是从两个方向施加电磁脉冲场地，用以确定最敏感的轴向；其余 4 个地下井则仅仅从最敏感的轴向施加磁场脉冲进行试验。试验时在地下井的发射设备室要放置各种记录仪器。对每个地下井进行试验时既要模拟高空电磁脉冲场，又要模拟低空电磁脉冲场。民兵导弹所有基地的地下井发射设备室的电磁脉冲模拟试验工作直到 1975 年 11 月才完全结束。

对于地下井内的有关设备，还要进行冲击和振动试验。试验所积累的大量数据可用于事后的统计分析，以便找出设备和组件的薄弱环节，进行更换或加固。民兵导弹地下井的验证试验工作于 1974 年正式结束，整个试验验证工作耗资 3 亿美元以上。

1.2.2.8　运输装井车

"民兵-3"导弹的部件运输由两种车辆共同执行，一种称为导弹运输-起竖车（Transporter Erector，TE），另一种称为导弹有效载荷运输车。

"民兵-3"导弹运输-起竖车负责运送导弹的主弹体（图 1-8），即三级固体火箭发动机。运输-起竖车牵引车头来自彼得比尔特（Peterbilt），运输箱设计带有主动环境控制系统，并且能够抵抗较大力度的冲击。

导弹维护中队士兵从集装箱内升降武器系统部件之前或者处理完毕后，需要用液压推开和关闭厚重的发射井盖（图 1-9）。

图 1-8　"民兵-3"导弹运输-起竖车

图 1-9　井盖滑开过程

　　架好运输-起竖车,集装箱口对准发射井口,准备执行下放或装载任务(图 1-10 和图 1-11)。

　　绞车缓慢释放钢索,从运输-起竖车的集装箱内将弹体降至 24.384 m 深的发射井中(图 1-12~图 1-14)。

图 1 - 10　发射井承托爪对接运输-起竖车（一）

图 1 - 11　发射井承托爪对接运输-起竖车（二）

图 1-12　装井车起竖状态

图 1-13　绞车下放弹体

图 1-14　人员在升级简易梯装井操作

图 1-15 为"民兵-3"发射井的内部结构，井壁外还有一层空心夹层，外圈壁也分布着一些电气设备，夹层空间内可能有固定照明装置。整个发射井剖面如图 1-16 所示。

图 1-15　发射井内部结构层

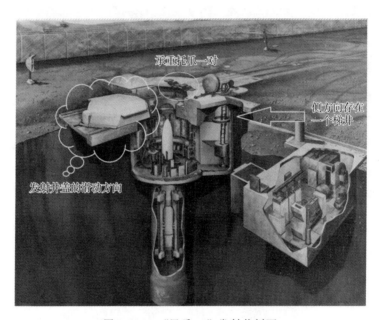

图 1-16　"民兵-3"发射井剖面

1.2.3　延寿计划评估

2004 年 3 月，美国总审计局公布了一份题为《国防采办：主要武器计划评估》的报告（GAO-04-028），该报告对 51 个主要的国防采办计划进行了评估。这些评估立足于反映项目成功最佳做法及其产品开发所需的知识基础，集中探讨了就一种新产品或新武器研制的 3 项要素：技术、设计与生产。假如其中一项有隐患，必将使出现技术问题的风险升高，随之而来的可能是经费攀升、进度迟滞。因此，总审计局制定的这份报告旨在为国会及国防部决策者提供既定国防计划的知识基础评估，以明确那些潜在的风险，并给决策者提供为这些国防计划做出最佳决策的机会；同时，该报告又可为其他计划提供有价值的参照。在这份报告评估的主要武器计划中，包括民兵洲际弹道导弹的两项延寿计划：制导系统更新计划和推进系统更新计划。

1.2.3.1　概况

自 1985 年以来，美国推出了一系列的"民兵-3"改进计划，主要有制导系统更新计划、推进系统更新计划等。通过一系列的更新改造计划，"民兵-3"导弹的武器系统老化问题得到解决，服役期限由原来期望的 2000 年延长至 2030 年，同时提高了可靠性、可维护性，降低了全寿命管理费用。

1.2.3.2　制导系统更新计划

制导系统更换计划的目的是延长民兵导弹制导系统的寿命，提高制导系统的可维护性和可靠性。它用现代化可靠性技术更换老化的部件，保持导弹的高精度。作为"民兵-3"导弹延寿计划之一，制导系统更新计划始于 1993 年 8 月，1998 年新系统飞行测试显示，性能超过指标要求。新制导系统生产始于 2000 年，空军采购 652 套，有报道显示期间出现过测试精度问题，空军在 2002 年、2003 年找到并更正这些问题，2007 年升级了 425 枚"民兵-3"导弹。2009 年 2 月，波音公司交付最后一批产品，整个项目完成。

（1）技术成熟度

由于民兵制导系统使用的电子元器件将持续老化，使其可靠性和可维护性降低，因此要对这些电子元器件进行更新。尽管没有对技术成熟度进行详细的评估，但是制导系统更新计划正在利用 20 世纪 90 年代由商业部门已成功演示的电子元器件来改进及扩充 20 世纪 60 年代成熟起来的"民兵-3"制导系统的相关技术，技术成熟度高。

（2）设计成熟度

制导系统更新计划的设计已经成熟，这是因为该计划从开始生产至今，只从 1 600 个生产制图中排除了 25 个多余的制图。配置基板上的 4 个硬件已经开始生产，所有以前生产的制导设备将被升级为最新配置，同时不会影响生产进度和费用。

（3）生产成熟度

制导系统更新计划的生产程序已经相当成熟。3 个主要的生产程序均使用了统计程序控制（Statistical Process Control，SPC）措施，在 8 个监控这 3 个主要生产程序的关键子程序中，有 7 个使用了统计程序控制数据，其中 5 个达到了最佳操作标准。用于评估生产的其他度量指标（如性价比）也都能达到预计值。例如，2003 年 7 月，该计划的实际生产相对于 1998 财年原定的基准交付进度多生产了 8 套设备。这种设备要求的故障间隔时间为 15 000 h，平均要在 230 万 h 的正常工作时间之后有 153 h 的故障修复时间。

（4）其他计划问题

因为主要的导航组件"陀螺平台"是在 20 世纪 60 年代设计制造的，至今用于支持这些平台的部件需求量已减少，并且供应方也已停止制造。当前，新式和老式"民兵-3"导弹所需的维修配件都是从退役的"民兵-2"和 MX 导弹上拆下来的制导系统部件。因此，为了使"民兵-3"导弹延寿到 2030 年，解决其制导系统的部件需求问题至关重要。为了解决这一问题，空军需要指定合适的供应方，并且要及早给他们拨款，以确保不出现部件供应的短缺。

（5）计划办公室的评论

计划办公室官员在对这份报告草案进行评论时指出，与 1999 财年通过的最新采办计划基准相比，整个计划和单项开支仅仅增加了 7.8%。计划办公室官员还指出，该计划的某些工作比既定进度提前了 1 个月。此外，制导系统更新计划尽可能地使用了统计程序控制数据来管制生产，但是有一些其他工作并不适用于一般的统计程序控制方式，如电缆线、陀螺平台和导弹制导系统的组装（将部件进行最后的装配）。该计划使用了学习曲线和性价比指标研究并开展组装工作。制导系统更新计划还制定了有关生产程序的进一步流程化和降低经费的工程改进方案，据计划办公室官员称，经演示，其应用效果非常好。

（6）飞行试验验证

作为试验和评估计划的组成部分，1998 年 6 月 24 日上午，美国空军从范登堡基地发射了 2 枚无战斗部的"民兵-3"导弹，每枚导弹携带 3 个子弹头，飞行约 30 min 后击中 6 800 km 外位于夸贾林导弹靶场的预定目标。这两次发射的目的不同，第一枚导弹是根据"民兵-3"制导系统更换计划进行的首次集成演示验证飞行，该计划由空军的作战试验和评估中心负责；另一枚是空军继续试验与评估计划的组成部分，用以检验洲际弹道导弹的准确性和可靠性。这次试验首次使用海军的 E-6B 飞机作为空中发射控制系统，而以前都使用空军的 EC-135 飞机。

1.2.3.3　推进系统更新计划

推进系统更新计划旨在使用重新生产的发动机替换"民兵-3"上老化的固体火箭发动机，以保证其到 2030 年间处于战备状态。火箭 1 级、2 级由诺斯罗普·格鲁门公司技术团队注入新燃料，3 级重新制造。作为"民兵-3"导弹延寿计划之一，推进系统更新计划于 1994 年 6 月开始，1999 年 10 月开始低速投产，2001 年 9 月转为全速生产，2002 年 1 月形成初始战斗力，并于 2007 年完成采办，2008 年年中已经更换 80% 的发动机推进系统，2014 年完成整个更新计划。

（1）技术成熟度

推进系统更新计划的技术已经成熟，因为该计划沿用了现有的商业技术，而这些技术早先已被"民兵-3"导弹发动机所应用。这次更新主要是针对与当前环境标准相匹配的化学物质。

（2）设计成熟度

推进系统更新计划的设计已成熟，因为在 1998 年 7 月的设计审查中，100% 的生产制图都已通过认证。从那时起，诺斯罗普·格鲁门就陈旧的生产方式、材料和元件做了少量的工程改进。通过对 20 套改进发动机的点火试验，以及对 5 枚带改进发动机的"民兵-3"导弹的实际发射，进一步稳定了设计。

（3）生产成熟度

据计划办公室介绍，75% 的关键生产程序处于有效控制中。2001 年 9 月，100% 的关键生产程序处于有效控制中，由于最近一个子合同方的设施出了故障，使得该数字有所下调。

（4）其他计划问题

2002 年 12 月，在 12 个第 2 级发动机和 9 个第 3 级发动机上，从一处裂缝的空心气锤中发现了一些小的铅粒。针对 2002 年 12 月的这次事故，政府和工业专家组成了联合独立调查组，发现了很多问题。据计划办公室介绍，这些问题包括不够遵守操作流程及缺少生产合格产品的责任心。为此，计划办公室停止了向子合同方的阶段性付款，直到他们提供一份能解决这些问题的恢复计划。另外，计划办公室正通过审查生产设施的管理以解决存在的问题。

（5）计划办公室的评估

计划办公室在对这份报告草案进行评估时，大体上赞同这份报告提供的信息。计划办公室官员还指出，该计划又为第 2、第 3 级火箭发动机选择了新的生产商，并已经成功完成了包括铸件试验在内的第一重要阶段的任务。推进系统更新计划也在通过增加其他发动机设备的分支生产线来推动火箭发动机的生产，最终降低对国家安全的威胁。

1.2.4　其他现代化改造

除了上述制导系统更新计划和推进系统更新计划以外，还有推进系统火箭发动机项目、快速展开和战斗瞄准服役寿命延长项目、安全改进型再入飞行器等。

1.2.4.1　推进系统火箭发动机项目

根据美空军报道，推进系统火箭发动机项目用来重新制造和更换 20 世纪 70 年代生产的"民兵-3"助推推进系统部件。因为这些部件、元件、材料已经无法采购，所以空军直接更换这些部件。该项目用来降低民兵导弹的寿命周期成本，并保持其可靠性到 2030 年。美空军在 2009 年、2010 年、2011 年分别采购了 441 套、96 套、37 套，整个项目完成。

1.2.4.2　快速展开和战斗瞄准服役寿命延长项目

快速展开和战斗瞄准系统为 MX 战略导弹机动发射研制，在 20 世纪 90 年代中期首次安装在"民兵-3"发射控制中心。该技术可以显著降低导弹重新瞄准花费时间，具备自动路线规划功能，可降低工作量。2006 年美空军开始对该系统进行现代化改造，更换过时的设备，延长其服役寿命，升级发射控制中心的指挥和控制性能。该项目使战略弹道导弹可以快速重新瞄准，这一性能被美国《核姿态评估报告》称为未来核力量的核心。美空军在 2006 年年底完成该项目。

1.2.4.3　安全改进型再入飞行器

2002 年 2 月，根据公布的《核态势审议报告》的结果之一，美国防部开始将 MX 洲际弹道导弹的弹头再入飞行器拆除，用于"民兵-3"洲际弹道导弹。这样，分导多弹头的"民兵-3"洲际弹道导弹将改装成单弹头导弹。这一项目可确保"民兵-3"导弹在计划的部署周期内的可靠性和有效性。

该消息是负责维护美国洲际弹道导弹的主承包商 TRW 公司公布的。该改装计划虽然早已确定，但是由于《新削减战略导弹条约（START Ⅱ）》一直没有被批准，因此具体时间一直没有确定。洲际弹道导弹的升级和现代化计划所有内容都由 TRW 公司负责管理，在 1997 年授予 TRW 公司该合同时提供资金 34 亿美元，后来已经达到 59 亿美元。

更换再入飞行器后，空军必须更改软件，更换导弹的安装形式，更换支持系统。2005 年安全改进型再入飞行器进行了 3 次飞行测试，结果非常成功，进而取消原计划的第 4 次测试。2006 年美空军在 F. E. Warren 基地民兵-3 导弹上安装 20 套新的再入飞行器，马姆斯特罗姆和迈诺特基地分别于 2007 年、2008 年开始安装。2009 年空军再次采购 111 套。空军总共采购 570 套，2012 年完成安装。

1.2.4.4　固体火箭发动机热线项目

2009 年，美国国会批准固体火箭发动机热线项目，用来"保留和维护必要的制造和工艺基础设施，维持'民兵-3'固体火箭发动机生产能力"，每年提供必要经费维持少量生产。2010 年、2011 年分别生产 4 枚、3 枚导弹。

1.3　陆基战略导弹未来发展

美国将用陆基战略威慑（Ground-Based Strategic Deterrent，GBSD）导弹逐渐替代现役"民兵-3"导弹，并将服役到 21 世纪 70 年代。本节对美国陆基战略导弹未来发展进行介绍。

1.3.1　背景

美国"三位一体"战略力量由陆、海、空三基威慑力量构成，主要包括陆基洲际弹道导弹、装备潜射弹道导弹的核潜艇、携带重力炸弹及空射巡航导弹的战略轰炸机，具体数量为 400 枚洲际弹道导弹、240 枚潜射弹道导弹、60 架轰炸机以及 1 550 枚核弹头。这是美国必须满足的固定数目。

美俄《新削减战略武器条约》于 2011 年 2 月生效，有效期为 10 年，到期后可以一次性延期 5 年，在此期间美俄每半年交换一次核武器信息数据，并公开非机密数据。

新条约同时对核投放工具和弹头数量进行限制，要求用 7 年时间将两国的核弹头减至 1 550 枚，部署的核投放工具减至 700 件，部署与储存的核投放工具减至 800 件。

条约规定，美国作战部署的核弹头数量不超过 1 550 枚，这是美国公开记录的核弹头数量。由于条约对库存的核弹头没有限制，据估计，美国目前库存核弹头为 4 600 多枚。

新条约不要求销毁发射井，只需证明它们无法发射即可。美国保留 400 个作战部署"民兵-3"发射井；将 50 个"民兵-3"发射井调整为非作战部署状态，即将导弹从发射井中移除，但保证发射井可重新部署导弹；另外 103 个处于停用或闲置状态的发射井也被拆除。

新条约规定，潜基投放系统方面，每艘核潜艇弹道导弹发射器的数量将从 24 削减到 20；任何时候，部署的潜射弹道导弹数量不超过 240 枚，部署和非部署的弹道导弹发射器数量总计不超过 280 个。

根据新条约计数方法，"部署的核轰炸机只算一个投放工具，与装配空射巡航导弹（Air Launched Cruise Missiles，ALCMs）数量或其他弹头无关"。这值得注意，因为 B-52H 可以携带 20 枚 ALCM-B，B-2 可以携带 16 枚 B61-7、B61-11 或者 B83 弹头，所以携带 36 枚核弹头的两架轰炸机只算作两个投放工具。之所以区别对待轰炸机和导弹系统，是因为俄罗斯防空能力强大，他们希望将美国的进攻能力集中在空域，这样俄罗斯就有机会防御空中打击，而洲际弹道导弹（Intercontinental Ballistic Missile，ICBM）和潜射弹道导弹（Submarine Launched Ballistic Missile，SLBM）是无法防御的。因此，美俄谈判中清晰限定了 ICBM 和 SLBM 弹体数量，而对于轰炸机这样的吸气平台数量限制较为宽松。

美国共有 101 架战略轰炸机，将保留 60 架作战战略轰炸机，将其他 29 架作战和 12 架非作战战略轰炸机改装为常规轰炸机。

1.3.2　核力量特性

"三位一体"战略核力量、非战略性核力量，以及发挥支撑作用的核指挥、控制和通信系统能够提供美国相关战略调整所需的多样性和灵活性，能够提供威慑效能、安全保障，能够在威慑失效时达成美国意图，还能够防范应对不确定性。美国认为，"三位一体"战略力量应该具备如下关键特性：

1）可生存性：核力量及其指挥、控制、通信系统所需的复原能力，确保能够在任何潜在对手攻击下生存，能够在危机和冲突条件下持续发挥效能。

2）前沿部署性：暂时性或者永久性转移时所需的机动能力，确保相应的美国核力量能够部署到盟友或伙伴国家领土，满足政治或者军事需要。

3）多样性、渐进性的选择方式：可用核力量具备全面的当量、武器类型、投射方式等方面的可选性，确保能够通过最有效的战略调整方法应对大范围的对手和突发事件。

4）精确投射性：确保弹药精确投射处于威胁状态的对方设施，同时确保附带损伤达到最低。

5）穿透性：可对抗主动与被动防御的能力，包括经过硬化、掩埋的设施，确保展现可靠的威慑效能和达成军事意图的坚定信心。

6）响应性：快速部署和运用核力量的能力，确保能够及时展现可靠的威慑效能。

7）射程多样性：可用核力量具备全面的射程可选性，确保实现战略措施的最有效调整。

8）航迹多样性：在多个点位配置核力量、以多种航迹方案组合实施的能力，目的是使对方主动和被动防御计划更加复杂。

9）展示性：彰显国家意志与实力的能力，以满足危机和冲突中展现实力的需要。

10）武器再分配性：迅速更改目标信息的能力，确保达成针对性筹划与高效运用。

上述的关键特性，再加上高效的指挥、控制与通信体系，就能提供有效、可复核的核能力，支持实现以下 4 种基本功能：

1）提供具有生存性、响应性的核能力，确保对方不敢首先核打击；

2）通过部署核力量、发布信息并采取灵活的应对方式，彰显己方的决心；

3）确保美国能够以适当的方式应对全方位的突发事件；

4）化解己方技术失败或对方技术突破产生的风险，同时具备对于安全环境变化的适应能力。

1.3.3　风险及防范战略

1.3.3.1　风险

美国认为，核战略力量有下列 4 大类潜在风险：

1）地缘政治风险：包括新对手的出现、对手核力量的扩大、对手战略与军事思想的变化、新的对手联盟、核武器的进一步扩散。

2）技术风险：包括美国核力量某一关键要素失效、对手实现技术突破。

3）作战行动风险：包括可能会造成美国核力量有效性下降的短板或不足，如部署部队数量下降、由于目标采取特征抑制措施而造成情报搜集能力下降，以及其他无法满足有效威慑需求的情况。

4）项目风险：包括核能力维系方面可能面临的风险，如维修项目延迟、遗留和系统超期服役、特定核原料生产能力不足。当前来看，此类风险尤其严重，这是因为美国核采购与生产设施关键要素出现了萎缩。现行美国的核武器大部分设计制造于几十年前，基本处于超期服役状态。

1.3.3.2　防范战略

美国在应对未知挑战方面的防范战略主要基于两项平行的举措：一是削减地缘政治、技术、作战、项目风险中造成挑战的可能性；二是如果预防措施不力，则要尽量削弱可能造成的危害。

防止出现挑战方面：1）尽可能监测潜在的问题；2）通过外交手段减少风险；3）劝止对手不要试图挑战美国、盟友及伙伴的安全利益。

化解未来挑战可能造成的后果：1）构建一种强化的核武器生产设施，其所具备的设计、工程与制造能力可根据威胁需求快速生产新型武器；2）保留重要的、非部署类武器库存，将其加入当前的投射平台，以应对地缘政治威胁或技术失败的情况。

1.3.4　陆基战略威慑

美国将替换"三位一体"战略核力量并对其核弹头进行维护，这已经成为国防事务中最高层级的优先事项。为此，美国提出了一种"双管齐下"的举措，一方面尽力维持遗留的核系统，另一方面开始实施替换项目，在 2025 年左右基本完成遗留系统的退役和替换。美国将继续维持这些系统，直到预期替换系统编配到位。

"民兵-3"导弹的服役寿命不可能无限延期。从成本来说，延期的成本会超过新研制陆基战略武器的成本。此外，在应对未来防御系统方面，"民兵-3"导弹的突防难度将会越来越高。因此，美国启动陆基战略威慑项目，2029 年开始替换"民兵‑3"系统，保持洲际弹道导弹在"三位一体"核力量中的关键作用。陆基战略威慑项目将会对 450 套洲际弹道导弹发射设施进行现代化改造，以支持 400 枚洲际弹道导弹的编配部署，替换已经服役 60 年以上且即将退役的"民兵‑3"洲际弹道导弹。该项目能够为以后数十年（至少至 2075 年）提供一种有效的洲际弹道导弹系统。陆基战略威慑项目必须是一套完全一体化的武器系统，涵盖飞行系统、武器指挥控制、导弹设施和辅助设备。有效载荷选用目前的 MK12A 和 MK21 再入飞行器，同时配置单弹头和多弹头，采用新的引信提升瞄准能力，携带通用核弹头 1W‑1。为此，陆基战略威慑项目需要重新配置有效载荷舱，并且需要比"民兵‑3"导弹更大的投掷质量。

1.3.4.1 项目进展

2002 年，美国空军就开始探索开发一种替换"民兵‑3"导弹的新型导弹，计划 2018 年开始进行部署。2004 年，开始新型导弹的"备选方案分析"工作；2006 年，在完成备选方案分析工作后，空军航天司令部认为"从零开始"设计新系统比在现役系统上进行现代化改造花费更大成本，决定将"民兵‑3"导弹延寿至 2030 年。

2011 年，美国空军评估了未来陆基战略威慑能力，并确立了导弹速度、射程、载荷能力等方面的基本需求。2012 年，美空军完成了《陆基战略威慑能力初始能力》文件，确认了为满足未来战略武器系统需求尚存在的技术难点和差距。在 2012～2014 年间，美开展了陆基战略威慑"备选方案分析"，该分析由于涉密至今未公布。但美媒体随后援引内部消息称，未来陆基洲际弹道导弹可能使用"民兵‑3"导弹的基本设计、通信系统和现有发射井，并替换制导系统和老旧固体发动机。此外，新一代陆基洲际弹道导弹可能使用固体导弹技术。2013 年 1 月，美空军发布信息征询书，旨在征集未来陆基洲际导弹技术、进度、成本等可行性分析，要求考虑可靠性、及时响应性、生存力、可运输性等 11 项能力需求，分析沿用现役"民兵‑3"导弹、改进型井基"民兵‑3"、新型井基、陆基机动和隧道机动 5 种方案。2014 年 2 月，兰德公司应美空军要求完成并发布了题为《美国陆基洲际弹道导弹的未来》的报告，其主要观点包括：井基部署是较好的方案，不但能够确保足够的生存能力，并且其成本约为机动型导弹的一半；研制新型导弹要优于改进现役"民兵‑3"导弹，主要因为"民兵‑3"导弹库存有限，如果仅依靠继续改进而不是研制和生产新型导弹，既难以保证飞行试验用的试验弹数量，又会因在老旧结构上集成新技术而面临各种局限，最终可能不足以保障未来战略威慑能力。

1.3.4.2 未来陆基战略威慑系统方案与技术要求

（1）初步方案和规划

美国未来将研制新一代陆基洲际导弹以替代现役"民兵‑3"导弹，新项目名称为未来陆基战略威慑系统。新型导弹系统依然选择井基部署方式和现役核弹头，采用全新的飞行系统和武器指挥控制系统，并翻新发射控制中心和发射设施。新系统计划于 2027 财年开始交付并部署，2034 财年完成部署。

（2）未来洲际弹道导弹的 11 种能力

美国空军全球打击司令部《地基战略威慑的初始能力文件》（版本号 1.06）描述了未来洲际弹道导弹的 11 种能力。

1）适应性（adaptable）：包括模块化技术和通用技术。从长远看，这些技术会降低持有成本（ownership costs），提高可持续性（sustainability）。

2）效力（effective）：在给定武器当量条件下，提供所需毁伤概率，以实现司令官的意图。

3）灵活性（flexible）：提供与敌方行动成正比的打击效果，在一系列不同的交战场景下实现司令官的意图。

4）全球打击力（global）：利用"把打击力投送到全球指定目标（尤其是高价值目标）"的能力，遂行全球行动。

5）可靠性（reliable）：洲际弹道导弹系统必需高置信度，一旦受命，打击行动将持续执行，以当前的或更高的可靠性水平持续执行打击命令。

6）及时响应性（responsive）：在特定时间约束之下行动，保持与"一个保密的、冗余的、直接的指控能力"的高连通率。

7）平安性（safe）：包括在设计上使武器保持一个"平安的构型"，最大限度地降低因事故、疏忽或自然界作用而引发核爆炸的可能性。

8）安全性（secure）：对"核武器、支持系统和关键元器件"的非授权访问加以拒绝的措施。

9）生存力（survivable）：充分分散和充分加固，在敌方直接攻击下能生存，并在敌方攻击前、攻击中和攻击后等各种场景下都保持可执行任务。

10）可持续性（sustainable）：在作战运行寿命期内提供经济适用的、可维护的、行得通的和可执行的系统，在维持低的全寿命期总成本的同时保持系统性能。

11）可运输性（transportable）：与飞机、地面运输系统和搬运装置都相匹配，在平安的、安全的环境中可安全装卸。

（3）技术要求

未来陆基战略威慑系统的寿命周期要求超过 50 年，需要具备灵活性、适应性和经济可负担性，此外需要具备集成新技术、综合设施的管理与调度、适应灵活的部署战略、其他战略平台通用化等能力。为此，美决定使用"模块化系统结构"，并将模块化视为该系统各结构层级的重要特征。

1）飞行系统。飞行系统包括助推级、制导系统、再入系统和末助推系统。新的武器系统将使用全新推进系统，包括发动机、制导和控制系统；而再入系统将继续使用目前的 MK12A 和 MK21 核弹头，并依然保留单弹头和多弹头配置。此外，美空军已授予 3 家公司小额合同，开始研制新型制导系统。

2）发射系统。未来陆基战略威慑系统将利用现有的基础设施。由于"民兵-3"导弹基础设施建于 50 年前，且至今未对其状态与生存能力进行过有效评估，因此无法验证该设施能否持续工作到 2075 年。为确保安全性，美国计划对其进行适当更新，同时希望能够精简发射控制中心和发射设施结构。未来陆基战略威慑系统项目需要制定发射和控制中心设计标准并开展改进工作，使其能够适应本系统的飞行和指控系统；需要确定评估老旧基础设施的方法，从而决定采取何种方案替换或翻新现有设施。改进后的设施需要能够兼容现役"民兵-3"系统和未来陆基战略威慑系统。为确保能够解决未来的问题，需对"民兵-3"发射控制系统进行全面调研。美计划在 2016 年开始进行评估，并于 2022 年开始启动重建和改进工作。

3) 指控系统。由于当前工业基础已超越现役"民兵-3"指控系统使用的技术和结构，因此必须研制新型指控系统。新系统将进一步提高稳定性，降低寿命周期成本，同时满足严格的核安控和网络安全需求。为与未来陆基战略威慑系统相适应，可能还需要更新或替换支持设备（如指控、电力、环境、运输等）。未来陆基战略威慑系统采购项目将改进信息系统、协议、终端设备和操作系统，以及注意解决多层网络所有应用阶段的风险问题。改进后的指控系统和地面设备能够灵活监控和指挥核部队，以及在授权后动用核部队；还将扩展网络传输途径，采取分布式网络，将武器系统信息传送给指定人员。新型一体化指挥中心将作为枢纽，能够获取导弹操作信息、关键武器系统状态，并可以启用核部队。

1.3.5　核指挥、控制与通信系统的现代化改造

美国要求，核指挥、控制与通信系统必须要具备在任何时刻都能有效指挥控制核力量的能力，即使面临对方核攻击的巨大压力时也不容有失。核指挥、控制与通信能力必须要确保传输信息的完整性，并能具备全面克服对方核攻击影响的可复原性和生存能力。

不管是平时还是危机时期，核指挥、控制与通信系统必须要具备以下 5 类重要功能：一是对对方特征实施监测、告警和攻击；二是针对性核行动计划能力；三是决策会议功能；四是接受总统指令；五是管控和指挥核力量。

美国核指挥、控制与通信系统是冷战时期的产物，上一次系统全面更新大约是 30 年前，现在看来，该系统正面临部件老化和 21 世纪威胁日益严重的双重挑战。美国认为核指挥、控制与通信系统面临的风险包括：太空和网络空间威胁逐步扩大，对手采取有效的核升级战略，国防部内部职权、系统管控职责分散，系统根本功能必须集成。

为确保在危机和冲突中能够满足"核指挥、控制与通信系统的生存能力和有效性"这一关键需求，美国将出台一系列针对性措施，以增加系统能力，应对 21 世纪的需求和挑战。

1) 加强太空威胁防护。美国将着力确保太空设施的灵敏性和可复原性，加强太空作战力量的训练力度，根据需要拒止并战胜那些试图将冲突拓展到太空的攻击行为。

2) 加强网络威胁防护。美国将加强核指挥、控制与通信组件防护，以应对当前和未来的网络威胁，确保美国生产信息技术系统的持续可用性。

3) 加强集成化战术预警与攻击评估。美国正在论证下一代太空构架，将数量众多的低轨星座与高中轨星座相结合，集成战术预警与攻击评估能力。

4) 改善指挥所及通信链路。美国将对关键性的核指挥、控制与通信系统进行升级和

现代化改造，包括国家空中作战中心、空中指挥所、抗毁战略通信系统飞机；还将改善所有的固定式、机动式指挥研发作战计划系统，以加强指挥与控制能力；另外，还将针对通信发射端与终端进行现代化改造，确保核力量所有层级的通信都能具备更好的保密性、正确性、可靠性。

5）完善决策支持系统。美国将继续引入信息显示与数据分析新技术，强化对总统制定决策和高层领导者研判分析的保障作用。

6）整合计划与作战行动。美国将着力增强作战指挥官运用网络化指挥与控制系统进行通信和信息共享的能力，尤其是在对手运用核能力的背景下。美国还将增强核与非核军事行动的整合能力，以拒止低限度核升级手段和非核战略性攻击。最后，作战指挥官还将针对此项任务进行计划、组织、训练和演习。

7）改革对整个核指挥、控制与通信系统的管理方式。美国将对其核指挥、控制与通信系统的管理方式进行改革，使其能够从组织上更加适合在当前及未来环境下保持整体效能。为应对这一挑战，参联会主席与国防部相关各方进行磋商，并于 2018 年 5 月前向国防部提交一份关于核指挥、控制与通信系统管理方式的改革计划，确保系统功能和现代化改造。

1.4　美国陆基战略导弹部署及发射方式发展分析

美国唯一现役"民兵-3"导弹采用井基部署方式，未来陆基战略导弹也将采用井基部署方式，美国选择井基部署陆基战略导弹是综合权衡的结果。

美国"三位一体"核力量结构中，潜基和空基主要承担高生存功能，陆基主要承担快反应功能。得益于强大的军事力量，以及优越的地理优势和盟国体系，美国几乎不存在首次遭受核打击的可能。即使遭受核打击，占整个核武器库 2/3 的潜基和空基发射核力量也能迅速二次报复发射，形成毁灭性的打击。因此，美国陆基战略导弹主要考虑的不是核打击下的生存问题，而是承担首次打击的快反应功能。井基部署由于戒备率高，准备时间短，因此美国虽然论证过多种部署方式，陆基导弹最终实际部署始终以井基为主，这在今后 50 年也是如此。

现役井基部署"民兵-3"导弹采用热发射技术，热发射发动机在井内点火，相比弹射技术需要更多的推进剂把导弹推射出井；另外，需要燃气排导，降低发射井的强度。美国更先进的井基部署的 MX 导弹已经采用弹射技术，下一代陆基战略威慑系统大概率也将采用弹射技术。

第2章 俄罗斯陆基核战略武器现状与发展规划

2.1 概述

俄罗斯采用"三位一体"的核力量,部署以陆基为主,海基、空基作为有效补充。俄罗斯边研制、边部署、边改进,快速更新其核武器力量。

陆基战略武器方面,俄罗斯在现役 SS-18"撒旦"、SS-25"白杨"、SS-27"白杨-M"、RS-24"亚尔斯"洲际弹道导弹为主要战略力量的基础上,新研了 SS-19M4"先锋"、RS-28"萨尔玛特",预研了 RS-26"边界"、"巴尔古津"战略型号。

俄罗斯在战略导弹研制进程中对其发射方式进行了大量研究,先后提出的陆基发射方式有地面固定发射方式、基于已有发射井的加固发射井与空间轨道发射方式,也有公路机动、越野机动、铁路机动等方式;潜基发射方式有潜艇水面发射、潜艇水下发射、海底固定发射与冰下发射等;空基发射方式有利用大型运输机作为发射平台的发射方式。早期俄罗斯研制的战略弹道导弹采用的是地面固定发射方式与潜艇水面发射,后随着发射技术的不断进步与完善,俄罗斯开启了地下井发射方式与多种机动发射方式并存的发展之路。

本章全面研究俄罗斯陆基战略弹道导弹的发展情况,对其研制进展、弹体结构、发射系统、实际部署进行详细分析与研究,在事实数据和技术参数的基础上,总结俄罗斯核战略武器发展规律和发展方向。

2.2 陆基战略核力量现状

2022 年俄罗斯现役陆基战略核力量中,液体型号有 2 种,均采用井基弹射,包括 40 套 SS-18"撒旦"、6 套 SS-19M4;固体井基发射型号有 2 种,包括 60 套 SS-27"白杨-M"、20 套 RS-24"亚尔斯";固体公路机动发射有 3 种,包括 9 套 SS-25"白杨"、18 套 SS-27"白杨-M"、153 套 RS-24"亚尔斯";在研型号包括井基弹射 RS-28"萨尔玛特"。由实际部署方式可以看出,陆基固体主要以公路机动发射为主,陆基液体采用发射井弹射技术,部署情况如表 2-1 所示。

表 2 - 1　俄罗斯战略导弹部署情况

类型/北约代号(俄罗斯设计代号)		数量	部署年份	弹头×爆炸当量/kt	部署核弹头数量	部署和储存的弹头数量
ICBM	SS－18 M6"撒旦"(RS－20V)	40	1988	10×500/800		400
	SS－19 M4(RS－18/UR－100NUTTH)	6	2019	1×HGV		6
	SS－25"白杨"(RS－12M)	9	1988	1×800		9
	SS－27 Mod.1/车载"白杨-M"(RS－12M1)	18	2006	1×800		18
	SS－27 Mod.1/井基"白杨-M"(RS－12M2)	60	1997	1×800		60
	SS－27 Mod.2/车载"亚尔斯"(RS－24)	153	2010	4×100(MIRV)		612
	SS－27 Mod.2/井基"亚尔斯"(RS－24)	20	2014	4×100(MIRV)		80
	SS－X－29 井基"萨尔玛特"(RS－28)		(2020)	10×500(MIRV)		—
	小计	306			800	1 185

数据来源：2022 年《原子能科学家公报》。

2.3　公路机动发射

俄罗斯首创战略导弹整体公路机动发射模式，大大提高了导弹的生存能力，也成为俄罗斯固体战略导弹的主要部署模式。

2.3.1　SS－25"白杨"

SS－25"白杨"即是上述提到的首型战略导弹整体公路机动发射导弹，它是公路机动导弹发射的先驱。

2.3.1.1　研制概述

SS－25"白杨"导弹系统的研制始于 1976 年。第一次试飞于 1982 年 1 月 27 日在普列谢茨克进行，向堪察加半岛发射，但没有成功。1983 年 2 月 8 日试验首次获得成功；5 月 1～10 日进行的几次发射均获成功；5 月 30 日进行了使用带 4 个再入飞行器的弹头的试射再次获得成功；到 1985 年共进行了 15 次试验。1985 年试装备部队后，该型号还在继续改进，并通过飞行试验进行验证，1988 年正式服役。

SS－25"白杨"导弹是以公路机动部署的洲际弹道导弹，可携带一枚或多枚分导弹头，射程超过 1 万 km，并能做变轨机动飞行，具有很强的突防能力。

作为首型整体式公路机动发射导弹，SS－25"白杨"发射车非常复杂，操作和维护费用高，操作人员是地下井发射的 5～6 倍，所以俄罗斯火箭军的编制人数增加了数万人。但总地来说，俄罗斯对 SS－25"白杨"是满意的。

2.3.1.2　导弹系统

SS－25"白杨"是一种轻型 3 级固体洲际弹道导弹，该弹的工业代号为 16Zh62，北约代号为 RS－12M。SS－25"白杨"导弹与 SS－20 导弹在技术上有很多相似之处，特别是第 1、2 级，弹体基本上是在 SS-20 导弹基础上增加第 3 级构成的。

　　SS-25"白杨"导弹标准型长 21.5 m，发射质量 45.1 t，投掷质量 1 t；第 1、2、3 级的弹径分别为 1.8 m、1.55 m 和 1.34 m，射程 1.05 万 km。图 2-1 为 SS-25"白杨"公路机动导弹系统，表 2-2 为主要技战术指标。

图 2-1　SS-25"白杨"公路机动导弹系统

表 2-2　SS-25"白杨"导弹主要技战术指标

射程/km	10 500
命中精度（CEP）/m	600
弹长/m	21.5
弹径/m	1.8
起飞质量/t	45.1
投掷质量/t	1.0
弹头类型	单个核弹头
威力	800 kt TNT 当量
制导	惯性加星光修正
发动机	固体火箭发动机
发射方式	公路机动发射

2.3.1.3　发射系统

　　公路机动型的 SS-25"白杨"导弹采用的是 7 轴 14×14 MZKT-7912/7917 运输/起竖/发射多功能发射车（后面简称为发射车，7917 是 7912 的改进型，比 7912 增加了 1 m 左右的长度并增加了成员舱），具有 14 个负重轮，12 个驱动轮。动力系统配备 1 台排气量近 40 L 的 V-58 或 W-58 柴油发动机，功率 710 hp，发射车满载质量约为 100 t。发射车具有良好的机动性与通过性，借助所使用的可充气轮胎，可保证在机动行进中根据不同路面情况给轮胎充气和放气，适于在沙漠地带及道路不平整路面行驶。表 2-3 为发射车主要技战术指标。

表 2-3 SS-25 "白杨" 导弹发射车的主要技战术指标

发射车质量(不含发射筒)/t		52.94
满载质量/t		约100
尺寸参数(不含/含发射筒)	长/m	19.520/22.303
	宽/m	3.85/4.5
	高/m	3.0/4.5
发动机		柴油机 B-58-7(12V)
功率/hp①		710
燃料储备 lL		825
最大速度/(km/h)		40
最大行驶里程/km		400

注：① 1 hp = 745.700 W。

SS-25 "白杨" 导弹封装在发射筒中出厂，在储运过程中发射筒起保护作用。在发射筒的底部装有燃气发生器，以提供弹射动力。发射时发射筒由液压缸起竖到垂直位置发射。

SS-25 "白杨" 继承了苏联 SS-20 陆基机动导弹可延伸活动底座技术，实现了低比压发射的技术要求。在发射筒尾部安装一个可沿轴向伸缩的后筒，机动时缩入筒内，减小发射筒长度，提高通过性能；发射时，导弹起竖后发射筒不着地，弹射动力装置采取多级装药，第一级装药点燃后，导弹不动，利用燃气压力将底座推至地面，从而与地面实现面接触，减小发射时的触地比压。同时，活动底座能随地面的下沉而向下延伸，使后坐力不影响到导弹的发射。由于采用该技术，SS-20 导弹在发射时对地面的压强仅为 0.4～0.5 MPa，一般汽车通行的路面即可承受，有利于实现快速发射。图 2-2 和图 2-3 分别为调平的 SS-25 "白杨" 导弹运输发射车和可延伸活动底座。

图 2-2 调平的 SS-25 "白杨" 导弹运输发射车

图 2 - 3　SS - 25 "白杨" 导弹可延伸活动底座

2.3.1.4　战斗值班

（1）作战单元

SS - 25 "白杨" 导弹系统在一个阵地区同时部署 4～5 个导弹团，每个导弹团由 3 个导弹营（9 辆发射车）、机动作战指挥车（包括固定指挥所）、通信车、导弹测试车、测量车、气象雷达车、工程人员车、BTR - 60、BTR - 70 和 MT - LB 等轻型装甲车、排雷车等保障车辆组成，部分车辆与 SS - 27 "白杨 - M" 通用，该内容将在后面章节中介绍。

（2）无线电通信车

SS - 25 "白杨" 导弹的无线电通信车的后部为天线桅杆装置，该装置上部安装对称双曲面通信天线，主要用于与上级指挥机构进行通信和导弹团内部通信，完成野外阵地作战通信保障，如图 2 - 4 所示。

图 2 - 4　SS - 25 "白杨" 导弹系统无线电通信车 15B78

（3）作战值班保障车

作战值班保障车使用的底盘为 MZKT - 543，主要作用包括供电、保障乘员在作战值班时的休息与饮食、执勤警卫以及控制导弹的发射。电站安装于作战值班保障车宽敞车厢的前部，后部用作乘员休息的车舱、食堂以及控制导弹从发射车发射的操作手作战舱。作战值班保障车可确保在任何时间、任何气象条件、周围环境为 −50～+50 ℃ 的温度范围内及风速达 25 m/s 的环境下使用，外观如图 2 - 5 所示，主要技战术指标如表 2 - 4 所示。另外，还有称为"机动城"的专用机动保障车队供发射车的乘员组起居。保障车队有两种主要车辆，一种是 AO - 543.1 机动卧车，可容纳 24 人；另一种是 AS.543.1 机动野炊车。

图 2 - 5　SS - 25 "白杨"导弹的作战值班保障车 15B148

表 2 - 4　SS - 25 "白杨"导弹作战值班保障车的主要技战术性能

质量/kg		43 500
尺寸参数	长/m	15.935
	宽/m	3.23
	高/m	4.415
功率/hp		525
速度/(km/h)		40
行程储备/km		850

（4）多功能作战支援车

在 SS - 25 "白杨"导弹系统的组成中还包含同底盘多功能作战支援车 15T382，主要用于号手、驾驶员的实战培训、真实导弹装置的作战发射训练，以及作为抢修车拖曳故障导弹发射车、油料保障等，如图 2 - 6 所示。

（5）发射方案

SS - 25 "白杨"系统的发射有几种可供选择的方案，包括将导弹拉到预定地点发射、使用发射车的自主导航系统驾驶到任何地点发射、从专用场坪中发射。

标准作战模式中，导弹平时储存在带有倾斜屋顶的专用场坪里多功能双层保温容器内。该容器平时用于储存和运输导弹，发射时用作导弹发射筒，发射筒固定在运输发射车

图 2 - 6　SS - 25 "白杨"导弹系统的多功能作战支援车 15T382

上。在战时，导弹团作战斗展开以提高其生存能力，发射车开到野外发射阵地上进行发射，也可以在行进路线上最近的适宜发射点展车发射。发射准备时间为 15 min。需要指出的是，最近的适宜发射点指的是预先已确定的、已知确定坐标的位置。

利用发射车上自主导航系统，可以从任何地方进行导弹发射。苏联早期是否具备任何点发射存在争议，一般认为只具备在定点发射的能力。

还可以利用场坪应急发射。SS - 25 "白杨"系统的场坪有一个可敞开式房顶导弹库，紧急情况下，滑开顶棚即可发射。

2.3.1.5　部署情况

1985 年 7 月 23 日，约什卡尔奥拉基地部署了一个 SS - 25 "白杨"机动导弹团。该团可能只是一支试验部队，因为 SS - 25 "白杨"系统的某些部分还没有准备就绪。第一个带有机动指挥车的 SS - 25 "白杨"导弹团于 1987 年 4 月 28 日部署在下塔吉尔。1988 年 5 月 27 日在伊尔库茨克正式部署经过改进的机动指挥车新导弹团。1988 年 12 月 1 日，苏联国务委员会才正式批准 SS - 25 "白杨"导弹系统在其战略火箭军服役。

1991 年，苏联共在 9 个基地部署了 32 个团、288 套 SS - 25 "白杨"系统。

俄罗斯继承了苏联的核资产，由于俄罗斯的国防预算缩减，严重影响了 SS - 25 "白杨"导弹的继续部署，SS - 25 "白杨"导弹发射场的建设资金更显不足。SS - 25 "白杨"导弹的年产量从 1991 年 62 枚下降到 1994 年 9 枚。

1997 年后，SS - 25 "白杨"逐步被 SS - 27 "白杨 - M"导弹、亚尔斯导弹所取代，每年退役 1～3 个团（9～27 枚导弹）。2016 年 5 月，共有 90 枚该型导弹服役。2022 年美国原子能科学家公报（Bulletin of the Atomic Scientists，BAS）发布的《2022 年俄罗斯核力量报告》最新数据显示，仅有 9 枚导弹服役。

2.3.2　SS‑27"白杨‑M"

SS‑27"白杨‑M"导弹是 SS‑25"白杨"的升级版，时至今日，它的机动越野性能、伪装隐身性能、实战能力仍然是公路机动发射导弹的标杆。

2.3.2.1　研制概述

20 世纪 80 年代后期，莫斯科热力工程研究院开始研制白杨导弹的现代化改进型——SS‑27"白杨‑M"导弹，当时计划在 1995 年夏季部署。

1992 年，俄罗斯决定签署《战略武器削减条约》，同意到 21 世纪时取消所有的分导式多弹头导弹，部署单弹头导弹。

1993 年 2 月，俄罗斯以总统令的形式批准继续研制 SS‑27"白杨‑M"导弹，并计划于 1996 年部署。

20 世纪 90 年代初，俄罗斯对 SS‑27"白杨‑M"计划重新做了调整，压缩了 SS‑27"白杨‑M"导弹研制和发展费用，并把 SS‑27"白杨‑M"的重点放在地下井部署。

俄罗斯从 1993 年年初开始进行 SS‑27"白杨‑M"导弹工程研制，1997 年 7 月完成研制飞行试验，持续时间不到 5 年，SS‑27"白杨‑M"开始部署。

1998 年年底，SS‑27"白杨‑M"导弹完成最后试飞后，进入俄罗斯战略核力量作战序列。由 10 枚导弹组成的 SS‑27"白杨‑M"新型导弹团部署在俄罗斯南部萨拉托夫州塔季谢夫基地改进的 SS‑19 发射井内，正式担任战略作战值班任务。

1999 年 12 月，部署第 2 批 SS‑27"白杨‑M"。

2006 年 12 月，首次部署公路机动发射 SS‑27"白杨‑M"。

2.3.2.2　导弹系统

SS‑27"白杨‑M"导弹与 SS‑25"白杨"导弹一样，是一种中型单弹头陆基洲际弹道导弹，由 3 个固体推进级、末助推级、再入飞行器及整流罩组成。SS‑27"白杨‑M"主要技战术指标以及与 SS‑25"白杨"的比较如表 2‑5 所示。

表 2‑5　SS‑27"白杨‑M"导弹主要技战术指标以及与 SS‑25"白杨"的比较

项目		SS‑27"白杨‑M"		SS‑25"白杨"
		PC‑12M1	PC‑12M2	PC‑12M
长度/m	全长	22.7		22.3
	一子级	8.04		—
弹径/m	一子级	1.86		1.80
	二子级	1.61		1.55
	三子级	1.58		1.34
推进系统		三级固体 + 末助推		三级固体 + 末助推
制导系统		计算机控制惯性制导		计算机控制惯性制导

续表

项目	SS-27"白杨-M"		SS-25"白杨"
	PC-12M1	PC-12M2	PC-12M
发射质量/t	47.2		45.1
投掷质量/t	1.2		1.0
弹头当量/kt TNT	800		800
命中精度 CEP/m	≤350		≤600
射程/km	10 500		10 500
部署方式	公路机动、地下井		公路机动
使用寿命/年	15		10
发射准备时间/min	5		15

(1) 动力装置

SS-27"白杨-M"导弹推进系统的显著特点是各级发动机的直径均比 SS-25"白杨"发动机大，采用了新的推力向量控制方式。

SS-27"白杨-M"导弹的一子级、二子级、三子级发动机的直径分别从 1.80 m、1.55 m、1.34 m 增加到 1.86 m、1.61 m、1.58 m，从而增加了推进剂的装药空间。其中，三子级发动机直径增大 15% 以上，推进剂装药空间增加 30%。由于发动机燃烧室推进剂装药空间增大，因此各级发动机的装药量均比 SS-25"白杨"导弹发动机要多。以一子级发动机为例，SS-27"白杨-M"导弹一子级发动机总质量比 SS-25"白杨"导弹增加 800 kg，但 SS-25"白杨"导弹一子级发动机壳体采用玻璃钢圆筒段和钛合金前后封头，而 SS-27"白杨-M"导弹很可能使用质量更小的有机纤维复合材料壳体。SS-27"白杨-M"导弹一子级因不用燃气舵推力向量控制也会节省部分质量，这样 SS-27"白杨-M"导弹一子级发动机推进剂装药量的增加值很可能比发动机总质量增加值还要大。

另外，苏联在固体推进剂中已应用硝基胺硝酰铵 $[NH_4N(NO_2)_2]$、三氢化铝等高能组分，其中硝基胺硝酰铵在苏联时期已进行工业化生产，使用硝基胺硝酰铵的丁羟推进剂的理论比冲可达到 2 653 N·s/kg。所以，SS-27"白杨-M"导弹可能还使用了能量更高的固体推进剂。总之，SS-27"白杨-M"导弹三级固体推进系统的能量比 SS-25"白杨"导弹有明显提高，与 SS-25"白杨"导弹相比，总质量仅增加了不到 5%，投掷质量却提高了 20%。国外有的分析家还认为，SS-27"白杨-M"导弹高能量的固体发动机使其具有快速助推或助推段机动能力，但这一推测尚需要进一步证实。

苏联的陆基战略弹道导弹固体发动机主要以燃气舵、空气舵、二次喷射方式等实现推力向量控制，SS-25"白杨"导弹一子级发动机就采用了燃气舵加空气舵（4 个栅格翼、4 个稳定翼）的推力向量控制方式。但是，SS-27"白杨-M"导弹一子级发动机没有 SS-25"白杨"导弹所特有的栅格翼和稳定翼，这表明 SS-27"白杨-M"导弹一子级发动机实现推力向量控制的方式不同于 SS-25"白杨"导弹的燃气舵加空气舵方式。

20 世纪 80 年代初，苏联固体发动机柔性喷管技术已经相当成熟。20 世纪 80 年代中期，服役的潜地战略弹道导弹直径 2.4 m 的固体发动机就应用了单个潜入式柔性摆动喷管。纳吉拉泽设计局在 20 世纪 80 年代中期提出了小型固体陆基机动洲际导弹方案，其三级发动机推力向量控制均采用双向摆动喷管。这就表明该设计局当时已放弃了传统的推力向量控制设计，转向摆动喷管的思路。从以上分析推测，SS-27"白杨-M"导弹的发动机采用了比较先进的柔性摆动喷管技术。

（2）制导与控制

SS-27"白杨-M"导弹的命中精度至少比 SS-25"白杨"导弹提高近一倍，精度为 CEP≤350 m。而俄罗斯战略导弹部队称，SS-27"白杨-M"导弹的命中精度优于美国精度最高的 MX 导弹（CEP≤110 m）。根据公开文献报道，SS-27"白杨-M"导弹的制导系统与 SS-25"白杨"导弹一样，为计算机控制的惯性制导或自动控制惯性制导。

如果 SS-27"白杨-M"导弹应用了机动弹头技术，那么其也很可能应用了苏联进行过飞行试验的战略弹道导弹机动弹头末制导技术。该机动弹头采用地图匹配精确制导体制，进行地图匹配的探测雷达是大功率毫米波雷达，雷达天线位于弹头侧边。雷达天线与弹头之间用导轨连接，天线与弹头分离时利用轴向力从导轨滑出，以防止产生影响弹头精度的脉冲干扰力。

机动末制导弹头和导弹母体的分离方式与一般惯性弹头相同，弹头飞行到 120 km 高度时，雷达天线开始工作，利用打击目标附近（最大距离约 100 km）特征显著的地形、地貌（如河流、湖泊、金属桥、铁塔等）实现目标地图匹配。目标匹配完成后，以高压气瓶为动力源的控制系统对弹头进行调姿和位置修正，然后抛掉弹上雷达天线及高压气瓶，此时弹头位于飞行高度约 90 km 的再入点。弹头再入后可直接飞向目标，也可进行突防机动飞行。不进行突防机动时，弹头的命中精度为 CEP≤60 m；进行突防机动时，弹头的命中精度为 CEP≤100 m。

机动末制导弹头工作流程如下：

1）采用高压气瓶、液压作动筒移动铀 238 核装置的位置，即以改变弹头质心的方法产生机动飞行的控制力的控制力距，实现弹头的位置修正，弹头尾部还装有 8 个用于调姿的径向喷管。上述方法有利于保持弹头良好的空气动力外形，避免了采用空气舵方式带来的许多问题。

2）采用在大气层外进行目标特征匹配的雷达地图匹配制导技术。这种方法不仅避免了弹头高速再入大气层后形成"黑障区"对地图匹配造成的影响，保证了精度，而且还避免了在大气层内进行地图匹配所需的弹头拉平减速，提高了弹头的突防能力。

3）可以根据弹头打击区域反导系统防御能力的强弱，预先装定机动程序调整机动范围的大小。弹头最大机动范围是在标准弹道中心直径 5 km 范围内，可进行纵向机动和侧向机动。该弹头比 SS-18"撒旦"导弹所用纯惯性分导式弹头要重得多，质量为 1 500～1 600 kg。

（3）弹头

SS-27"白杨-M"导弹是单弹头导弹，但是它具有改装成可带 3～4 个分导式多弹头导弹的能力，突防能力很强。俄罗斯多次称，SS-27"白杨-M"导弹弹头具有机动再入能力或特殊飞行弹道，使国外目前研制的弹道导弹防御系统难于拦截。美国空军声称，根据其对 SS-27"白杨-M"导弹各次飞行试验的监测，还不能证实 SS-27"白杨-M"导弹弹头已经进行了机动再入能力或特殊飞行弹道的飞行试验。但是，对 SS-27"白杨-M"导弹和 SS-25"白杨"导弹的对比和其他分析显示，SS-27"白杨-M"导弹弹头很可能应用了机动再入技术。

首先，SS-27"白杨-M"导弹的整流罩外形和投掷质量均比 SS-25"白杨"导弹大，而两者弹头的威力大小一样，说明 SS-27"白杨-M"导弹的弹头与 SS-25"白杨"有所不同；其次，SS-27"白杨-M"导弹是作为俄罗斯 21 世纪的陆基标准战略型号，在其研制之初的 1993 年，美国已经提出发展国家导弹防御系统的计划，所以 SS-27"白杨-M"导弹有应用弹头机动再入技术提高突防反拦截能力的需求；最后，俄罗斯已拥有较为成熟的战略弹道导弹弹头机动再入技术基础，苏联时期曾用 SS-18"撒旦"导弹进行过机动弹头的飞行试验。

俄罗斯称 SS-27"白杨-M"导弹具有机动再入能力，而美国空军通过对飞行试验的监测认为 SS-27"白杨-M"导弹未进行机动再入试验。这说明 SS-27"白杨-M"导弹很可能应用的是经过飞行验证的较成熟的技术。苏联曾用 SS-18"撒旦"进行过 10 次机动弹头的飞行试验。

2.3.2.3　发射系统

SS-27"白杨-M"导弹有两种发射方式：地下井发射和公路机动发射。地下井发射采用更新改进的 SS-18"撒旦"导弹发射井；公路机动发射采用新研的 MZKT-79221 战略导弹发射平台，导弹借助火药蓄压器从运输发射筒弹射出来，发动机在空中点火。

（1）地下井发射

1）采用地下井发射原因分析。

SS-27"白杨-M"导弹是在 SS-25"白杨"基础上研制的，按照常规，应该采用陆基机动发射方式。但 SS-27"白杨-M"优先采用了地下井发射方式，大部分导弹采用地下井部署，其原因可能与 SS-25"白杨"发射车翻车事故和机动作战保障费用高，以及地下井发射技术的改进有关。

a）SS-25"白杨"发射车翻车事故影响。由于发射质量（导弹）重约 45 t，底盘 47 t，弹车质量比（发射质量与运输平台比）接近 1∶1，SS-25"白杨"导弹发射车上装过重，质心超高，易于出现翻车等事故。在 1994 年，SS-25"白杨"导弹的多功能发射车就发生过 10 余次事故，包括多次载有导弹时的翻车事故。因此，俄罗斯战略导弹部队曾被迫限制 SS-25"白杨"导弹发射车的道路行驶速度。

b）公路机动发射费用昂贵。由于多功能发射车性能复杂，因此战略弹道导弹公路机动发射系统用于作战的代价昂贵，操作和维护保养费用高。

　　c) 地下井发射的生存能力得到提高。SS‐27"白杨‐M"导弹将部署在经过改进的 SS‐19、SS‐18 大型导弹的地下井中，为了适应弹径较小的 SS‐27"白杨‐M"导弹，这些地下井要添加钢筋混凝土衬层，这样也会提高井中导弹的生存能力。另外，SS‐27"白杨‐M"导弹发射所需的准备时间很短，据称，一旦预警系统确认战略导弹基地受到核攻击，SS‐27"白杨‐M"导弹可在 5 min 内从地下井发射。这种预警发射能力使 SS‐27"白杨‐M"能在对方导弹来袭之前打出去，不需要考虑生存能力。

　　2) 地下井发射装置。

　　地下井发射装置（图 2‐7～图 2‐10）用来放置和长期储存导弹，使其处于规定的准备状态，保护导弹和发射设备，使其免遭各种武器（包括核武器）的伤害，保证导弹进行射前准备和发射。

　　地下井采用钢筋混凝土和金属结构，采用专门的防护装置，将导弹和设备放置在专门的减震装置上，以使地下井发射装置免遭敌方武器的伤害。地下井发射装置配置在已构筑好的作战发射阵地上。

图 2‐7　发射井及井盖

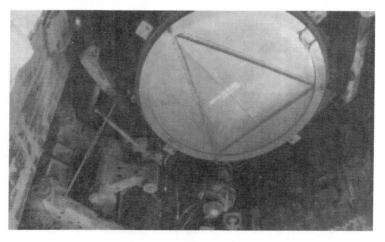

图 2‐8　发射井支承设备

图 2-9　发射井地面支持系统

图 2-10　发射井导弹装填设备

地下井发射装置由相应优先级别的控制中心进行遥控。

地下井发射装置包括竖井、设备室和防护装置。在竖井和设备室中装有打开防护装置的设备、发射设备、检测和供电设备、自备电源、压缩气体供给系统的设备，以及保证长期储存导弹、使其处于发射准备状态和发射导弹的设备。

在地下发射井上部的设备室上装有支承环，升降转动型防护装置就装在支承环上。

防护装置用来保护地下发射井内装有导弹的发射筒和设备，使其不受各种武器、外部温度和大气沉降物的伤害。

为了将带导弹的运输发射筒装入地下发射井，向导弹加注推进剂，对导弹与地下发射井各系统进行维护，配备了相应的可移动技术设备，包括：a) 起重运输设备，即地面运输车、装卸车、起重车、恒温对接车和各种可移动维护器材；b) 辅助设备，即压缩气体充填车、清洗中和车、空气压缩机站、空气加温器、照明器材、移动式电站和其他设备。

SS-27"白杨-M"导弹系统兼容已有发射装置、作战指挥和通信系统，可利用现有的基础设施，无需专门建立新的发射装置，这可使导弹系统装备部队的费用减少一半以上。据称，要接纳这一新型武器系统，只需在发射井中安装30%的新设备，其余的稍加改装即可。

（2）公路机动发射

针对SS-25"白杨"导弹发射车的翻车事故，俄罗斯重新设计了SS-27"白杨-M"发射车，增加了一根车桥，发射质量从45 t增加到47 t，满载质量从100 t增加到120 t，稳定性大大提高；同时，采用16×16全轮驱动，前后6轮动力转向。底盘系统采用油气弹簧独立悬挂系统，能适应各种路面环境。整车可在−40～+50 ℃的极端环境中工作，可以部署在俄罗斯全境的任何地点，包括北极地区，以使战略导弹射向美国距离最短。MZKT-79221发射车（图2-11～图2-13）全长20 m，转弯半径约20 m。整车自重约65 t，满载质量121 t，最高越野时速40 km/h，最大巡航里程500 km，具体参数如表2-6所示。发射筒长22.8 m，宽3.05 m，高3.8 m。该车配备YAMZ-847型涡轮增压4冲程V型对置12气缸柴油机，冷却系统为压缩空气与水冷组合，功率800 hp，具体参数如表2-7所示。轮胎采用宽截面压力调节，规格为1600×1600−685，具有中央充放气功能。发射车有两个驾驶室，分别布置在弹体及发动机的左面和右面，两个独立的驾驶室采用玻璃纤维制作，左边的驾驶室有两个座位，右边的驾驶室有一个座位。驾驶室内包括过滤和通风系统、加热器、通信设施和换气系统等。第1辆SS-27"白杨-M"导弹的新型八轴MZKT-79221发射车已于1995年6月交付使用。

图2-11　SS-27"白杨-M" MZKT-79221发射车（一）

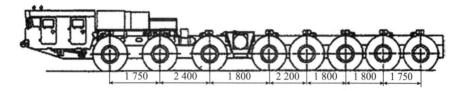

图 2-12　SS-27 "白杨-M" MZKT-79221 发射车 (二)

图 2-13　SS-27 "白杨-M" MZKT-79221 发射车 (三)

表 2-6　MZKT-79221 发射车参数

底盘型号	MZKT-79221
满载质量/t	121
车重/t	约 65
最高越野车速/(km/h)	40
最大巡航里程/km	500
车长/筒长/m	20/22.8
车高/m	3.8
车宽/m	3.4
车长/m	3.3
转弯半径/m	20
涉水深度/m	1.1

表 2-7　YAMZ-847 发动机参数

型号	YAMZ-847.10
配置	V-12TC
缸径和行程/mm	140 和 140

续表

功率/kW(hp)	588(800)
发动机转速/(r/min)	2 100
最大扭矩/N·m(kgfm)	3 087(315)
最大扭矩发动机转速/(r/min)	1 400～1 500
最少燃油比/[g/(kW·h)][g/(hp·h)]	203(149)
质量/kg	1 950

2.3.2.4　战斗值班

（1）作战单元

SS-27"白杨-M"导弹系统除配备同底盘多功能作战支援车、作战指挥车、通信车与作战值班保障车等之外，还配备了台风-M装甲防护车、自动警卫与防护系统、工程保障与伪装车15M69及远程排雷车15M107等。

（2）多功能作战支援车

俄罗斯开发了新的SS-27"白杨-M"同底盘的多功能作战支援车（图2-14）伴随保障，类似于SS-25"白杨"，主要用于机械手/驾驶员的实践培训、真实导弹装置的作战发射训练，以及作为抢修车拖曳故障导弹发射车、油料保障等。该车底盘完全实行最大限度地通用，整车外形也类似于发射车，起到了一定的迷惑作用。

图2-14　SS-27"白杨-M"多功能作战支援车

（3）台风-M装甲防护车

台风-M装甲防护车（图2-15和图2-16）全车长7.7 m、宽2.95 m，战斗全重15.5 t，公路行驶速度达80 km/h，一次加油可行驶700 km，主要用于伴随保护陆基机动SS-27"白杨-M"，防止敌方特种部队对俄机动途中的战略导弹武器系统进行渗透破坏，以及恐怖主义势力对战略导弹武器系统实施的破坏与抢夺。该装甲防护车于2007年开始由图拉科学生产联合体设计，2011年完成设计工作，2013年年底开始批产。2013年8月俄国防部宣布，首批台风-M装甲防护车将装备齐奥尔科夫斯基导弹师。

由于台风-M装甲防护车的主要作战对象不是敌方的装甲车辆，而是渗透的敌方特种部队或恐怖分子，因此台风-M装甲防护车车顶上装备的武器仅为1挺单向链供弹的PKT型7.62 mm的机枪。但为发现试图破坏机动导弹系统的袭击者，在一个折叠式可升降桅

图 2-15　台风-M 装甲防护车（一）

图 2-16　台风-M 装甲防护车（二）

杆上集成了热像仪、CCD 相机、小型雷达，可提供昼夜、全天候的观察能力，能发现 6 km 距离内的车辆。此外，在升降桅杆后面的一个方形装甲箱中装载了一个小型无人机（图 2-17）。与车载探测系统相比，携带微型光电吊舱的小型无人机任务的半径可达 10 km，而且视野不存在探测死角。

图 2-17　台风-M 装甲车装载的小型无人机

（4）XRP12 战斗保障车

安装 X23 NNEMP 电磁脉冲武器的 XRP12 战斗保障车如图 2-18 所示。X23 NNEMP 电磁脉冲武器是试验性质的，安装在 SS-27 "白杨-M" 的 XRP12 战斗保障车（称为 Gremlin）顶部，直接使用电磁脉冲武器阻碍、干扰和使敌人的电源电子失效。该武器首次在反暴中出现，配备在 SS-27 "白杨-M" 的 XRP12 战斗保障车测试显示，它能摧毁近距离对战略导弹车有威胁的电源电子武器。

XRP12 战斗保障车整车由 Material Group 生产，车长 9.8m，车宽 4.8m，只需一个操作号手，可以乘坐 5 人。

图 2-18　XRP12 战斗保障车

（5）自动警卫与防护系统

自动警卫与防护系统（图 2-19）是俄罗斯近年开始研制的战略导弹防护系统，装备有自动化与半自动化的武器瞄准与目标跟踪摧毁程序、光电侦察与雷达侦察系统等，底盘与武器平台采用装甲防护，可在自动与半自动模式下摧毁目标，具备夜间投入作战的能力，可昼夜自动巡逻。该系统在机动导弹发射装置行进与展开时，可对其行进路线进行侦查，快速发现并摧毁敌方伏兵与移动目标，并对其临时驻地进行巡逻。

（6）工程保障与伪装车 15M69

工程保障与伪装车 15M69（图 2-20）于 2009 年开始建造，俄战略火箭兵于 2013 年 10 月分别在捷伊科沃、新西伯利亚与塔吉尔导弹兵团首次装备了工程保障与伪装车 15M69，共 14 辆，2020 年前装备约 50 辆。工程保障与伪装车 15M69 主要用于对作战行进路线与野外阵地进行工程勘查，包括其地基承载能力评估、检测行进路线与场地的通过性，以及必要时开展行进路线与场地的恢复。

工程保障与伪装车 15M69 配备不同设备，用于检查及必要时改变周围环境。例如，

图 2-19 自动警卫与防护系统

图 2-20 工程保障与伪装车 15M69

传感器系统可使驾驶人员检查行进途中的道路与桥梁,并确定其性能,从而使工程保障与伪装车 15M69 判断发射车能否通过该道路。此外,在该车的车盖与两侧配备有携带传感器的特殊框架(尺寸对应发射车的尺寸),可确定发射车能否通过具体的某一段路程,如狭窄的道路,如图 2-21 所示。

工程保障与伪装车 15M69 还具有用于伪装的特殊平地机系统,如图 2-22 所示。借助该系统,工程保障与伪装车可抹去发射车或导弹系统其他车辆的行进痕迹,还可在需要的土路上制造出发射车行进的假痕迹。

此外,工程保障与伪装车在运货舱中可运输模拟发射装置的假目标,在红外和雷达探测中假目标看起来与机动发射装置一样。据俄罗斯纽带网 2014 年 4 月 1 日报道,模拟发射装置的假目标应为 SS-27 "白杨-M" 与亚尔斯战略导弹系统的全尺寸充气模型,充气模型使用特殊材料制造,可欺骗各种技术侦察。已有数据显示,一辆工程保障与伪装车 15M69 可确保装备 6 套发射装置的一个营使用。

图 2-21　工程保障与伪装车 15M69 处于工作状态的特殊框架

图 2-22　工程保障与伪装车 15M69 用于抹去行进痕迹的平地机

（7）远程排雷车 15M107

远程排雷车 15M107（图 2-23）和工程保障与伪装车 15M69 一样，用于保障机动导弹系统的作战值班，以及搜寻并摧毁埋设在导弹作战行进路线上的地雷。据俄媒体报道，2014 年年底，捷伊科沃导弹师装备了 2 辆该型排雷车。

公开资料显示，远程排雷车 15M07 可在 30°扇区内探测距车 100 m 远的地雷，置于导弹系统车辆的前列，借助雷达装置检查道路并搜寻地雷。在搜寻到地雷时，根据爆炸装置类型，由隶属于远程排雷车驾驶组的两名工兵或一名雷达系统操作手完成排雷。

图 2 - 23　远程排雷车 15M107

（8）发射方案

关于 SS - 27 "白杨 - M" 导弹作战使用的相关公开信息较少，但从俄罗斯战略武器技术继承发展的思路推测，其至少具备 SS - 25 "白杨" 导弹的 3 种发射方案的能力，且对场坪要求低，在柔软的土壤上也可展开发射；同时，考虑到定位定向技术的发展，SS - 27 "白杨 - M" 导弹可能已实现从行进路线任何路面进行导弹发射的能力。

2.3.2.5　部署情况

1998 年俄罗斯计划生产 350 枚 SS - 27 "白杨 - M" 导弹，其中 270 枚部署在发射井，80 枚车载发射；2003 年 6 月对该部署方案进行了修改，计划 2015 年将生产 120 枚导弹，其中 70 枚井基发射，50 枚车载发射。实际上，俄罗斯在 2009 年 4 月宣布不再生产 SS - 27 "白杨 - M" 导弹，最终部署停留在 2011 年的水平，即 60 枚井基导弹、18 枚车载导弹。这也是俄罗斯目前部署 SS - 27 "白杨 - M" 的数量，与美国原子能科学家公报 2022 年发布的《2022 年俄罗斯核力量报告》数字相同。

2.3.3　RS - 24 "亚尔斯"

RS - 24 "亚尔斯" 由莫斯科热力研究所在 SS - 27 "白杨 - M" 弹道导弹的基础上研发而成，属于单弹头、车载机动型 SS - 27 "白杨 - M" 多弹头升级版，拥有更高的投掷质量。得益于 SS - 27 "白杨 - M" 发射平台优秀的机动、越野、隐身等实战性能，RS - 24 "亚尔斯" 完全继承其发射平台设计，发射系统及战斗值班与 SS - 27 "白杨 - M" 相同。

2.3.3.1　研制进展

2007 年 5 月 29 日进行了首次试验，从俄罗斯西北部普列谢茨克航天发射场发射，并击中在俄罗斯远东地区的堪察加的库拉靶场目标。2007 年 12 月、2008 年 11 月又成功进行了试验飞行。2010 年开始陆续部署，进入战斗值班。

2.3.3.2　导弹系统

（1）总体设计

为了缩短设计周期，利用现有的生产设施，加快试验和部署进度，RS-24"亚尔斯"导弹系统（导弹总体参数如表2-8所示）与SS-27"白杨-M"在质量、外形尺寸和结构布置上高度一致。除弹头的分导平台、头部整流罩、控制系统和有效载荷外，RS-24"亚尔斯"与SS-27"白杨-M"导弹系统最大限度地实现了通用化。

表 2-8　俄罗斯现役 RS-24 "亚尔斯"战略导弹总体参数

型号	RS-24"亚尔斯"（RS-24）
起飞质量/t	49
弹头质量/t	1.2
长度/m	20.9
弹径/m	2
弹长/m	23（带弹头）、17（不带弹头）
弹头	3～10 个分导式多弹头，每个 100～300 kt 当量[①]
发动机	固体（第 3 级、第 4 级可以是液体）
射程/km	11 000[②]
最大速度	超过马赫数 20,6 806 m/s,24 500 km/h
圆周精度/m	150～250
发射方式	主要是车载发射，少量井基发射
制导	惯性+GLONASS
服役时间	2010 年
使用寿命/年	15

注：①据不同的资料显示，新导弹装备不少于 4 枚的分导式弹头和 1 套突防系统。有些报道认为是 3 枚中级弹头和 1 套突防系统。中级弹头指的是当量在 300～500 kt 的新一代作战头，精度高，在电磁辐射范围被识别率低。

②RS-24"亚尔斯"导弹的投掷质量可能增加，相应地，其射击距离降低，从 SS-27"白杨-M"的 11 000 km 降为 10 000 km。

（2）控制系统

控制系统由自动化与仪表制造科研生产联合体研制，包括弹上计算机、陀螺稳定平台和无线电校正器，采用 GLONASS 导航和惯性技术。高速指挥陀螺仪具有高精度特性，新的弹上计算机具有更高的计算能力和抗核爆的稳定能力。瞄准时，安装在陀螺稳定平台上的传感元件借助装在发射筒上的地面指挥系统自主确定方位角。

（3）发动机

RS-24"亚尔斯"发动机总共 3 级，采用高密度环四甲撑四硝胺混合固体推进剂，比冲高。控制机构的 1 级采用不可折叠的中控回转式喷口，2、3 级采用摆动喷口。喇叭口和喷口采用碳-碳材料，喷口有弹性铰接支座。各级发动机都有气动液动转向机构，可使喷口摆动。考虑到结构的轻量化，用复合有机材料制成线束，再用专用粘合剂粘合制成发动机壳体，有机材料由特种机械中央科学研究所研制。头部整流罩也用有机材料制成。

　　针对美反导系统主要采取助推段拦截的模式，RS-24"亚尔斯"采用并优化了 SS-27"白杨-M"的速燃火箭发动机，继承了 SS-27"白杨-M"弹道导弹的弹道变化和机动变轨能力，同时采用了其他新型突防技术，如主动式电子干扰系统和红外干扰系统，可以令反导系统中的光电探测设备或引导控制系统失效，具有很强的抗干扰能力和良好的飞行稳定性，能够穿透高度保护的目标，降低其被反导系统成功拦截的概率。RS-24"亚尔斯"导弹配有多个可独立命中目标的新一代再入飞行器，能穿透任何导弹防御网，有效突破美反导弹防御系统。

　　与以前的导弹相比，RS-24"亚尔斯"导弹有更短的飞行加速段，这是因为在制造 RS-24"亚尔斯"导弹时采取了新措施，使飞行主动段的终点高度降低。依靠辅助变轨发动机、新的仪器、控制机构以及高强度的壳体，RS-24"亚尔斯"导弹可在主动段做有限变轨，高度和航向上均可做有效变轨，使拦截弹无法预知拦截点，这样就大大降低了导弹在飞行初始段被摧毁的概率。

　　在大气层外的飞行段上，弹头由于采用了特殊的形状和涂料，因此可吸收热辐射和雷达辐射，使弹头在所有的波段上辐射量都很小，针对核武器的杀伤因素进行全面防护。控制系统部件的密封仪器舱表面涂覆稀土元素含量很高的专用涂层，控制系统元器件有更高的稳定性和可靠性，导弹的弹上电缆采用屏蔽和专门的敷设方法，这些都增加了拦截难度。弹头在飞行末段采用与真弹头无法区别的重诱饵进行防护。

　　RS-24"亚尔斯"安装了布拉瓦洲际弹道导弹的附加助推装置和分导式弹头多弹头，可以携带 3～4 枚当量分别为 100～250 kt 的核弹头；经过改装后，最多可携带 8～10 枚。

2.3.3.3　发射系统

　　RS-24"亚尔斯"主要以公路机动发射方式为主，少量采用井基发射。机动发射同样采用 MZKT-79221 发射车，如图 2-24 所示。

图 2-24　MZKT-79221 发射车

RS-24"亚尔斯"同样具备任何点发射能力,既可以在战斗值班时进行计划内目标的发射,也可以根据上级指示进行重瞄,进行计划外目标的发射;可以从驻扎点上发射,也可以从巡逻线路上任何点发射。

2.3.3.4 战斗值班

RS-24"亚尔斯"战斗值班与SS-27"白杨"基本相同,请参考前述章节。

2.3.3.5 部署情况

2009年12月,俄战略火箭军首次接收RS-24"亚尔斯"导弹系统,在第27军捷伊科沃导弹师(第54师)中进行试验性战斗值班,这套导弹系统按营建制。

首枚RS-24导弹已于2010年年初在伊万诺沃州的捷伊科沃导弹基地正式部署,该导弹基地位于莫斯科东北部150 km处。

2010年12月,捷伊科沃导弹师成立第2个RS-24"亚尔斯"导弹营,装备3套自行式发射装置。

2011年8月3日,第3个RS-24"亚尔斯"导弹营进行战斗值班。于是,第1个RS-24"亚尔斯"导弹团就由3个营构成。

按照俄军方的计划,在未来10~12年时间里,RS-24"亚尔斯"洲际战略弹道导弹的年产量将有望达到10~12枚;到2016年,SS-27"白杨-M"和RS-24"亚尔斯"在俄战略导弹武器库中所占的比例将达到80%,而延长服役期的老式导弹系统所占的比例将不会超过20%。

2022年,总共部署了153枚公路机动发射导弹,20枚井基发射导弹。

2.3.4 RS-26"边界"

RS-26"边界"导弹利用热门的高超声速技术,与现役陆基战略导弹相比,飞行速度、打击能力和突防能力大幅提升。RS-26"边界"同样采用公路机动发射,其导弹机动发射车底盘由白俄罗斯明斯克汽车厂生产。该厂于2008年向莫斯科热力工程研究所提供了RS-26"边界"导弹机动发射平台MZKT-79291的技术方案。同时,俄罗斯国防部也授予境内的KAMAZ研制电驱发射车,用于RS-26"边界"和RS-24"亚尔斯"。

2.3.4.1 研制进展

RS-26"边界"导弹由莫斯科热力工程研究所研制,于2008年开始设计。

2011年9月27日,RS-26"边界"导弹进行首次试射,但以失败而告终。此次试射中,导弹发射后在距离发射点8 km处坠落,失败的原因是一级发动机工作期间出现故障。

2012年5月23日,RS-26"边界"导弹在普列谢茨克航天发射场进行第2次试射,战斗部准确命中位于堪察加半岛库拉靶场的目标。此次试射是RS-26"边界"导弹的第一次弹道发射。

2012年10月24日,RS-26"边界"导弹进行第3次试射,导弹从卡普斯京亚尔发射场发射,战斗部准确命中位于萨雷沙甘靶场的目标。此次试射主要进行导弹战斗部试验，对战斗部的突防能力进行评估。

2013 年 6 月 6 日，RS-26"边界"导弹进行第 4 次试射，导弹从卡普斯京亚尔发射场发射，准确命中位于萨雷沙甘靶场的目标。此次试射主要测试 RS-26"边界"实际战技指标是否达到设计要求，以及弹载设备的技术性能，总体评估导弹全系统运行的可靠性。

2015 年 3 月 18 日，RS-26"边界"导弹进行第 5 次试射，导弹从南部卡普斯京亚尔发射场成功发射，弹头击中萨雷沙甘靶场内的目标。此次试射标志着试验阶段的结束，该导弹计划在 2016 年进入部署阶段。

2018 年 4 月，据俄罗斯塔斯社报道，由于资金无法同时支持"先锋"和 RS-26"边界"两种导弹的研发，这种导弹的研制工作将会被搁置。

2.3.4.2　导弹系统

公开资料几乎查不到 RS-26"边界"导弹的具体信息，推测的性能参数如表 2-9 所示。RS-26"边界"成为热门争议话题。美国称 RS-26"边界"导弹类似销毁的 SS-20，射程低于 5 500 km，因为有 3 次飞行试验射程都是 2 000 km，违反了美苏当年的《苏联和美国消除两国中程和中短程导弹条约》（以下简称《中导条约》）；俄自己声称这种导弹已经进行过从普列谢茨克到堪察加的试飞（第 2 次试验飞行），射程超过 5 800 km，属于战略型号，不在条约禁止范围。

表 2-9　俄罗斯 RS-26"边界"战略导弹参数（推测）

型号	RS-26"边界"
发射质量/t	20～50
长度/m	12～19
弹径/m	<2.6
弹头	4 个分导式弹道导弹，当量 300 kt；或者先锋超高声速滑翔器，当量 100～900 kt
发动机	固体（末级或者弹头舱可以是液体）
最大射程/km	弹道 5 000，弹道＋滑翔 12 600
最大速度	超过马赫数 20,6 806 m/s,24 500 km/h
圆周精度/m	90～250
发射方式	车载
制导	惯性＋GLONASS
服役时间	冻结到 2027 年,研发资金转到先锋超高声速滑翔器

上述两种争执源于 RS-26"边界"可能可以携带不同模式的弹头，RS-26"边界"导弹可以采用弹道模式或者"弹道＋滑翔"复合飞行模式。RS-26"边界"按照弹道方式飞向目标，在进入下降段后，这种导弹将在距离目标数百英里的地方进入俯冲，迅速降低高度，然后放出携带的弹头。采用这种模式飞行时，弹头可以是分导式多弹头，此时其射程可能就只有 5 000 km，压制欧洲的防空系统。RS-26"边界"弹头也可能是为了应对美国导弹防御系统而研制的"先锋（Avangard）"滑翔弹头，通过在大气上层的滑翔飞

行，就可大幅度延长导弹射程，达到 8 000～12 600 km，可以打到美国本土的目标。弹头滑翔飞行时，由于需要依靠大气的升力，因此不大可能携带多枚高超声速滑翔器。

2.3.4.3　发射系统

（1）MZKT-79291 常规导弹发射车

RS-26"边界"将全部采用车载机动发射。据称，RS-26"边界"将装备白俄罗斯研制的 12×12 MZKT-79291 发射平台，采用与 SS-27"白杨-M"MZKT-79221 导弹发射车类似的分体式驾驶室结构。图 2-25 为 RS-26"边界"战略导弹发射车构型。表 2-10 为发射平台参数。

图 2-25　RS-26"边界"发射平台 MZKT-79291

表 2-10　RS-26"边界"战略导弹 MZKT-79291 发射平台参数

型号	MZKT-79291
驱动	12×12
驾驶室	1+2
总质量/t	90.4
里程/km	500
最大速度/(km/h)	45～50
长×宽×高/(m×m×m)	16.52×3.41×3.4
工作温度/℃	−45～+50
动力	发动机：YAMZ-854.10(650 hp)，V8 涡轮增压，发动机冷却系统位于驾驶室后面，防止泥土损坏散热片和阻碍通风孔 变速箱：MZKT-5561 液力自动变速箱，6 前进挡，1 倒车挡
悬挂	独立油气悬挂
涉水深度/m	1.4
轮胎	中央充放气
选装	空气加热、排风、空调、独立驾驶室加热系统、绞盘、装甲驾驶室、装甲方舱、扁平轮胎

MZKT-79291 整车与早年为 SS-20 中程导弹研制的 MZKT-547 导弹发射车具有许多相似之处，其越野能力强，难以侦察与打击。在高度警备状态，RS-26"边界"导弹可以驶离发射基地，以 50 km/h 的最大越野速度连续行驶，最大续航里程 500 km，机动性

能强于 SS - 27 "白杨 - M"、RS - 24 "亚尔斯" 的 120 t MZKT - 79221 发射车。

在战场部署时,RS - 26 "边界" 导弹发射车将由一系列的保障车伴随保障,包括控制车、信号车、燃料车以及其他军车。发射车具备任何地点无依托发射能力,在紧急情况下,也可以直接滑开顶棚进行发射。

(2) KAMAZ - 7850 电驱导弹发射车

1) 背景。

俄罗斯导弹发射车均由白俄罗斯企业明斯克轮式车辆厂/Volat 公司 (俄语缩写:MZKT) 研制,包括现役的白杨、白杨 - M 战略导弹到伊斯坎德尔战术导弹都使用位于明斯克生产的发射车。明斯克正在研制的 RS - 26 "边界" 导弹发射车型号为 12 × 12 MZKT - 79291。

随着俄罗斯和白俄罗斯政治关系恶化,俄罗斯急于收购 Volat 公司,降低依靠白俄罗斯采购这些车辆的风险。白俄罗斯政府的报价为 30 亿美元,俄方认为,20 亿美元足够从头开始新建一个重型车辆厂,双方无法达成协议。在这种背景下,俄罗斯转而向国内国防车辆厂商寻求方案,KAMAZ 联合俄国车辆企业的资源,顺利赢得了开发重型发射平台的标书。作为新一代战略导弹 RS - 26 "边界" 的发射平台,新研发射平台部分也用于 RS - 24 "亚尔斯"。[1]

2) 构型。

KAMAZ 公司以 KAMAZ - 7850 作为发射平台基本型 (Platform - O),采用模块化设计,称之为 "高机动模块化平台"。其有 4 种配置:KAMAZ - 7850 16 × 16 承载 85 t;KAMAZ - 78509 12 × 12 承载 60 t;KAMAZ - 78504 8 × 8 作为半挂牵引车,牵引质量 90～165 t;KAMAZ - 78508 8 × 8 作为机场飞机牵引车,牵引质量 75 t。KAMAZ - 7850 和 KAMAZ - 78509 用于移动陆基战略弹道导弹发射车,如图 2 - 26 和图 2 - 27 所示。KAMAZ - 78504 也是下一代战略导弹的运输转载车[2]。

图 2 - 26　KAMAZ - 7850 发射平台

①　https://www.globalsecurity.org/wmd/world/Russia/kamaz - 7850 Platform - O.

②　KAMAZ 7850 - Wikipedia.

图 2 - 27　KAMAZ - 78509 发射平台

3）方案设计和进展。

a）柴电驱动。

2008 年 KAMAZ 赢得竞标合同，2010 年生产了几台样车，2013 年 5 月底公开了上面介绍的 4 种配置类型。KAMAZ 采用电驱创新设计，研发了柴电驱动系统，电动机集成在轮毂中间，取消了传统传动使用的离合器、变速箱、分动箱、驱动轴、差分锁等，降低了整车质量，显著增加了平台的可维护性。发射平台每个车轮有一个电动机，准确输送经过计算的扭矩。KAMAZ 是第一次在这种级别的车辆上使用柴 - 电驱动。KAMAZ 认为其有几个优点：第一，取消复杂的传动可以大大减重；第二，电动机启动瞬间即可提供最大的扭矩；第三，这种方案使所有车轮可以以不同速度和方向转向；第四，可以使用制动能量回收系统；第五，方便主动安全控制，ABS 算法可以编程到控制单元，单独控制每个车轮。

这种创新性的设计遇到了巨大的困难。根据 KAMAZ 在 2015 年 9 月 5 日国防部创新日发布的报告，其准备放弃采用创新的机电传动方案，回归到传统的机械方案，不使用轮驱。但该方案被国防部否定。

某些专家认为，KAMAZ 方案的缺点多于优点，某些缺点目前还不能克服。例如，为了使功率大，尽量缩短定子和转子之间的距离，车辆高速行驶遇见障碍物的颠簸可能导致电动机线圈接触，导致节点失效。另外，潮湿空气可能凝结在电动机线圈，会出现动力不足，电传动系统在低温时空转。最后，存在大量的红外辐射。

"高机动模块化平台"研制完成日期从 2020 年延迟到 2022 年。

b）运输转载车。

运输转载车（图 2 - 28～图 2 - 30）为全新设计，由 KB Motor 公司负责。运输转载车由 KAMAZ - 78504 牵引，这些发射支持系统可以快速将战略导弹从储存地通过任何等级路面运输安装到地下发射井中。

图 2 - 28　运输转载车（一）

图 2 - 29　运输转载车（二）

4）演示。

采用创新技术的 16×16 KAMAZ - 7850 特种轮式平台于 2018 年 8 月 21 日～26 日在莫斯科陆军论坛首次亮相。演示时，由于车载电子故障，几组车轮转向失效，现场出现转向相反的情况（图 2 - 31）。根据俄罗斯媒体报道，每组车轮都出现了故障。车辆起初是直线行驶，中间的两组车轮突然左转向，导致车辆失控，必须强制停车。对此，KAMAZ 公司和俄罗斯国防部都拒绝评论。

图 2-30　运输转载车（三）

图 2-31　演示时车轮失控状态

2.3.4.4　部署情况

俄罗斯战略火箭兵司令卡拉卡耶夫曾于 2014 年 12 月表示，RS－26"边界"导弹将在 2016 年开始部署。但据 2018 年的报道，RS－26"边界"的研制将冻结至少到 2027 年，相关研发资金转移到"先锋"超声速滑翔器。这可能是因为俄罗斯资金不能同时支持"边界"与"先锋"两大项目，也可能与西方抗议 RS－26"边界"违反《中导条约》有关。

2.4　铁路机动发射

苏联在冷战期间曾经部署战略导弹铁路机动发射系统，型号为 SS－24"死亡列车"，并在 21 世纪初销毁。俄罗斯继承铁路发射技术并在此基础上进行优化，预研"巴尔古津"铁路发射型号，但没有生产和部署。

2.4.1　研制进展

俄罗斯于 2009 年 11 月 10 日开展编制机动发射系统技术建议书的工作，2010 年 5 月 31 日完成技术建议书的编写，明确了参与各方的研制任务。2010～2011 年，"战略导弹列车"项目招标。2012 年俄罗斯宣布计划研制新一代铁路作战武器系统这一消息，其战略火箭兵司令卡拉卡耶夫上将宣布项目名称确定为"巴尔古津"，代替苏联的 SS－24"死亡列车"铁路机动发射洲际弹道导弹。

2015 年 5 月 4 日，俄罗斯国防部副部长尤里·鲍利索夫表示，俄军战略导弹列车"巴尔古津"项目已经完成，进行技术研究评估费用之后做出是否制造的决定。

2.4.2　导弹系统

巴尔古津铁路作战武器系统是在 RS－24"亚尔斯"（一种情报来源说是 RS－26"边界"）基础上改进的，是公路 RS－24"亚尔斯"（或 RS－26"边界"）导弹的铁路化版本。"巴尔古津"不同于俄罗斯以前部署的 SS－24"死亡列车"导弹，二者最大的区别是"巴尔古津"导弹发射质量明显降低。两型铁路机动发射导弹参数如表 2－11 所示。

表 2－11　两型铁路机动发射导弹参数

型号	SS－24	巴尔古津
发射质量/t	100	49
导弹长度/m	21	20.9
导弹直径/m	2.35	1.85
射程/km	11 000	10 500
弹头数量/枚	8～10	3～4
圆周精度/m	250	150～250
制导	惯性制导、星光修正	惯性制导、GLONASS

2.4.3 发射系统

"巴尔古津"虽然是在 SS‐24"死亡列车"基础上研制而来的，但二者的集成化与自动化程度、载荷传递要求、弓网拨离系统相差较大，"巴尔古津"生存能力明显高于 SS‐24"死亡列车"。

2.4.3.1 SS‐24"死亡列车"铁路发射系统

SS‐24"死亡列车"铁路机动战略导弹系统是唯一进行过实战部署铁路机动发射洲际弹道导弹。SS‐24"死亡列车"铁路机动战略导弹系统由苏联在 20 世纪 70 年代末开始研制，1982 年首飞，1987 年正式定型进入部队服役，总共部署了 3 个铁路机动导弹师，共12 列导弹列车。俄罗斯于 2005 年宣布永久性拆除 SS‐24"死亡列车"导弹系统。

SS‐24"死亡列车"铁路机动列车由乌克兰南方设计局设计。苏联解体后，乌克兰宣布将成为无核国家，不拥有、不生产核武器，已交付的车厢不再提供备附件与技术支持。俄罗斯接受了若干铁路发射资产，并对指挥控制系统、制导系统等进行改进。2014 年 9月，俄罗斯公布了退役的 SS‐24"死亡列车"导弹列车系列照片，如图 2‐32 所示。

图 2‐32 SS‐24"死亡列车"导弹发射列车

SS-24"死亡列车"导弹发射列车通常由 3 节车头与数节车厢组成。其中，有 3 个用于装载和发射导弹的发射舱，1 个导弹发射舱由 3 节车厢组成，其他车厢用作指挥所或装载燃料等。从外观上看，除了有 3 台机车之外，这些若干节车厢组成的导弹列车与普通的货运列车相比几乎没有什么区别，有的车厢上甚至还印有"载重 135 t""轻型货物专运"等货运说明字样。唯一不同的是，在导弹列车的机车后面有几节完全封闭式的"冷藏车厢"，这些车厢的长度比普通冷藏车要长一些，装载 SS-24"死亡列车"导弹。

2.4.3.2　"巴尔古津"自动发射装置

俄罗斯新型铁路机动战略导弹系统"巴尔古津"并不是 SS-24"死亡列车"的升级版，"巴尔古津"的所有工作都由俄罗斯完成，没有乌克兰南方设计局和南方机械制造厂的参与。

"巴尔古津"新型铁路机动发射集成化与自动化技术高，发射准备时间更短；不需要专门的加强铁轨，不需要采用载荷传递设备将质量分配到相邻车厢，环境要求更低；不需要加固车轮组件，从而与普通车厢外观完全类似，避免从地面识别的问题，生存能力更强。此外，新型导弹列车不再需要专门的发射准备和脱离高压接触网等，发射过程更加简便。两型铁路机动发射系统对比如表 2-12 所示。

表 2-12　两型铁路机动发射系统对比

型号	SS-24"死亡列车"	"巴尔古津"
发射准备时间/min	15	3
载荷传递设备	需要专门的载荷传递设备将质量分配到相邻车厢	不需要
车轮	加固车轮组件，容易识别	普通车轮组件，不易识别
铁轨	需要加强铁轨，专门维护保养	普通铁轨
载弹量/枚	3	6
发射准备	需要	不需要专门发射准备，不需要脱离高压接触网

因此，"巴尔古津"将最大限度利用 RS-24"亚尔斯"导弹的自动发射装置（15U175M），包括金属结构、机械装置和设备等。发射筒从水平状态到竖直状态的快速起竖时间不超过 25 s，控制车厢、辅助车厢和发射装置承受的轴载荷不超过 22 t，自动发射装置的寿命不低于 60 万 km。

自动发射装置执行自动化战斗值班的时间不少于 7 昼夜，整个铁路机动导弹系统自动化战斗值班时间不少于 30 昼夜。这里的自动化战斗值班是指在作战机动的途中完成战斗任务，不需要补充燃料、水、物质资源以及不需要人员换班。

自动发射装置可以重复使用，保证每个导弹发射装置可发射不少于 10 枚导弹；自动发射装置可进行作战演练发射，进行单发发射和齐射，并可从自动发射操作台自动发射等。

自动发射装置的一系列可靠性要求如下：预定时间内在全面技术准备状态下，准备和实施发射的可靠性达到 0.996；预定时间内在常规技术准备状态下，准备和实施发射的可靠性达到 0.994；预定时间内从运动状态到发射前准备情况下，准备和实施发射的可靠性达到 0.992（此处数据均指在使用寿命期内）。

2.4.4　部署情况

俄军共计划组建 5 个"巴尔古津"战略导弹团，每个导弹团配 6 枚导弹，计划在 2020 年进行作战部署。

2017 年 12 月，俄罗斯国家媒体指出，由于武器太昂贵，缺乏资金，因此冻结了该计划；同时，报道也指出，如果具备全面技术条件，在必要时可以随时重启该项目。

2.5　井基固定发射

俄罗斯现役和在研井基发射包括 SS‐18"撒旦"、SS‐19M4、RS‐28"萨尔玛特"。SS‐18"撒旦"、RS‐28"萨尔玛特"采用先进的大型液体导弹弹射技术，投掷载荷全球最大，SS‐19M4 配备新研高超声速"先锋"弹头。

2.5.1　SS‐18"撒旦"

SS‐18"撒旦"为大型液体导弹弹射技术的先驱，得益于其先进的设计，投掷的载荷高达 9 t，杀伤威力巨大，发射井抗核加固，生存能力强。

2.5.1.1　研制进展

SS‐18"撒旦"是苏联在 SS‐9 基础上研制并用来取代 SS‐9 的液体洲际导弹。它由南方设计局从 1969 年 9 月 2 日开始研制，南方机器制造厂制造，1975 年 12 月开始装备部队。SS‐18"撒旦"经过了几次技术升级，具体参数如表 2‐13 所示。

苏联解体和俄罗斯财政困难等原因使 SS‐18"撒旦"的延寿问题提上日程，导弹的延寿工作从 10 年延到 15、18 和 20 年。20 世纪 90 年代，俄罗斯和乌克兰两国政府决定开发 SS‐18"撒旦"的商用价值，将其改装成商用的"第聂伯号"运载火箭。

表 2‐13　SS‐18"撒旦"参数

	型号	第 1 代 SS‐18/P‐36M			第 2 代 SS‐18/P‐36	第 3 代 SS‐18/P‐36M2	
发射系统的技战术指标	最大射程/km	11 200	16 000	10 500	11 000	16 000	11 000
	命中精度/m	440			350		
	战斗准备时间/s	62					
	发射方式	弹射					
导弹数据	发射质量/kg	209 200	208 300	210 400	211 100	211 100	211 400
	级数	2			2＋分导级		
	控制系统	自主惯性					

续表

型号		第 1 代 SS-18/P-36M			第 2 代 SS-18/P-36	第 3 代 SS-18/P-36M2	
导弹的外形尺寸	弹长/m	33.65				32.2	
	弹径/m	3.0					
战斗部	弹头类型	重型单弹头	轻型单弹头	惯导式多弹头	惯导式多弹头	单弹头	惯导式多弹头
	弹头质量/kg	6 565	5 727	7 823	8 470	8 470	8 730
	弹头威力/Mt	20	8	10×0.4 或 4×1+6×0.4	10×0.5	1×8	10×0.75

2.5.1.2　导弹系统

SS-18"撒旦"导弹具有打击当量大、打击效率高等特点，是液体战略导弹的典范。

（1）打击当量大

SS-18"撒旦"本身就是为打击发射井等加固目标而设计的，设计之初就将大威力作为目标，投掷质量接近 9 t，这一能力即使是今天的运载火箭也少有能及。巨大的推力使其可以携带更大、更多的核弹头，SS-18"撒旦"单弹头威力曾达到 2 000～2 500 万 t 当量，其多弹头型导弹可以携带 10 个 500 kt 当量子弹头。作为对比，美国 1986 年服役的"和平卫士"导弹可以携带 10 个 475 kt 当量的子弹头，现役"民兵-3"携带的是单枚 335～475 kt 当量核弹头。单从威力上看，能和它相比的只有其前身 SS-9。在可以预见的未来，SS-18"撒旦"很可能会成为绝无仅有的导弹"巨无霸"。

从外形上看，SS-18"撒旦"无疑是庞然大物，但与其巨大的推力相比，其内部结构紧凑严密。一是导弹第 1 级的 4 个发动机为整体的总成系统；二是将第 2 级火箭发动机完全浸入推进剂箱，使之融为一体；三是首次采用了推进剂储箱化学增压级间气体分离技术，从推进剂储箱释放出增压气体使分离的级减速，将燃烧剂喷入氧化剂箱或者将氧化剂喷入燃烧剂箱燃烧，这样就可以不必采用专门的制动发动机，并且简化了增压系统设备。这些措施使 SS-18"撒旦"在保持与 SS-9 同样的外形尺寸情况下，起飞质量由 183 t 增加到 200.6 t，投掷质量由 5.8 t 增加到 8.8 t。

（2）打击效率高

SS-18"撒旦"具有很强的打击硬目标的能力，被认为是良好的第一次打击武器。此外，由于该导弹核弹头多，可以很容易饱和攻击敌人的弹道导弹防御系统，因此最终在敌人阵地上空幸存的弹头比例也会较高。在冷战时期，据美国防务专家估计，如果苏联对美国发动第一次打击，2 个核弹头打击 1 个地下井，用部署的 SS-18"撒旦"就足以摧毁美国 65%～80% 的陆基洲际导弹发射井，而且还能保留 1 000 枚 SS-18"撒旦"导弹弹头来打击美国其他目标。SS-18"撒旦"较高的精度加上分导式的弹头，使它打击效率极高。

（3）抗打击能力强

考虑到核弹有可能直接打击到导弹的发射阵地，SS-18"撒旦"的弹上和阵地电子设备都经过抗核爆电磁脉冲加固，在地面核爆和高空核爆的作用下导弹仍保有发射能力。

SS‑18"撒旦"导弹涂覆有热防护，使导弹能轻松通过核爆后产生的尘云。测量中子射线和伽马射线的传感器感知出危险级别，在穿越蘑菇云时暂时关闭控制系统，这时发动机继续工作，穿出危险区后控制系统的自动装置接通，开始校正导弹的飞行轨道。

2.5.1.3　发射系统

　　SS‑18"撒旦"采用井基弹射技术。SS‑18"撒旦"在阵地建设中非常重视抗核打击能力。苏联从1974年开始将SS‑18"撒旦"部署在升级的SS‑9的掩体中。由于SS‑9采用热发射，发射井下面和周围都建有排烟道，这大大降低了发射井的抗压强度。SS‑18"撒旦"采用类似潜射导弹的地下井弹射，因此将排烟道的空间浇筑上了水泥，缩小了发射井的直径，显著提高了发射井的抗压强度。纵向和横向减震系统使发射筒在纵向和横向上都可位移，这些措施显著提高了发射井的抗力，提高了全系统的生存能力，可承受36.5 MPa的压力。

　　（1）概述

　　在机械制造设计局总师古申的领导下建立了发射装置防核武器和精确打击武器的主动防护系统。发射装置（图2‑33）包括防护盖、纵向减震装置、井筒、发射筒、横向减震装置、支承环、框架等。

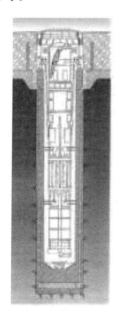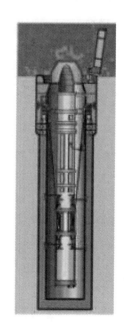

图2‑33　SS‑18"撒旦"发射装置

　　据称，在当时的打击水平下，SS‑18"撒旦"发射装置受到直接打击后仍可发射，在邻近发射装置受到打击时战斗力不降低。当发射装置受到直接的、无杀伤的打击后，用于状态恢复的发射延迟时间不超过3 min。

　　（2）装弹运输车

　　SS‑18"撒旦"导弹（不包括弹头和末助推舱）通常在出厂前呈水平状态装入发射

筒，在工厂完成所有必需的检验；用装弹运输车将其送往发射阵地；在发射阵地上，总装工作被简化为只需焊接 3 道焊缝，然后将导弹连同发射筒一起装入地下井的减震系统上，如图 2 - 34 所示。

图 2 - 34　SS - 18 "撒旦" 装入发射井

装弹运输车为半挂车，其牵引车为 MZKT - 537。半挂车质量为 69 914 kg，前轴载荷 42 000 kg，后轴载荷 27 914 kg，转弯半径 35 m，长 26.46 m，高 4.6 m，宽 3.35 m。

首先，从井上放下一窄电梯，实现导弹与弹头对接；然后进行通电试验、瞄准、装订飞行任务；再给竖在井中的弹加注，加注槽车在井外把 180 多吨具有侵蚀性的组分从罐内注入导弹储箱内（其中一级储箱加 150.5 t，二级储箱加 37.6 t），关闭旋转盖；最后检查一遍后铅封入口，导弹进行战斗值班。加注后的弹在井中（图 2 - 35）战斗值班 10~20 年。这期间有线通信和惯性组合处于加电状态，定期（0.5~3 年）对弹进行一次遥控检测。地面检测计算机和电源安装在发射井侧壁，其能对全弹系统进行功能性检查，并把检测结果传输到几十千米以外的指挥中心。

（3）运输发射筒

运输发射筒（图 2 - 36）的作用是长期储存、转载、运输导弹，使导弹进入战斗准备状态，在服役期间保持战斗状态，并从井中发射出去。

运输发射筒由筒体、转接头、上盖和下盖组成。筒体和转接头的材料为玻璃钢。运输发射筒包括很多系统，主要有气液系统、发射系统、气体监测系统及散热系统等。运输发射筒上安装有瞄准系统和控制系统的仪表、部件。

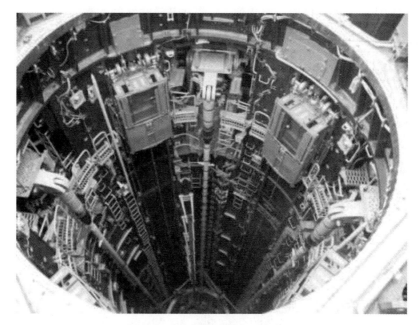

图 2-35　SS-18"撒旦"发射井

图 2-36　运输发射筒

（4）减震系统

在井内，发射筒的减震系统为摆式，横向上是 2 道液力缓冲带，纵向上是配有环形橡胶的气动减震器，橡胶件由丁基橡胶高压铸造，内部形成密封室，内壁和外壁均被硫化。减震器内有一个加压缩氮气的孔。减震器的静载 140 t（53.6 kgf/cm^2）用 3 个拉伸测力计监测。经过多次改进后，可以通过专用工具对气动减震器内的压力进行多次监测，这是因为加气后可在加注管接头内形成液封，这种形式一直用到现在。

为达到横向减震及导弹无撞击出发射筒的目的，在筒体上安装了 2 道适配器，导弹出筒后被抛掉。

（5）加注、供配气系统

导弹的加注、供配气系统完成推进剂的加注和战斗值班时的储存工作，以及在导弹飞行时给发动机输送推进剂。加注、供配气系统由氧化剂系统、燃烧剂系统、增压系统、加注与泄放系统和喷气制动系统组成。加注、供配气系统采用了一系列新方案，大大简化了结构，提高了自动化水平，提高了可靠度。

储箱加注后对储箱内的压力进行定期监测，弹上不带压缩气体，这些措施使导弹的战斗值班时间达到 10～15 年，潜在使用能力达 25 年。

为给储箱预增压，首次设计、采用了化学增压方式。氧化剂储箱和燃烧剂储箱（$t = 450\ ℃ \pm 50\ ℃$）采用热增压方式，调节燃气发生器的组元比例。第 1 级和第 2 级为气动分离，爆炸螺栓动作后专用窗口打开，储箱内增压气体流出使两级分离，气体流尽后分离级制动。

2.5.1.4　发射流程

发射时，巨大的井盖瞬间打开（图 2-37），导弹从接到发射命令到点火，涡轮泵起动和打开井盖所需的时间约为 90 s。

图 2-37　井盖开启

安装在运输发射筒底部的燃气发生器将导弹弹起，导弹顶穿发射筒盖，出井速度约 15 m/s。出井后发射筒侧向喷口点火，使导弹略微倾斜，抛掉火药蓄压器底座，在高度约为 20 m 时，一级发动机点火。弹射使导弹无需耗费自身的燃料而度过了最费燃料的起飞阶段，同时还减少了日常对导弹的维护。整个发射流程如图 2-38 所示。

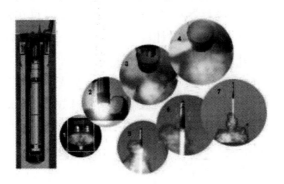

图 2-38　SS-18 "撒旦" 发射流程图

1—起动火药蓄压器；2—火箭出井；3—分离火药蓄压器；4—推开火药蓄压器；5—第 1 级发动机点火；

6—抛掉适配器；7—火箭飞行

2.5.1.5　部署

SS-18"撒旦"导弹长期加注储存，具备极高的长时间战备值班作战能力。2022年有40枚SS-18"撒旦"导弹服役。

2.5.2　SS-19M4"先锋"

"先锋"是2017年确定的未来六型杀手锏武器之一。它值得关注的主要是高超声速导弹技术，发射系统采用早期部署的SS-19导弹作为助推。本书主要研究发射系统，因此本节只对"先锋"进行简单介绍。

2.5.2.1　研制进展

俄罗斯的高超声速导弹技术可以追溯到苏联，其先后有多个专项计划，与传统洲际弹道导弹弹头飞行弹道轨迹不同的是，该项目计划内的助推-滑翔弹头能够机动灵活地规避敌方反导系统。

2018年12月26日，俄国防部成功进行了"先锋"导弹系统的第9次飞行试验，试验中成功发射了"先锋"高超声速助推-滑翔弹头。导弹系统由栋巴罗夫斯基导弹基地发射，"先锋"弹头成功命中位于堪察加半岛库拉靶场的预定目标，试验过程中速度达到马赫数27，飞行距离约6 000 km。试射当天，普京亲自前往国防部指挥中心，通过大屏幕视察了"先锋"高超声速洲际导弹的试射。在随后召开的政府官员会议上，普京宣布此次成功试射的是"先锋"导弹系统的最终试验，所有技术参数均在允许范围内，2019年该导弹系统正式列装部队。

2.5.2.2　导弹系统

俄罗斯披露的视频动画展示了"先锋"弹头的外形，但与实物外形的差距尚有待考证。根据动画，"先锋"弹头采用了扁平的乘波体外形，形似工兵铲，头部为尖锐前缘热结构，后体背部有两片V形布置的大后掠角后缘舵，后体底部延伸出两片类似飞机襟翼的俯仰全动舵，尾部含有多个喷管提供辅助动力。扁平乘波体是典型的助推-滑翔高超声速飞行器外形（如美国HTV-2飞行器），具有高升阻比特点，可在稀薄空气中获得最远的滑翔距离。4片舵面与辅助动力的组合设计保证了弹头的深度机动能力。

2018年12月，俄成功开展"先锋"高超声速滑翔导弹的发射试验，高超声速弹头完成水平和垂直机动，命中6 000 km外的预定目标，各项技术参数全部得到验证。俄副总理尤里·鲍里索夫称"先锋"导弹在试验中速度达到马赫数25。"先锋"系统由新型Yu-71高超声速滑翔弹头和作为运载器的导弹组成，目前采用的第一种运载器为SS-19导弹，未来还将配装RS-28"萨尔特"洲际弹道导弹等。推测的"先锋"滑翔弹头相关参数如表2-14所示。

表2-14　"先锋"滑翔弹头相关参数（推测）

滑翔高度/km	70~80
弹头质量/t	1.5~2

续表

弹头形状	简洁的楔形结构,或者是安装在导弹头部带有小型稳定机翼的弹头
弹头材料	承受 1 600～2 000 ℃的新型复合材料,未来可能采用耐热钛制外壳
最大速度	马赫数约为 27
试验飞行距离/km	约 6 000
导航与制导	SAR 雷达地面景象匹配制导(俄媒体报道)
战斗部类型	核战斗部或常规战斗部
弹体	首先采用改装的 SS-19 洲际弹道导弹作为弹体,未来由 RS-28"萨尔玛特"弹道导弹作为弹体

2.5.2.3　发射系统

根据塔斯社消息,首批服役的"先锋"将使用 SS-19"三菱匕首"(UR-100N)洲际弹道导弹作为助推器,该型导弹发射总重约 100 t,投掷总重约 4.5 t,射程约 10 000 km,采用井式发射。而俄罗斯国防部随后公布的"先锋"导弹发射试验视频中采用了车载地面发射系统,搭配特制的发射车(含一个发射筒单元),因此不排除"先锋"在一定阶段中采用车载洲际弹道导弹(白杨系列及其衍生型,发射总重约 45 t,投掷总重约 1.2 t,射程约 11 000 km)作为弹头载体的可能性。此外塔斯社还披露,在新型 RS-28"萨尔玛特"洲际弹道导弹服役后,"先锋"将使用这种发射质量超过 200 t,射程 15 000 km 的导弹作为助推器载体。

2.5.2.4　部署情况

"先锋"导弹系统是世界首个能够在大气层内具有洲际射程的高超声速飞行器。目前该系统已正式列入俄罗斯《2018—2027 年新版国家装备计划》,俄国防部已签署了"先锋"高超声速导弹的批量生产合同。导弹已经完成了研制工作并转向系列化生产阶段,2019 年正式进入部队服役。栋巴罗夫斯基战略导弹部队将成为首批接收该型武器的战斗单位,其已经完成了配套基础设施的建设以及人员培训,已具备操作运行"先锋"的能力。

2022 年,俄罗斯已经部署 6 枚"先锋"导弹,"先锋"弹头既可以是常规弹头,也可以是核弹头,目前估计的弹头当量为 150 kt～200 万 t。

"先锋"能有效突破导弹防御系统,提供有限的先发制人或报复性核打击能力。俄罗斯称,"先锋"高超声速助推滑翔武器的目标是摧毁导弹防御设施和高价值目标。其中,高价值目标可能包括导弹发射井或指挥中心等坚固目标。

2.5.3　RS-28"萨尔玛特"

RS-28"萨尔玛特"是 SS-18"撒旦"的替代型号,也是 2017 年俄罗斯未来六型杀手锏武器之一。RS-28"萨尔玛特"与 SS-18"撒旦"的主要区别在于采用高超声速弹头,发射系统与后者几乎相同,这里不重点介绍。

2.5.3.1　研制进展

RS-28"萨尔玛特"的研制进展分为酝酿提出阶段（2002—2009 年）、设计阶段（2009—2013 年）、样机制造与测试阶段（2014 年至今）。

（1）酝酿提出阶段（2002—2009 年）

2002 年，美国单方面退出《限制反弹道导弹系统条约》后，俄内部开始讨论和酝酿该项目的发展。俄高层认为，美国在俄周边部署导弹防御系统将打破美俄之间的战略平衡，为维持核力量均势，迫切需要研制在核反击中具有强大突防能力的重型液体弹道导弹。2009 年 12 月 7 日，俄战略火箭兵司令什瓦琴科中将宣布，俄罗斯将研制新型重型液体洲际弹道导弹，以替换即将退役的 SS-18"撒旦"、SS-19"三菱匕首"液体洲际弹道导弹。

（2）设计阶段（2009—2013 年）

2009 年年底，俄罗斯启动 RS-28"萨尔玛特"导弹的预研竞标工作，俄罗斯马克耶夫国家导弹中心、机械制造科研生产联合公司（原礼炮设计局，SS-19"三菱匕首"导弹的设计单位）等部门参加了项目竞标。2011 年年初，马克耶夫国家导弹中心以丰富的液体导弹、突防装置和多种弹道设计技术研制经验，以及配套的试验生产等优势竞标成功。之后，俄国防部第一副部长波波夫金称，军方已经将新型重型液体弹道导弹项目列入俄联邦《2011—2020 年国家武备计划》，研制经费已经确定，通过与研制和生产单位沟通协调，计划于 2016 年完成导弹的研制工作。若飞行试验顺利，预计最早于 2018 年装备部队。据俄联邦《2011—2020 年国家武备计划》估算，2020 年之前将投资 770 亿卢布用于新型导弹系统的生产，其中 150 亿卢布（约 5 亿美元）用于相关企业基础能力建设，该项经费的一半（约 2.5 亿美元）将用于马克耶夫国家导弹中心配套的总装厂——克拉斯诺亚尔斯克机械制造厂陆基液体重型导弹生产能力的改造。这些资金投入是为了保障在 2013 年实现导弹生产能力的大幅提高，即从每年 5～7 枚增加到 20～30 枚。

2011 年 7 月，RS-28"萨尔玛特"导弹项目完成概念设计。

2012 年，俄军方和马克耶夫国家导弹中心先后在不同场合对该型导弹的大体性能进行披露。

2013 年，俄罗斯宣布已完成 RS-28"萨尔玛特"导弹的设计工作。

（3）样机制造与测试阶段（2014 年至今）

2013 年 12 月 17 日，俄军方首次公布新型液体重型弹道导弹的名称为 RS-28"萨尔玛特"，并宣称从 2014 年开始生产导弹全尺寸原型弹，随后进行导弹试射。

2014 年年底，俄媒体披露了 RS-28"萨尔玛特"导弹的部署情况。报道称，俄军计划在克拉斯诺亚尔斯克边疆区的乌茹尔区和奥伦堡州的栋巴罗夫斯基镇部署两个井基 RS-28"萨尔玛特"导弹师，共计 7 个团，46 枚导弹。

2016 年 8 月 10 日，俄罗斯成功测试导弹一级。

2017 年 12 月，成功开展首次弹射测试飞行，准确命中靶场目标。

2018 年 3 月 1 日，普京总统宣称，导弹进入"主动测试阶段"。

2018 年 3 月 30 日，俄罗斯国防部发布视频，显示第二次试验飞行成功。

2022 年 4 月 20 日，全系统首飞成功。

2.5.3.2　导弹系统

RS-28 "萨尔玛特"据称是在 SS-18 "撒旦"基础上进行深度改进设计而成的，起飞质量略大，拥有更强的突防能力和投送能力，可更加有效地突破美国导弹防御系统。RS-28 "萨尔玛特"导弹命中精度 CEP 达到 10m；可装备多种先进弹头，包括分导式弹头、大当量单弹头、滑翔弹头和末端制导弹头等，实现一弹多用和作战灵活性；导弹飞行弹道模式多样，增加了拦截难度，使反导系统的部署数量和成本大幅增加。RS-28 "萨尔玛特"导弹与现役液体导弹的技术性能比较如表 2-15 所示。

表 2-15　RS-28 "萨尔玛特"导弹与现役液体导弹的技战术性能比较

型号	RS-28	SS-18
射程/km	10 100	11 000～16 000
起飞质量/t	220	211.4
投掷质量/t	10	8.73
弹长/m	36.3	32.2
弹径/m	3.0	3
战斗部当量/kt	10 个重型分导弹头，或 15×350，或者 24 个先锋超声速滑翔器	10×800，10 个无控弹头或 6 个无控弹头+4 个可控自导引弹头
突防设备质量/t	1.8～2	—
推进系统	液体（一级是在 RD-274 上改进的，代号 PDU-99）	两级液体
突防设备组成	电子战装置，一套专用轻型和重型诱饵组，专用气溶胶发生器（反激光武器），一套对抗导弹防御系统拦截弹的打击部件组	重型和轻型诱饵、偶极子反射器
飞行弹道	多种飞行弹道，可采用平直弹道飞行	普通弹道
精度/m	10	350
发射方式	弹射	弹射
弹射装置	火药蓄压器	火药蓄压器
发射井防护措施	主动和被动防护设施	主动和被动防护设施

2.5.3.3　发射系统

RS-28 "萨尔玛特"导弹将部署在当前已使用了 30 年的 SS-18 "撒旦"导弹的发射井中，采用与 SS-18 "撒旦"导弹相同的弹射方式，即利用专用火药蓄压器将导弹抛投至发射井上方 20～30 m 处，之后一级发动机点火。发射装置采用多种主动、被动防御措施，从而大幅提高防御能力。

RS-28 "萨尔玛特"的发射装置与 SS-18 "撒旦"基本相同，这里不再赘述。

2.5.3.4　部署情况

RS-28"萨尔玛特"将代替 2022 年退役的 SS-18"撒旦",于 2022 年开始部署,俄罗斯打算加快部署此型导弹。

2.6　核指挥控制与通信系统

俄罗斯的战略武器指挥与控制系统大体上由战略指挥机构和战略通信网络两部分组成。

2.6.1　战略指挥机构

战略指挥机构由莫斯科指挥中心、机载指挥中心和舰载指挥中心、核作战部队指挥部组成。

2.6.1.1　莫斯科指挥中心

在莫斯科周围分布着国家级(最高统帅部和总参谋部)的核心指挥中心。其中,莫斯科指挥中心是俄罗斯国家预备军事指挥中心,是俄总统和军政要员战时军事指挥的"心脏"。该中心分布在莫斯科周围 160 km 范围内,多点设置、分散配置。

各军兵种都有自己的战略指挥所。总指挥所位于莫斯科市中心的阿尔巴特广场俄军总参谋部白色大楼里。

2.6.1.2　机载指挥中心和舰载指挥中心

机载指挥中心和舰载指挥中心有国家级和军区级两种,前者供国家指挥当局、国防部和总参谋部以及各军种总部使用,后者供各军种的下属部队和各战区、各军区司令部使用。机载指挥中心多在伊尔-22 型空中指挥机上,舰载指挥中心在斯维尔德洛夫巡洋舰改装的指挥舰上。

2.6.1.3　核作战部队指挥部

核作战部队指挥部是指战略核部队作战指挥所。俄罗斯战略导弹部队和武器作战指挥自动化系统是一个由各个指挥单元构成的多层级结构,主要用于从总指挥所向军团、兵团、部队和分队指挥所以及发射架下达命令、信号和指示,下级指挥所将命令指示接收及执行情况上报到总指挥所系统内,保障并提高部队和武器的指挥效率。

2.6.2　战略通信网络

俄罗斯通信系统主要包括地下长波通信、机动式对流层通信、卫星通信、微波通信、OF/VHF/UHF 移动通信等,并配有很好的网络管理系统,即使一种或者几种通信手段失灵也不会造成整个通信系统的瘫痪;另外,通信网络具有极强的重构能力。

2.7　俄罗斯陆基战略导弹发展规律分析

SS - 25"白杨"、SS - 27"白杨- M"、RS - 24"亚尔斯"、RS - 26"边界"导弹是俄罗斯陆基固体战略导弹机动发射演变型号，这四型战略导弹均为莫斯科热力研究所研制，技术参数如表 2 - 16 所示。SS - 25"白杨"正在逐步退役，SS - 27"白杨- M"正在服役但不再生产，RS - 24"亚尔斯"正在服役且全力生产，RS - 26"边界"还未服役即暂停。分析这些导弹的技术特点有利于掌握俄罗斯陆基固体战略导弹发展趋势和方向。

"巴尔古津"是 RS - 24"亚尔斯"（或 RS - 26"边界"）的铁路机动版，相关研究工作已经完成，具备随时启动的能力。

SS - 18"撒旦"是现役液体型号并都将很快退役；RS - 28"萨尔玛特"是俄罗斯在研的液体型号，也是今后几十年内唯一服役液体导弹技术，参数如表 2 - 17 所示。

表 2 - 16　俄罗斯陆基固体 SS - 25"白杨"、SS - 27"白杨- M"、RS - 24"亚尔斯"、

RS - 26"边界"四型导弹技术参数

<table>
<tr><td colspan="2">型号</td><td>白杨(SS - 25)</td><td>白杨- M(SS - 27)</td><td>亚尔斯(RS - 24)</td><td>边界(RS - 26)</td></tr>
<tr><td rowspan="11">导弹</td><td>发射质量/t</td><td>45.1</td><td>47.2</td><td>49</td><td>20～50</td></tr>
<tr><td>战斗部质量/t</td><td>1.0</td><td>1.2</td><td>1.2</td><td>—</td></tr>
<tr><td>弹长/m</td><td>20.5</td><td>22.7</td><td>20.9</td><td>12～19</td></tr>
<tr><td>弹径/m</td><td>1.8</td><td>1.95</td><td>2.0</td><td>＜2.6</td></tr>
<tr><td>弹头</td><td>单弹头，当量 800 kt</td><td>单弹头，当量 800 kt</td><td>3～10 个分导式多弹头，每个 150～250 kt 当量</td><td>4 个分导式弹道导弹，每个 300 kt 当量；或者弹道与滑翔式结合弹头</td></tr>
<tr><td>制导</td><td>惯性，自主</td><td>惯性＋GLONASS</td><td>惯性＋GLONASS</td><td>惯性＋GLONASS</td></tr>
<tr><td>发动机</td><td>三级固体</td><td>三级固体＋末助推</td><td>二级固体＋三级（固体或液体）末助推(固体或液体)</td><td>固体＋末助推（固体或液体）</td></tr>
<tr><td>最大射程/km</td><td>10 000</td><td>10 500</td><td>10 500</td><td>5 800(弹道)、12 600(弹道＋滑翔)</td></tr>
<tr><td>最大速度</td><td>超过马赫数 20 6 806 m/s 24 500 km/h</td><td>超过马赫数 20 6 806 m/s 24 500 km/h</td><td>超过马赫数 20 6 806 m/s 24 500 km/h</td><td>超过马赫数 20 6 806 m/s 24 500 km/h</td></tr>
<tr><td>圆周率误差(CEP)/m</td><td>600</td><td>350</td><td>150～250</td><td>90～250</td></tr>
</table>

续表

型号		白杨(SS-25)	白杨-M(SS-27)	亚尔斯(RS-24)	边界(RS-26)
发射系统	外观				
	底盘	MZKT-7917	MZKT-79221		MZKT-79291 KAMAZ-7850
	配置	14×12	16×16		12×12 16×16
	总质量/t	约100	约121		约80
	底盘质量/t	约47	约65		NA
	车长/m 筒长/m	22.5	19.6 22.8		NA
	车宽/m	NA	3.05		NA
	车高/m	NA	3.8		NA
	最高越野车速/(km/h)	40	45		50
	转弯半径/m	NA	约20		NA
	涉水深度/m	1.1	1.1		1.1
	最大巡航里程/km	500	500		NA
	截至2022年实际部署	公路机动9枚	公路机动18枚,地下井60枚	公路机动153枚,地下井20枚	全部公路机动
	服役情况	1985年服役,1997年逐步被SS-27"白杨-M"取代,目前尚有少数服役	1998年服役,2009年不再生产,与RS-24"亚尔斯"构成陆基战略核心力量,二者数量占80%以上	2010年服役,正全力生产,与SS-27"白杨-M"构成陆基战略核心力量,二者数量占80%以上	原计划2016年服役,现至少冻结到2027年,相关研发资金转移到"先锋"超声速滑翔器

表 2-17　俄罗斯陆基液体 SS-18、RS-28 四型导弹技术参数

型号	SS-18 M6	RS-28
射程/km	11 000~16 000	10 100
起飞质量/t	211.4	220
投掷质量/t	8.73	10
弹长/m	32.2	36.3
弹径/m	3	3.0
战斗部当量/kt	10×800,10个无控弹头或6个无控弹头+4个可控自导引弹头	10个重型分导弹头,或15×350,或者24个先锋超声速滑翔器
突防设备质量/t	—	1.8~2

续表

型号	SS-18 M6	RS-28
推进系统	两级液体	液体(一级是在 RD-274 上改进的,代号 PDU-99)
突防设备组成	重型和轻型诱饵、偶极子反射器	电子战装置,一套专用轻型和重型诱饵组,专用气溶胶发生器(反激光武器),一套对抗导弹防御系统拦截弹的打击部件组
飞行弹道	普通弹道	多种飞行弹道,可采用平直弹道飞行
精度/m	350	10
发射方式	弹射	弹射
弹射装置	火药蓄压器	火药蓄压器
发射井防护措施	主动和被动防护设施	主动和被动防护设施

从首套机动发射战略导弹 SS-25"白杨"开始,俄罗斯就将机动发射放在突出的位置,作为提高射前生存能力的重要手段。

SS-25"白杨"车载发射出现后,满载质量约为 100 t。由于发射质量约 45 t,底盘 47 t,因此弹车质量比[发射质量(导弹)与运输平台比]接近 1:1。SS-25"白杨"导弹发射车上装过重,质心超高,易于出现翻车等事故。俄罗斯给出的解决方法是限制 SS-25"白杨"导弹多功能发射车的道路行驶速度。

SS-27"白杨-M"采用全新底盘,增加一根车桥,发射质量从 45 t 增加到 47 t,满载质量从 100 t 增加 120 t,并改为全轮驱动模式。在发射质量只增加 2 t 的情况下,拉低质心,解决了底盘不稳等技术问题。SS-27"白杨-M"原计划公路机动部署不少于 50%,但由于保障系统复杂、经费限制等原因,SS-27"白杨-M"的部署仍然以井基发射为主。

RS-24"亚尔斯"同样采用 SS-27"白杨-M"的 MZKT-79221 底盘,RS-24"亚尔斯"相比于 SS-27"白杨-M"的改进主要是采用分导式多弹头,采用了其他新型突防技术,具有较强的抗干扰能力和良好的飞行稳定性。RS-24"亚尔斯"射后生存能力强,俄罗斯声称美欧目前不具备拦截这种导弹的能力;射前生存能力主要通过强生存、高机动、高可靠底盘机动部署实现。利用与发射车同一型号的底盘新研制了保障车,提高了保障性能。

RS-26"边界"从弹到车都围绕总体目标而全新设计,采用"一型两用",弹道射程打击北欧,弹道+滑翔射程打击美国。发射车采用全新的 12×12 的 MZKT79291 底盘,满载质量 81 t,越野机动性能强,据称可以在发现美国发射导弹后靠应急机动行驶到安全地段。另外,还新研了全电驱发射车。

"巴尔古津"为铁路机动 RS-24"亚尔斯"或者 RS-26"边界"导弹。铁路导弹系统采用现有货运列车尺寸,外观一致,不需要载荷传递装置,不需要专门的发射路基,不需要脱离高压接触网等发射准备就可以发射。

SS-18"撒旦"首次提出并解决了液体导弹弹射技术,提高了发射井的抗核打击能力，投掷质量近 9 t，远远高于现役其他导弹，毁伤能力极高。

"先锋"和 RS - 28 "萨尔玛特"是普京总统声称的俄罗斯两种新型战略武器，其中"先锋"采用高超声速助推＋滑翔的技术方案，飞行试验中显示速度马赫数达 27。

RS - 28 "萨尔玛特"是在 SS - 18 基础上进行深度改进设计的，起飞质量略大于 SS - 18，拥有更强的突防能力和投送能力，可更加有效地突破美国导弹防御系统，命中精度 CEP 达到 10 m；可装备多种先进弹头，包括分导式弹头、大当量单弹头、滑翔弹头和末端制导弹头等，实现一弹多用和作战灵活性。

从上述导弹的发展情况可以看出，俄罗斯陆基洲际弹道导弹总的战略思路是确保"非对称回应"的有效性与威慑力。其总体思路分两个层面：从弹上来看，强调高超声速飞行器、可控机动再入技术等，提高射后的生存能力；从部署方式来看，固体战略导弹以公路机动为主，通过机动性提高生存能力，液体战略部署在更新改造的发射井中，采用弹射技术，通过提高抗核打击能力来提高生存能力。

第3章 美国侏儒战略导弹发射车研究

3.1 背景

为了给对方核攻击保持可信的威慑力，在遭受第一次核攻击后能进行还击是至关重要的。因此，如何保护本方的洲际弹道导弹和相关控制设备能免受对方核攻击成为一个重要课题。

为了解决上述问题，美国提出了小型、公路机动洲际弹道导弹（Small Intercontinental Ballistic Missile，SICBM）项目，计划大范围机动部署小型洲际弹道导弹，可使对方第一轮打击难以定位和摧毁。

里根总统在1986年批准该项目。总体而言，小型洲际弹道导弹项目涉及导弹和发射车两个方面。导弹方面，根据机动性要求，需要完成洲际弹道导弹的小型化工作。1991年4月18日，测试导弹从加州范登堡空间基地准确击中马歇尔岛的靶场目标，标志着导弹小型化试飞完成。发射车方面，需要完成抗核加固战略导弹发射车的研制，代号为"侏儒"。1988年12月，两台样车交付部队，美国空军在随后的3年时间进行了大量测试。随着冷战的结束，布什总统1992年取消该项目，发射车被送进博物馆展览。

3.2 概述

侏儒小型洲际弹道导弹和MX战略导弹都采用弹射技术，但侏儒导弹的质量和尺寸都远小于MX导弹，这极大地增加了发射车设计的灵活性，提高了整个弹、车系统的机动能力和生存能力。侏儒导弹和MX导弹的性能参数如表3-1所示。

表3-1 美国侏儒导弹和MX导弹的性能参数

型号	侏儒	MX
发动机	三级固体	三级固体＋液体（末助推）
弹径/m	1.2	2.4
弹长/m	14	21.4
质量/t	13.6	87
射程/km	11 000	11 000

侏儒导弹发射车由波音公司研制，采用牵引车拖车结构，动力装置为劳斯莱斯1 200 hp柴油发动机和电液变速器，相关参数如表3-2所示。

表 3－2　侏儒导弹发射车的性能参数

发动机	劳斯莱斯 1200 hp 柴油机
变速器	电液变速器
牵引车-发射车总质量/t	108
牵引质量/t	36
最高车速/(km/h)	88
越野性	可以越野行驶

　　侏儒导弹发射车采用牵引车加拖车半挂方式。导弹和控制中心设在拖车上，抗核保护套装护住包括车轮在内的整个车身。车辆运动时，车辆四周的裙边离地面有一定的距离。传感器一旦侦查到远处核爆的光线，就会自动制动，收起车上的活动部件，关闭通风口，封闭整车，裙边向下插入地面，抽空泵抽取车辆下面与地面之间的空气，使整个车辆牢牢吸在地面。裙边还能吸收热辐射，防止损坏诸如橡胶轮胎等活动部件。一旦冲击波超压通过车辆，携带的小型洲际弹道导弹就能够起竖发射。

3.3　详细设计说明

3.3.1　总体结构

　　导弹发射车总体结构如图 3－1 所示，车厢 10 车身扁平，下面是一组车轮 12。车顶盖 14 略呈弧形，车身底端是围裙 16，围裙底部距离地面高度基本一致。围裙上有大小适中的面板 18，打开这些面板可以维护轮胎。车窗 20 由驾驶员使用。车前配备有通风口（没有显示），通风口可以安装在车前、车后或者底盘上以便空气进出，供人员呼吸、发动机吸气。车身 14 上有众多的传感器 22，用来探测远处核爆的光线。

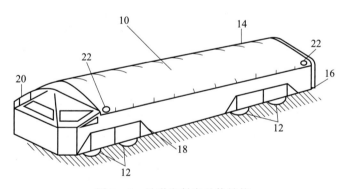

图 3－1　导弹发射车总体结构

　　车身和围裙最好是复合材料组成的多层结构，这样不仅可以最大限度地减小质量，还可以防腐蚀、冲击波超压、弹药射击、热辐射和核辐射。同时，车身及其支撑结构还需要有足够的强度来抵抗核冲击波引起的超压。相对于钢结构、铝和其他常规材料，高强度矩阵结构纤维的复合材料（如硼/铝、石墨/环氧等）由于应力质量比高，因此应优先采用。

车窗和其他通风口遮盖板必须和车身采用整体式构造，以便阻挡冲击波超压。

　　车厢内承载灵活，通常车厢内装配洲际弹道导弹、导弹起竖和发射装置或者发控中心，也可以承载其他导弹，如巡航导弹、反导导弹等。

　　发射导弹状态如图 3-2 所示，车顶开启，导弹 24 起竖准备发射。导弹存储在发射筒 26（为了清晰起见，只画出了部分发射筒）里，发射筒固定在车顶的最上端。车厢其他部位，包括前面的驾驶室和控制中心 28、围裙的结构位置按照如前图所示。在有核爆时，车轮可以保持外伸状态，但一般都是将轮胎收起的，这样车厢可以依靠围裙下缘由地面支撑。车身上面部分通过常规液压系统（图 3-2 中没有显示）带动起竖臂 30 起竖。在对方发射导弹后己方报复发射的情况下，车轮收起，裙边接触地面支撑车辆，对方攻击结束，导弹起竖到垂直位置进行发射。

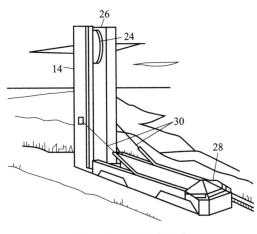

图 3-2　导弹发射状态

3.3.2　车身

　　车内载弹详细结构如图 3-3 所示。扁平车厢高度低，大致呈长方形。车宽最多不超过 3 m 或 3.6 m，这样车辆可以在公路上通行。为了更好地抵抗冲击波超压，车宽和车高比不低于 2∶1。导弹存储在发射筒中，两边是加长的护板 32，护板可以护住车轮，并且

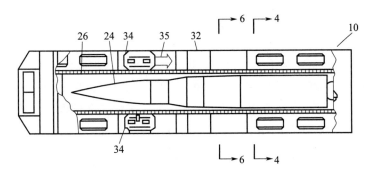

图 3-3　车内载弹详细结构

给动力系统 34 提供空间和保护。图 3-3 中为了方便突出内部结构，没有显示护板（护板横截面在图 3-4 和图 3-5 中更清晰可见）和车身的顶部。护板内部及车轮之间多余的地方可以放置控制、通信或其他需要的设备。

车上还需要配备抽空气装置，将车厢下面厢体内的空气抽走，通过"负压地面效应"帮助车辆固定在地面，后面还会详细介绍。这种装置可以采用发动机尾气驱动涡轮式空压机 35 来抽取厢体内的空气。

3.3.3　车轮

图 3-4 为车辆在移动中车身处于伸出的位置，而图 3-5 为车辆在保护方式下车身回收的位置。为了清晰起见，省略了车轴、驱动桥等。

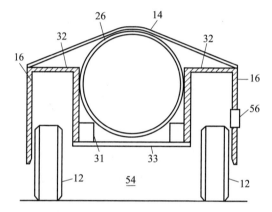

图 3-4　车轮在行走时的沿图 3-3 中 4—4 方向截面

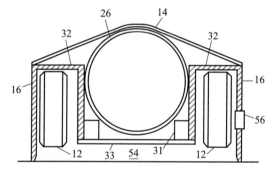

图 3-5　车轮在收起时的沿图 3-3 中 4—4 方向截面

在伸出位置，车轮从围裙下面伸出来，这样具有高的离地间距，便于车辆通过不平的路面。导弹发射筒安装在底盘 33 之上的两护板之间，能得到良好的保护作用，可以采用任何常规的减震方式。在图 3-5 中的收起位置，车轮完全收进护板，整车质量集中在围裙底端。图 3-5 中的方块 31 为方形结构梁，也可以作为容器使用，装载导弹或者车控设备。

3.3.4　密封装置

在平坦硬路面（如沥青或者硬泥路面），图 3-6 中简单的裙边缘就足够"钉入"地面，防止漏气或滑动。在某些情况下，可以使用图 3-6～图 3-8 中的另外一种裙边密封结构。

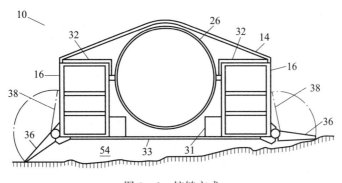

图 3-6　铰链方式

在图 3-6 中，铰链支板 36 铰合处 38 取下，接触图 3-6 中所示的地面。这种支板 36 适合于不平地面，由于超压使下面的支板缘紧紧咬合地面，因此这种结构足以防止在冲击波时车底空气泄漏。支板的铰链装置采用性能坚固的单向齿轮装置（图 3-6 没有显示）。这种结构方便齿轮转动时带动支板插入地面；如果不采用手工或者远控释放齿轮，它不会回到回收的位置。因此，采用本结构时，车厢可以由支板完全支撑，起到裙边延长的效果。

图 3-7（a）采用了一种改进的密封方式。图 3-7（a）中，膨胀管 40 沿裙边缘安装在护板 42 上。膨胀管能严格接触到每处不平的地面。支柱 44 保护膨胀管免受热辐射和直接的冲击波冲击，支柱和图 3-6 中的支板大致相似。然而，这里的支柱并不直接支撑车辆，而只是用作热辐射防护屏。虽然这种结构可以提高裙边下端的密封性能，但却使结构更为复杂。

图 3-7（b）描述了另一种密封装置。这里的膨胀管 46 和支撑机构大致与图 3-7（a）中的膨胀管和支撑机构 42 类似。滑板 50 向下伸出，下端弹性多孔结构 52 接触地面，保护膨胀管免受热辐射和冲击波气流。

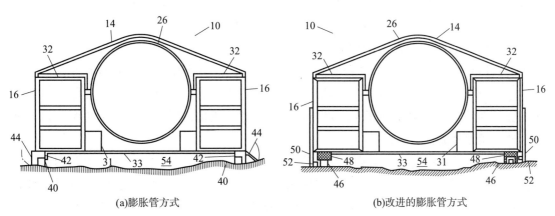

(a)膨胀管方式　　　　　　　　　　　　(b)改进的膨胀管方式

图 3-7　密封方式

3.3.5　抽空装置

车底盘和由护板形成包括车轮收起区在内的空间54体积应尽可能大，而压力尽可能保持低。空间体积大（加上良好的密封性）会使压力相差大，有助于长时间将车固定在地面。在有冲击波超压实际通过时，外部压力会非常高。然而，内外压力相差大有助于将车辆固定在原地，特别是在膨胀波通过车身时。

如果空间内压力高于车外最低压力，室内超压阀就会开启释放压力。室内压力高可能是由于空气泄漏，或者车外压力因为核冲击膨胀波低于正常值，或者两者兼而有之。泄压阀可以安装在车顶或围裙上合适的部位，方便自动泄压到车外最低压力。可以采用任何常规的截止阀，如活门或活瓣类的阀门。如果有必要，可以使用车外的压力传感器控制的正向控制阀。

泵自动抽取空间内的空气到上面车内空间或者到车外空气中，使空间内外压力差变大，从而增加车向下的附着力和水平摩擦力，以抵抗核冲击波，防止车辆被吹翻。抽掉空气还会降低密封性能水平，在规定的压力差下，抽掉空气对密封性能要求更高。可以采用任何常规的抽取气体方法将空间内的空气抽取到上面车内或者车外空气里，这些方法包括：将发动机进气口通到空间内，使用发动机余热驱动涡轮风扇增压，抽取空间内的空气；使用固体推进剂药筒燃气发生器驱动风扇（类似涡轮喷气式发动机启动装置）来抽取空间内的空气；使用固体推进剂火箭/弹射器或者车载发动机机械式驱动风扇来抽取空间内的空气。

3.3.6　操作流程

侏儒导弹承担核反击使命，操作流程是在遭受核打击下进行的。

车顶的某些光线传感器采集到远处的核爆60的光线后，将信号送到常规比较电路62，"判断"确认传感器信号是否正确，将经过确认的信号传递给常规中心控制计算机64，计算机启动功率放大器66，通过液压系统68伸出轮胎。手动控制时，车载人员接收到攻击迫近的警告后，采取手动输入计算机来开启保护操作。计算机设定的程序中，执行机构72作用关闭通风口，制动，开启室内空气泵，并执行其他所需操作。对于钻地、测试等类似的其他操作，可以通过手动控制70，如通过键盘、按钮等将信息输入计算机。图3-8中所示的液压系统通常有一个双向控制阀76，通过一个U形钩82来提升或降低车轮轴承装置80，U形钩固定在轴承的中心位置。如果车轮接上动力，某个合适的驱动轴就带动整个起竖轴80。当然，除了液压系统以外，其他合适的机构也可以用来伸出轮胎，如电驱动、燃气锁紧释放技术等。

在所显示的系统中，车辆从沿公路运动到停止、车轮完全回收、通风口关闭到室内抽取空气状态仅需要几秒时间。如果核爆距离太近，核冲击波来临之前还达不到保护状态，在这种情况下，车轮无法在这么近的距离承受强烈的热辐射和冲击波。然而，只要有预警时间，即使对方出其不意攻击，根据车辆具有的机动能力、抗冲击波加固能力和抗核加固

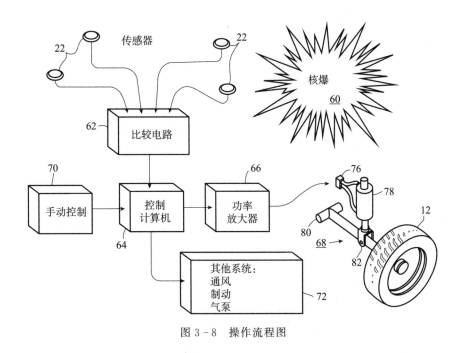

能力，这一套操作流程就能使车辆在大部分时候生存下来。

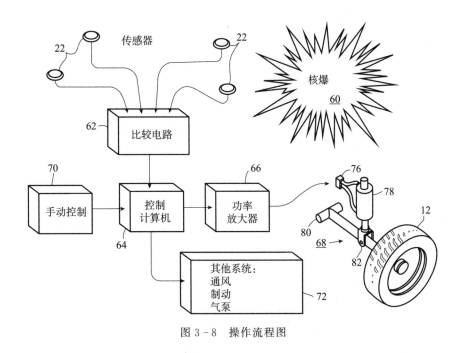

图 3-8　操作流程图

3.4　生产

1988 年 12 月，发射车样车交付部队，整车及其各部位如图 3-9～图 3-11 所示。由于之后苏联解体，冷战结束，美国成为唯一的超级大国，其核战略也相应发生改变，侏儒导弹项目被停止，没有转入批量生产。

图 3-9　侏儒导弹抗核加固发射车

图 3 - 10　牵引车

图 3 - 11　拖车

3.5　弹射动力分析

3.5.1　简介

　　侏儒小型洲际弹道导弹是用冷气体发射弹射系统发射的，该发射系统与用于"和平卫士" MX 导弹和潜艇发射的导弹的那些发射系统相似。小型洲际弹道导弹系统是唯一把甲醇和水的混合物作为冷却剂使用的系统。已研制了用来预测发射脉冲的尾部流体力学模型，并用 MX 导弹的数据进行了验证。为了把模型应用于小型洲际弹道导弹，对任意组成的甲醇水溶液进行了研究并积累了必要的资料。本节叙述了建立发射模型的情况、热力学数据研究结果，并给出了 MX 导弹和小型洲际弹道导弹两者试验结果的对比情况。

3.5.2　导言

　　导弹在发射筒内飞行阶段所承受的负荷可能超过筒外飞行时承受的负荷。所以，必须对发射阶段进行充分的分析，以便精确地预测所承受的负荷。自行发射和燃气发生器发射技术都可以采用，其中燃气发生器方案可进一步分为热气体和冷气体两种方案。当用热燃气发生器（Hot Gas Generator HGG）方案发射时，火箭发动机在导弹下方的发射筒尾部点火，由此产生增压，把导弹弹射出去；冷燃气方案则要增加一个液体冷却剂室，即在热燃气发生器与尾部之间增加一个混合区，推进剂燃烧部分产物使冷却剂气化。产生的混合物温度仍保持比较冷的状态，即只要供给足够的冷却剂就低于过饱和温度。冷燃气系统使在导弹周围地区对设备形成一个相对友好的发射弹射系统环境（Launch Ejection，System，LES），即火箭发动机和冷却剂的混合装置工作时基本上与在发射筒里的条件无关，即不受尾部压力的影响。假设该弹射系统与环境和尾部压力无关，那么预测发射脉冲时，就需要了解热燃气发生器室的压力产生过程、推进剂和冷却剂的性质、弹射系统的流动面积、导弹和发射筒的物理特性。图 3 - 12 为导弹发射筒简图。

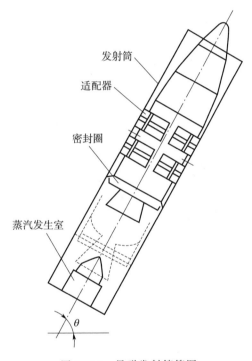

图 3 - 12　导弹发射筒简图

3.5.3　分析

3.5.3.1　基本方程

解决导弹从发射筒发射的问题所需的基本方程有物质和能量的守恒方程、飞行器运动方程和尾部流体的状态方程。目前的方法采用守恒方程的积分形式，即

$$m_r = m_{ro} + \int_0^t (\dot{m}_i - \dot{m}_o) \, dt \qquad (3-1)$$

式中　m_r——筒尾流体质量；

　　　m_{ro}——筒尾流体输出质量；

　　　t——时间；

$\dot{m}_i$ ——输入质量流率；

$\dot{m}_o$ ——输出质量流率。

$$U_r = U_{ro} + E_i - E_o - Q - W \qquad (3-2)$$

式中　U_r ——筒尾内能；

U_{ro} ——筒尾输出内能；

E_i ——输入能；

E_o ——输出能；

Q ——热消耗；

W ——已做功。

$$
\begin{cases}
E_i = \displaystyle\int_0^t (\dot{m}_{pi} H_p + \dot{m}_{ei} H_e)\,\mathrm{d}t \\[2mm]
E_o = \displaystyle\int_0^t (\dot{m}_{ao} H_{ar} + \dot{m}_{po} H_{pr} + \dot{m}_{co} H_{cr})\,\mathrm{d}t \\[2mm]
Q = \displaystyle\int_0^t qA\,\mathrm{d}t \\[2mm]
W = \dfrac{A_t}{J} \displaystyle\int_0^t p_r\, v_m\,\mathrm{d}t
\end{cases}
\qquad (3-3)
$$

式中　$\dot{m}_{pi}$ ——推进剂输入质量流率；

H_p ——推进剂焓值；

$\dot{m}_{ei}$ ——边界输入质量流率；

H_e ——传热系数；

$\dot{m}_{ao}$ ——环境输出质量流率；

H_{ar} ——环境参考焓值；

$\dot{m}_{po}$ ——推进剂输出质量流率；

H_{pr} ——推进剂尾部焓值；

$\dot{m}_{co}$ ——冷却剂输出质量流率；

H_{cr} ——冷却剂参考焓值；

q ——加热率；

A ——面积；

A_t ——发射筒面积；

J ——热功当量；

p_r ——普朗特数；

v_m ——甲醇体积。

飞行器运动方程如下：

$$w_m a_m = (p_r - p_a) A_b - F_f - w_m \sin\theta_L \qquad (3-4)$$

式中　w_m ——重力；

a_m ——重力分数；

p_r ——尾部蒸气压力；

p_a ——空气压力；

A_b ——基础面积；

F_f ——摩擦力；

w_m ——重力；

θ_L ——角度。

当

$$\begin{cases} v_m = g_e \displaystyle\int_0^t a_m \mathrm{d}t \\ x_m = \displaystyle\int_0^t v_m \mathrm{d}t \end{cases} \tag{3-5}$$

式中　　v_m ——速度；

g_e ——重力加速度；

a_m ——加速度；

x_m ——距离。

只要知道位置的几何形状和热燃气发生器的工作特性，解方程式（3-3）很容易，并且可以说明推进剂和冷却剂具有良好的热力学方面的特性。式中假设周围气体、推进剂和冷却剂的组成物全部和迅速混合，并具有质量均匀性和不起化学反应，任何时候这些性质在整个发射筒尾部都是不变的。各种气体都被假设为满足道尔顿分压定律，冷却剂的液相和气相都被认为是处于饱和状态。周围气体特征为等熵幂的单一值和气体常数。

3.5.3.2　推进剂的性质

如果已知推进剂的组成，则利用编制成的计算机代码即可求得燃气发生器室的温度。尽管该室温是室压的弱函数，但是，通常标出的室温值相当于 6 894.76 kPa（绝对压力）。此外，还要求给出等熵幂和推进剂气体常数。这些数值的选择很重要，因为这些数值直接影响能量输入，在合理选择这些数值的情况下，所使用的这些数值由平衡等熵膨胀从室温、6 894.76 kPa 压力、声波参数来求得，这些热燃气发生器的临界状态正好在冷却剂和热燃气的相互作用以前出现。

3.5.3.3　冷却剂的性质

所需的冷却剂的热物理性能包括：饱和压力、汽化热、饱和的液体和蒸气密度、比热和焓、以及饱和蒸气的内能，它们都是温度的函数。两种液体在常温和常压下混合时通常会发生体积变化，产生放热或吸热，由此产生的混合物的性质可以用它们的平均摩尔值偏差来描述。例如，平均摩尔体积为

$$v_m = \frac{v}{\displaystyle\sum_i n_i} = \sum_i x_i v_i + v^E \tag{3-6}$$

式中　　v_m ——导弹速度；

v ——速度；

　　　n_i——分子数；

　　　x_i——摩尔分数；

　　　v_i——i 份速度；

　　　v^E——混合物的每个平均摩尔的剩余体积。

　　类似的一些定义对其他一些感兴趣的性质也是适用的，特别是化学势可以用下式表示：

$$u_i = u_i^\circ + RT\ln a_i \tag{3-7}$$

式中　u_i——化学势；

　　　u_i°——输出化学势；

　　　R——气体常数；

　　　T——温度；

　　　a_i——活度，$a_i = \gamma_i x_i$，其中，x_i 为活度系数。

　　在理想溶液的化学势为 u_i 的解析式中，活度 a_i 取代摩尔分数 x_i。那么，剩余的化学势由下式求得：

$$u_i^E = RT\ln\gamma_i \tag{3-8}$$

式中　u_i^E——剩余化学势；

　　　γ_i——活度系数。

其他剩余函数可以用 γ_i 的导数表示。

　　现在研究液体的混合物和由此产生的液汽平衡问题。对理想的气相来说（这在目前所关心的压力和温度情况下是一种很好的假设），已证明 i 分量的分压可以由下面给出的方程式求得：

$$p_i = a_i p_i^\circ \tag{3-9}$$

式中　p_i——蒸气压力；

　　　a_i——活度；

　　　p_i°——i 分量的蒸气压力。

　　式中，p_i° 为 i 分量的蒸气压力，由道尔顿定律得出的结果如下：

$$x_{vi} = a_i \frac{p_i^\circ}{p} \tag{3-10}$$

式中　x_{vi}——蒸气摩尔分数；

　　　a_i——活度；

　　　p——压力。

　　蒸气和液体的混合物可以与在容易挥发组分中的富蒸气是大不相同的。当已知蒸气摩尔分数的分量时，则蒸气的性质可以从下面的方程式中求得，即：

$$h_v = \sum_i x_{vi} h_{vi} \tag{3-11}$$

　　如果已知纯水和甲醇的液态和气态状态的性质，那么，就可以估计它们的混合物的性质。对饱和水和水蒸气的性质来说，它们的那些性质是很容易查到。而对甲醇性质的研究要少得多，从冰点到临界点甲醇的性质在全部温度范围内的数据不完整。为了使纯水和甲醇的混合物兼有两者的性质，有必要修正和补充甲醇的性质，以及推断水在冰点以下的性质。表 3 - 3 提供了分析用的甲醇水溶液的性质。

表 3 - 3　甲醇水溶液的性质

甲醇重量百分数/%	甲醇体积百分数/%	冰点/℉	沸点/℉	760 mmHg 时甲醇重量百分数%	密度(kg/m³)			
					0 ℃	10 ℃	15 ℃	20 ℃
0	0	32	212	0	999.9	999.7	999.3	998.2
20	24.33	5.9	187.3	61.2	972.5	970.0	968.1	966.5
40	47.11	−39.1	174.2	76.5	945.9	940.3	937.2	934.6
60	67.69	−101.2	165.6	84.8	909.0	901.8	897.8	894.5
80	85.50	−175.0	157.5	92.2	863.4	855.1	850.5	846.9
100	100.0	−142.6	148.3	100.0	810.2	800.9	795.8	791.7

重量百分数%	蒸气压力/mmHg				比热			
	20 ℃	80 ℃	100 ℃	140 ℃	30 ℃	50 ℃	80 ℃	100 ℃
0	17.5	149	760	2700	0.990	0.994	1.000	1.004
20	35.5	258	1260	4300	1.000	1.014	1.035	1.049
40	46.5	350	1600	5200	0.947	0.997	1.031	1.054
60	59.0	427	1680	6040	0.821	0.869	0.941	0.990
80	75.5	503	2190	6970	0.764	0.820	0.905	0.961
100	99.0	620	2600	8150	0.626	0.706	0.826	0.887

即使假设蒸气处于理想状态，详细计算液体二元混合物的液-气平衡也是困难的，因为要描述任何特殊混合物的活性系数都需要进行复杂的试验。混合物的分子越是接近相同，在混合时剩余性质就越小，同时混合物越接近理想状态，即 $\gamma_i = 1$。

为了适用于所考虑的温度范围，需要有推断和插值法来求蒸气压力，通常用来表示蒸气压力的函数式为

$$\ln p_i = A_{pi} + \ln \frac{M_i}{R} + \frac{B_{pi}}{T} + (C_{pi} - 1) \ln T \qquad (3 - 12)$$

式中　p_i——蒸气压力；

　　　A_{pi}——拟合数一；

　　　M_i——马赫数；

　　　B_{pi}——拟合数二；

　　　C_{pi}——拟合数三。

因为已知不同温度下的蒸气压和水与甲醇的不同混物的蒸气压力，所以这些数据符合式（3 - 12）的要求。

图 3 - 13 是某些表 3 - 3 中数据的最小二乘法拟合与数据本身的比较。即使超过限定的温度范围，曲线符合方程式推断。

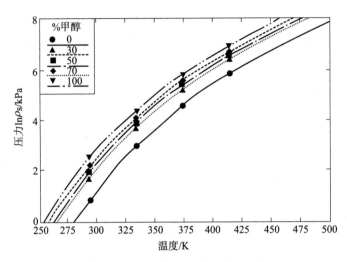

图 3-13　饱和压力数据与拟合比较

当蒸气被认为是一种理想气体时，对应的饱和蒸气密度可由下式给出：

$$\ln p_i = A_{pi} + \ln \frac{M_i}{R} + \frac{B_{pi}}{T} + (C_{pi} - 1) \ln T \tag{3-13}$$

式中　p_i——蒸气压力；

　　　A_{pi}——拟合数一；

　　　M_i——马赫数；

　　　B_{pi}——拟合数二；

　　　C_{pi}——拟合数三。

在较低的温度下（当然，理想蒸气状态的假设无疑是正确的），式（3-12）和式（3-13）可用于推断甲醇饱和压力和蒸气密度。用表 3-3 中的液体密度数据校正由下列方程求出的密度值，即

$$\rho_l = \left[\frac{1}{\rho_{l_w}} + a_m \left(\frac{1}{\rho_{l_m}} - \frac{1}{\rho_{l_w}} \right) \right]^{-1} \tag{3-14}$$

式中　ρ_l——密度；

　　　ρ_{l_w}——蒸气密度；

　　　a_m——质量分数；

　　　ρ_{l_m}——甲醇密度。

图 3-14 给出了上述拟合程序的令人满意的结果。

对甲醇与非纯水组成的混合物，从表 3-3 中查得的液体比热数据与下面的方程式相吻合：

$$C_p = A_c + B_c T + \frac{C_c}{T^2} \tag{3-15}$$

式中　C_p——比热；

A_c ——拟合数一；

B_c ——拟合数二；

T ——温度；

C_c ——拟合数三。

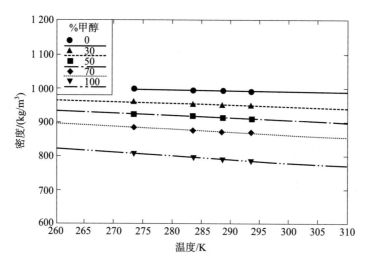

图 3-14　饱和液体密度数据与拟合比较

　　在图 3-15 中，尽管其数据相关性不如图 3-13 和图 3-14，但是拟合度仍旧表明相当满足数据的相关性要求，由冰点值给定的下限是用来约束方程式（3-15）的拟合曲线，液体的焓取冰点作为基准，并由比热积分求出。

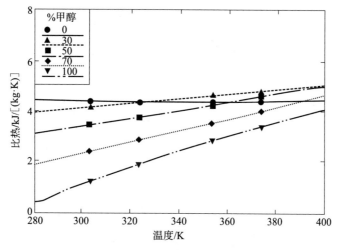

图 3-15　饱和液体比热数据与拟合比较

　　与饱和压力的情况一样，为了估算甲醇水溶液的压力值，对低于冰点温度的水的汽化热的假想推断过程是必要的。假设蒸气是理想的气体，蒸气的摩尔体积比液体大很多，则 Clausius-Claperyron 方程可用下式表示：

$$\frac{\mathrm{d}p}{\mathrm{d}T} = H^* \frac{pM}{RT^2} \text{ 或 } H^* = \frac{RT^2}{M} \frac{\mathrm{d}\ln p}{\mathrm{d}T} \tag{3-16}$$

式中　p ——压力；

　　　T ——温度；

　　　H^* ——汽化热；

　　　M ——马赫数；

　　　R ——气体常数。

根据式（3-12），当温度低于冰点温度时，可得到如下方程式：

$$H^* = H_i^* \text{ Tri} \left[\frac{-B_{pi} + C_{pi} T}{-B_{pi} + C_{pi} T_{fi}} \right] \tag{3-17}$$

式中　H_i^* ——输入汽化热；

　　　Tri ——温度；

　　　B_{pi} ——拟合系数一；

　　　C_{pi} ——拟合系数二；

　　　T_{fi} ——冰点温度。

由式（3-10）可知，当假定 $\gamma_i = 1$ 时，蒸气摩尔分数便可以确定，由下列方程式便可分别求出蒸化热、饱和蒸气比热、焓、密度和内能：

$$\begin{cases} H^* = H_w^* + a_m (H_m^* - H_w^*) \\ C_{pv} = C_{pvw} + a_m (C_{pvm} - C_{pvw}) \\ H_v = H_i + H^* \\ \rho_v = \frac{p M_v}{RT} \\ U_v = H_v - \frac{p}{p_v} \end{cases} \tag{3-18}$$

式中　H_w^* ——蒸气汽化热；

　　　a_m ——质量分数；

　　　H_m^* ——甲醇汽化热；

　　　C_{pv} ——饱和蒸气比热；

　　　C_{pvm} ——甲醇蒸气比热；

　　　C_{pvw} ——水蒸气比热；

　　　H_v ——焓；

　　　H_i ——输入汽化热；

　　　ρ_v ——密度；

　　　M_v ——马赫数；

　　　U_v ——内能；

　　　p_v ——压力。

对甲醇水溶液（从纯水到纯甲醇），由分析得出的汽化热和饱和蒸气内能被分别如

图 3-16 和图 3-17 所示。

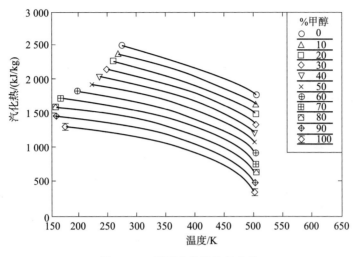

图 3-16　甲醇水溶液的汽化热

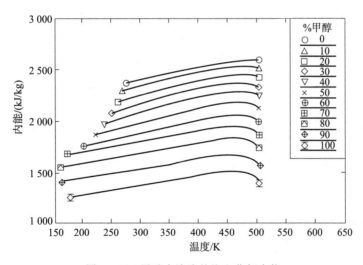

图 3-17　甲醇水溶液的饱和蒸气内能

3.5.3.4　输入能量

在分析程序中使用的控制体积不包括热燃气发生器和冷却剂室，也就是说，热燃气发生器和冷却剂室只提供输入的能量和质量，而未建立在发射弹射系统里能量损失和流体变化的模型，进入发射筒尾部的质量可以用三种方法求得；从单独的发射弹射系统分析中输入推进剂和冷却剂的流率来求得；可以规定推进剂的流率和接着计算得到的冷却剂的数值来求得；或是输入热燃气发生器室的压力以及从其中计算得出的推进剂和冷却剂的流率来求得，对后一种情况，忽略在冷却剂室里的重力影响和 $M \geqslant 1$ 时，有下列公式：

$$\dot{m}_{p} = (C_{d}A)_{g} P_{g} \left[\left(\frac{2}{\gamma+1}\right)^{\frac{\gamma+1}{\gamma-1}} \frac{\gamma}{RT}\right]_{g}^{\frac{1}{2}} \qquad (3-19)$$

$$\dot{m}_{c} = (C_{d}A)_{c} (2p_{e}\Delta p_{c})^{\frac{1}{2}}$$

式中　$\dot{m}_{p}$——推进剂质量流率；

　　　　C_{d}——流量系数；

　　　　A——面积；

　　　　P_{g}——压力；

　　　　γ——等熵指数；

　　　　$\dot{m}_{c}$——冷却剂质量流率；

　　　　p_{e}——出口压力；

　　　　p_{c}——冷却剂压力。

　　参数定义为

$$\beta = \frac{\dot{m}_{c}}{\dot{m}_{p}^{\frac{1}{2}}} \qquad (3-20)$$

式中　β——冷却剂流率参数；

　　　　$\dot{m}_{p}$——推进剂质量流率。

$$\beta = \left[\frac{4}{\gamma}\left(\frac{\gamma+1}{2}\right)^{\frac{\gamma+1}{\gamma-1}} RT\right]^{\frac{1}{4}} \frac{(C_{d}A)_{c}}{(C_{d}A)_{g}^{\frac{1}{2}}} \left(p_{e}\frac{\Delta p_{c}}{p_{g}}\right)^{\frac{1}{2}} \qquad (3-21)$$

式中　β——冷却剂流率参数；

　　　　γ——等熵指数；

　　　　C_{d}——流量系数；

　　　　A——面积；

　　　　p_{e}——出口压力；

　　　　p_{c}——冷却剂室两端间的压力差；

　　　　p_{g}——热燃气发生器室的压力。

　　当已知推进剂和冷却剂时，上式则主要取决于热燃气发生器喉道和冷却剂喷注器的有效流动面积。这种情况的出现是因为冷却剂室两端间的压力差（Δp_{c}）与热燃气发生器室的压力（p_{g}）成正比。比例常数取决于发射弹射系统的设计，当已知流动面积时，则在发射脉冲期间，β 值几乎是个不变的常量。已知热燃气发生器推进剂流率时，那么，冷却剂流率在缺乏详细分析的情况下可由方程式（3-20）求得。因此，冷却剂与推进剂流率的最小值，是在推进剂流率最大时出现，同时弹射系统可以依据下式给出的比值进行设计。

$$f = \left(\frac{\dot{m}_{c}}{\dot{m}_{p}}\right)_{max} = \frac{\beta}{\dot{m}_{p\ max}^{\frac{1}{2}}} \qquad (3-22)$$

式中　f——冷却剂与推进剂流率比；

β ——冷却剂流率参数；

$\dot{m}_{p\,max}$ ——推进剂最大质量流率。

求出了进入系统的质量后，进入系统的能量以一级近似表示可以通过规定在方程式（3-3）里的推进剂和冷却剂的焓为定值来求得。如前所述，当在环境温度下冷却剂的值等于液体的值时，就可求出推进剂的值。如果按最轻重量来设计发射弹射系统，那么，冷却剂或许在发射脉冲期间要变热，同时进入系统的冷却剂能量将使温度升高。可是，对 MX 导弹和侏儒小型洲际弹道导弹来说，没有出现冷却剂变热的情况，而在脉冲后期出现明显变热的情况，正如模型所示。

3.5.3.5　能量损失

发射密封装置导致质量和与之伴生的能量损失。这个能量损失是通过密封装置由给定的有效渗漏面积（来自经验数据）来描述。质量和能量的损失是有效渗漏面积和密封装置两端间压力差的函数。

在发射筒尾部的高能和高速液体把大量的热传给发射筒壁和底部，导弹底部以及在发射筒尾部的热燃气发生器部件。这样的加热在目前的模型里作了比较简单的描述。对于由筒壁散出热的双相热传导系数可用于使发射筒尾部和发射筒部件变热的情况。其表达式为

$$h_{er} = 0.065 v_e \left(\rho_1 \rho_r \frac{c_f}{P_t} \right)^{\frac{1}{2}} \tag{3-23}$$

式中　h_{er} ——尾部传热系数；

　　　v_e ——速度；

　　　ρ_1 ——密度；

　　　ρ_r ——尾部密度；

　　　c_f ——摩擦系数；

　　　P_t ——压力。

其中

$$c_f = \frac{1.957}{[\ln(Re_r)]^{2.58}} \tag{3-24}$$

式中　Re_r ——气体常数。

$$x_b = x_r + x_m \tag{3-25}$$

式中　x_b ——燃气发生器长度；

　　　x_r ——尾部长度；

　　　x_m ——导弹长度。

紊流气相方程式是用于导弹底部区域内的，并可用下式表示，即

$$h_{c_b} = \frac{0.036}{Pr^{\frac{8}{15}}} \frac{\mu}{x_b} Re_b^{\frac{4}{5}} \tag{3-26}$$

式中　h_{c_b} ——摩尔焓；

　　　μ ——黏度；

x_b ——底部长度；

Pr ——普朗特数；

Re ——雷诺数。

其中

$$x_b = \frac{d_b}{2} \tag{3-27}$$

式中　x_b ——底部长度；

d_b ——底部直径。

有效边界层的边缘速度可以由供发射筒尾部进入液体的动量来求出，而发射筒的长短是与几何形状有关的，而且发射筒的大小随发射脉冲而改变，当热传导系数被确定后，那么，一维板材热传导分析提供表面温度和需考虑的发射筒尾部、底部和发射筒面积和它们各自使用不同材料的热量损失。

3.5.3.6　摩擦力

描述摩擦模型假设摩擦力是由两部分组成，即由支撑环（适配器）的摩擦力和密封装置的摩擦力。首先是，一旦把导弹放入发射筒内，支撑环就受到压挤，因而每个支撑环由于合成摩擦力将施加一个法向力。因为导弹在发射期间从发射筒里向上移动，连接在导弹上的支撑环与发射筒脱离而摩擦力减小。为了对支撑环的位置和接触面积的变化进行监视，必须对其作出规定；其次是，由于发射不是垂直进行的，因此，作用在支撑环上的导弹重量要产生一个摩擦力，这个分力是同与发射筒接触的支撑环的面积无关。发射密封装置也成为产生摩擦力的原因之一，这个摩擦力是该密封装置的几何形状和作用在它两端间压力差的函数。在发射筒尾部压力最大时，该密封装置的摩擦力为最大。该密封装置摩擦力的方程式为

$$\begin{cases} F_{f_g} = \dfrac{c f_g}{c f_g \sin\theta_g + \cos\theta_g} [F_c \cos\theta_g] + kP \\ \sin\theta_g = \dfrac{Re - R_m}{L_g} \end{cases} \tag{3-28}$$

式中　F_{f_g} ——摩擦力；

$c f_g$ ——摩擦系数；

θ_g ——角度；

F_c ——压力；

k ——面积；

P ——压力；

R_m ——气体常数；

L_g ——密封周长。

其中

$$k = \frac{\pi}{6\sin\theta_g} (2R_c + R_m)(R_c - R_m) \tag{3-29}$$

3.5.3.7　发射脉冲

发射脉冲可用简单时间步进法根据已知初始条件，由式（3-1）～式（3-5）求出。为了确定发射筒尾部热力学状态，每个时间步长的质量和内能用守恒方程求出。发射筒尾部温度进行预测和迭代，直到总的内能符合规定的判断标准。然后用运动方程求出导弹的加速度，解这个方程式就需要知道作用在导弹上的压力差和阻止导弹运动的摩擦力。求出加速度后，进行积分运算，即可求出导弹的速度和位移，提供一个新的发射筒尾部体积，如式（3-5）所示。而且这样的运算一直进行直到密封装置通过发射筒的出口。如果需要的话，当忽略导弹裙部和喷管，可用接近发射筒的出口给定的渗漏面积进行发射筒泄漏近似计算，在这样的情况下，发射脉冲计算要连续进行，直到导弹停止加速。

3.5.4　结果

3.5.4.1　MX 导弹

供蒸气发射脉冲使用的最完整的数据来自 MX 导弹发射筒装置和发射试验计划。特别是民兵导弹发射并模拟（Minuteman Upper Silo Simulation，MMUSS）四组试验为发射脉冲试验提供了大量数据，在发射筒尾部除了测量了一系列位置上的压力和温度外，还测量了 3 个轴向导弹加速度，这些数据已被广泛用来检验密封装置的渗漏、喷管的排出气体和支撑环的分离现象。MMUSS 的 1、2 组使用复合材料发射筒和可压缩的侧向支撑环，这样支撑环在发射脉冲期间要产生很大的摩擦力，而 MMUSS 的 3、4 组使用直径较大的钢制发射筒便无需压缩支撑环，这样所产生的摩擦力就小得多，主要是由密封装置摩擦产生的。另外，所有的数据分析似乎是 MMUSS-3 组比 MMUSS-4 更为成功，正因如此，MMUSS-3 组的数据已被用来核准现有的模型。

图 3-18 是 MMUSS-3 组的轴向加速度数据与计算的比较，首先应注意表示能量为 100% 的曲线，这样变化是因应用现有模型直接使用试验报告的数据和已知的物理数据引起的。与图 3-19、图 3-20 上分别表示的发射筒尾部的压力和温度预测过高一样，加速度值也预测过高。根据前面推进剂性质的讨论，也因为没有考虑发射弹射系统内部工作的详细情况，所以对输入的推进剂能量引入一个小于 1 的系数。经几次送代后，选用系数 0.75，达到与试验数据最佳匹配，这如同在同一图中看到的那样，与试验数据吻合得最好。这个系数表示在经过发射弹射系统装置后的推进剂质量中保留着推进剂的能量。在发射脉冲期间，能量损失是反映在装置和冷却剂的温度升高上，而这种能量的损失通常是无法补偿的。

对于这些结果，可以从测得的室压来计算推进剂流率，而由给定的参数 β 求出冷却剂流率。对在前面讨论过的冷却剂流率的三种计算的每一种都作过试验。尽管每一种方法都足以说明发射脉冲，但是对数据的最佳全部吻合是由室压和冷却剂流率相关而来的最简单的流率计算提供的。

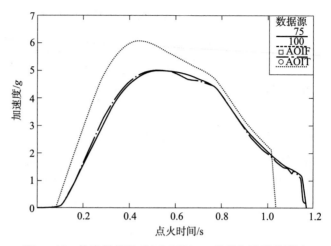

图 3-18　推进剂能量对 MMUSS-3 导弹加速度的影响

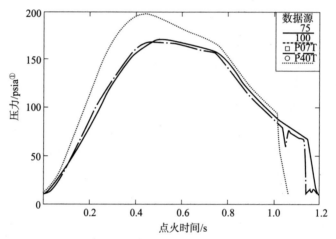

图 3-19　推进剂能量对 MMUSS-3 发射筒尾部压力的影响

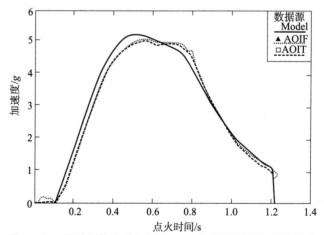

图 3-20　推进剂能量对 MMUSS-3 发射筒尾部温度的影响

---

①　1 psia＝6.894 76×10³ Pa。

利用基于流率计算的压力和保持 75% 推进剂能量系数不变，对四个 MMUSS 试验的发射脉冲都进行了计算，并与现有的数据比较。

图 3 - 21～图 3 - 24 分别表示 MMUSS - 1 组的轴间加速度、发射筒尾部压力、温度和加速度。图 3 - 25～图 3 - 29 分别表示 MMUSS - 2 组和 MMUSS - 4 组的对应图形。如前所述，MMUSS - 1 和 MMUSS - 2 组使用一个直径小的复合材料发射筒，因此支撑环和发射筒之间的摩擦力是很大的，支撑环表面和发射筒内表面的状况都影响摩擦力，所以进行这种现象的模拟是困难的。这已在图 3 - 28～图 3 - 29 中得到了证明，图中在开始的 0.6 s 里加速度预测值过大，而施加的压力很匹配，因为摩擦力是对加速脉冲起作用的又一个主要因素，看来现有的摩擦力模型不适用于 MMUSS - 1 试验组，对 MMUSS - 2 组来说，由于分析结果和试验数据之间常常非常吻合，所以情况就要好些。

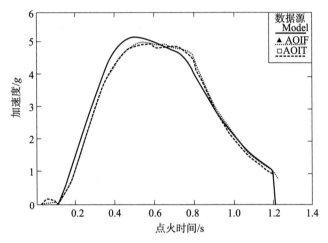

图 3 - 21　MX 导弹发射筒装置和发射试验计划（CALTP）民兵上级发射井模拟（MMUSS）试验 1 组的导弹加速度

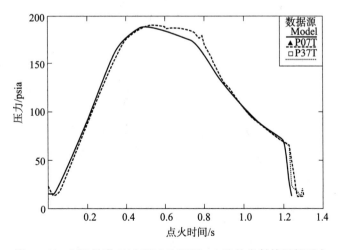

图 3 - 22　MX 导弹 CALTP MMUSS - 1 组的发射筒尾部压力

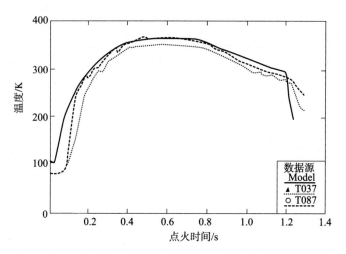

图 3 - 23   MX 导弹 CALTP MMUSS - 1 组的发射筒尾部温度

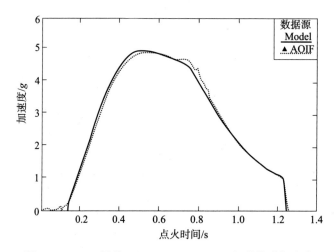

图 3 - 24   MX 导弹 CALTP MMUSS - 2 组的导弹加速度

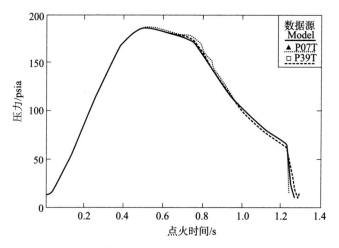

图 3 - 25   MX 导弹 CALTP MMUSS - 2 组的发射筒尾部压力

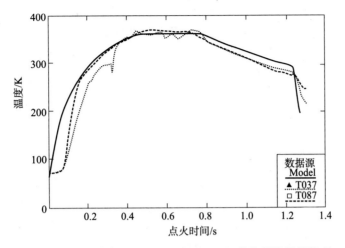

图 3 - 26 MX 导弹 CALTP MMUSS - 2 组的发射筒尾部温度

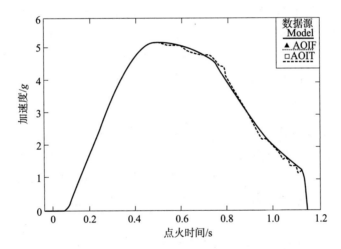

图 3 - 27 MX CALTP MMUSS - 4 导弹加速度

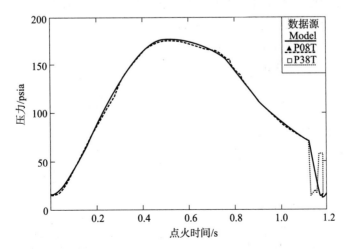

图 3 - 28 MX CALTP MMUSS - 4 组的发射筒尾部压力

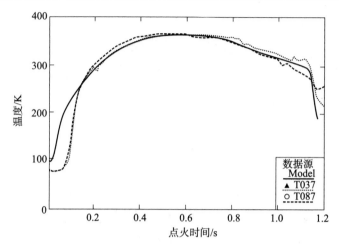

图 3-29　MX CALTP MMUSS-4 的发射筒尾部温度

MMUSS-3 组和 MMUSS-4 组使用直径较大的钢制发射筒，这种发射筒产生的支撑环摩擦力小但密封装置的摩擦力仍然很大。最后两个试验的对比试验表明假定一个好的密封装置摩擦力模型，往往分析结果和试验数据之间是非常一致的。在脉冲期间最大加速度和最大发射筒尾部压力以及出口速度是三个最重要的脉冲参数。

3.5.4.2　侏儒导弹

前面已经介绍了发射脉冲模型和它用于 MX 导弹的情况，现在我们来探讨侏儒小型洲际弹道导弹，目前的这种模型就是为它研制的。尽管在小型洲际弹道导弹发射筒装筒和发射试验计划（Canister and Launch Tube Test Program，CALTP）之前，进行过侏儒小型洲际弹道导弹发射弹射系统的多次试验，但没有一次是实际发射，以前的一些试验为改进温度相关提供了资料。

图 3-30 和图 3-31 分别表示加速度和发射筒尾部压力与 CALTP-1 的数据比较，该数据是使用发射脉冲模型的发射筒装置和发射试验前的模型的数据。虽然最大加速度和压力比试验数据合理得多，但脉冲波形不能满意地重现。

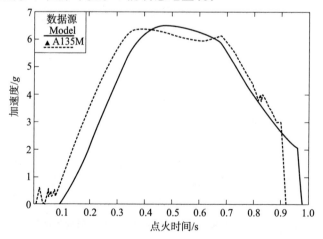

图 3-30　侏儒 CALTP-1 试验前的模型的导弹加速度

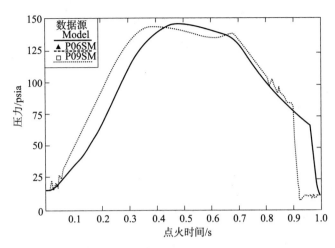

图 3-31 侏儒 CALTP-1 试验前的模型的发射筒尾部压力

两个脉冲区是相关的,一是初次出现脉冲几乎都延迟;二是不出现二次峰值。为了改善关系,首先对发射筒尾部、发射筒和底部传热作了些修改,以便更好地表现发生的实际过程,但是这些改造工作没有达到预期的结果。其次,在导弹起飞前进行发射筒尾体积的检验,结果显示出极其杂乱和无次序的分布。一部分原因是侏儒小型洲际弹道导弹和 MX 导弹之间的尺寸发生了变化,这种分布情况比 MX 导弹复杂得多,间隔也大得多,发射筒尾部的这种几何形状对进入发射弹射系统的生成物起着阻碍作用,不允许有大的速度扰动、由模型所描述的大的动能值,而且只有在导弹运动前高速局部加热速度,作为对侏儒小型洲际弹道导弹解决这个问题的补救办法是在能量方程中取消动能这一项。

剩下的问题是压力或加速度脉冲不存在二次峰值的问题。从模拟发射筒尾部装置试验(SBAT)得到的试验数据证明在发射弹射系统工作期间冷却剂室里流入的推进剂使冷却剂变热。在图 3-32 表示在做 SBAT-1 试验期间,在冷却剂室里不同位置上的冷却剂的温度。T45LA 测量仪表测量冷却剂室出口附近的温度。前面的模型假定在室温下注入冷却剂。另外,模型假定在发射期间只有 75% 的推进剂能量是有效的。在改进的模型中,推进剂能量损失的部分目前认为是因使冷却剂加热上。以图 3-32 为依据,所注入的冷却剂温度从 $0.7t_{max}$ 到 HGG 室最大压力时的 t_{max} 的这段时间里,是以线性增加。而在这段时间之前和这段时间之后,冷却剂里的温度均以它们各自的范围内保持不变。

根据这两个重要的变化和认为在发射弹射系统里极少的能量损失目前取推进剂能量系数为 0.74。在图 3-33~图 3-35 中,给出了分析结果和 CALTP-1 试验得出数据之间的比较,可以认为相互相关性很好。

又做了两次侏儒小型洲际弹道导弹 CALTP 的试验,采用未经修改的模型。图 3-36~图 3-38 表示 CALTP-2 的试验数据和现有模型分析结果之间的比较,模型能很好预测数据,但相关性不如 CALTP-1 的好。看到侏儒小型洲际弹道导弹在脉冲后期温度升高,是因为在发射弹射系统出口的测量仪器位置附近出现局部过热,而用 MX 导弹做试验时,测量仪器是放在导弹底部。

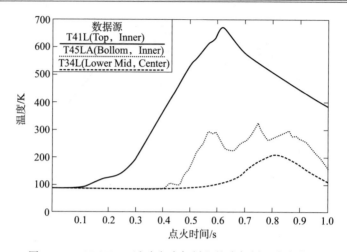

图 3-32　SBAT-1 试验在冷却剂室的冷却剂温度变化图

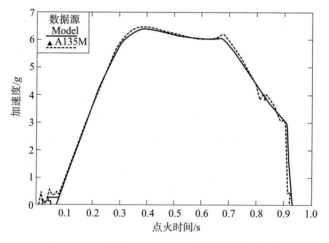

图 3-33　侏儒 CALTP-1 试验的导弹加速度

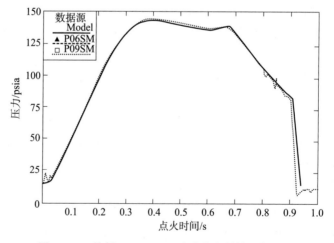

图 3-34　侏儒 CALTP-1 试验的发射筒尾部压力

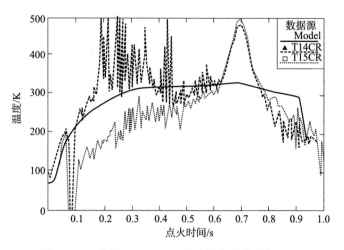

图 3 - 35　侏儒 CALTP - 1 试验的发射筒尾部温度

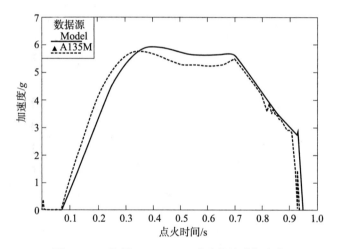

图 3 - 36　侏儒 CALTP - 2 试验的导弹加速度

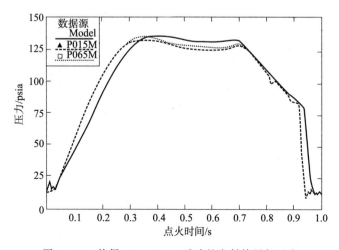

图 3 - 37　侏儒 CALTP - 2 试验的发射筒尾部压力

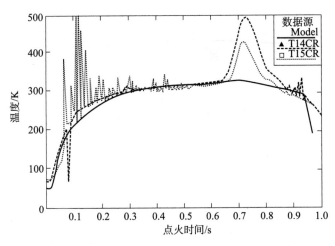

图 3 - 38　侏儒 CALTP - 2 试验的发射筒尾部温度

　　为了进行首批的两次试验，采用了质量模拟弹，这是一种通常在质量和第一级底部和喷管几何形状与侏儒小型洲际弹道导弹一样的导弹。为了进行 CALTP - 3 的试验，采用了地面试验弹。它的一级和新各部分受到发射弹射系统的影响与小型洲际弹道导弹一模一样，它的发动机壳体的体积比质量模拟弹的大，这如在图 3 - 39～图 3 - 41 中看到的导致脉冲形状发生了小的变化。与 CALTP - 3 的数据相关的模型在性质上有某些方面是与首批的两次试验的模型有共同之处。

　　在表 3 - 4 中表示的是侏儒小型洲际弹道导弹试验得到的和计算得出的主要脉冲参数之间的比较。如同 MX 导弹的情况一样，模型预测这些试验的结果其误差是在 2％ 以内，从而说明了目前所描述的模型和所得出的冷却剂热力学数据将足以模拟所有的侏儒小型洲际弹道导弹的发射状态。

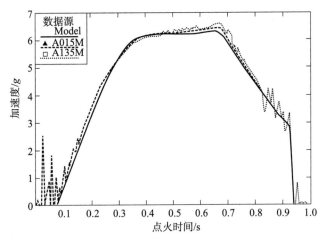

图 3 - 39　侏儒 CALTP - 3 试验的导弹加速度

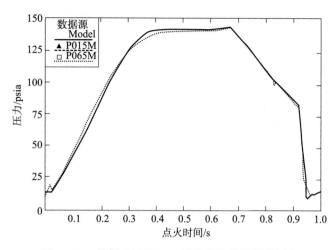

图 3 - 40　侏儒 CALTP - 3 试验的发射筒尾部压力

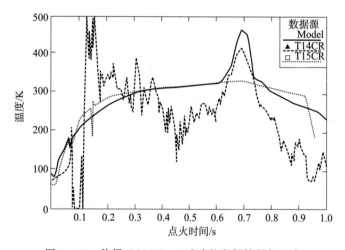

图 3 - 41　侏儒 CALTP - 3 试验的发射筒尾部温度

表 3 - 4　侏儒 CALTP 发射脉冲参数计算和测量数据间的比较表

CALTPS 试验	最大加速度/ g		最大压力/psia		出口速度/(m/s)	
	试验	模型	试验	模型	试验	模型
1	6.4	6/4	144	142	39.3	39.0
2	5.8	6.0	135	137	36.9	37.8
3	6.5	6.3	143	146	38.1	38.7

3.5.5　小结

　　包括从发射管里发射侏儒小型洲际弹道导弹过程的气体动力学模型已经研制出来。其发射的方法是与 MX 导弹所用的发射方法相似和从试验计划中得到的数据已用来建立正确的分析程序。由于甲醇和水作为冷却剂用于侏儒小型洲际弹道导弹，这样混合物的热力学性质为用于发射分析已测得，从三次侏儒小型洲际弹道导弹 CALTP 发射的数据和目前分析的结果间的比较和相互关系证明所建立的模型是成功的。

3.6　侏儒导弹取消原因分析

关于美国取消侏儒导弹的原因，美国科学家协会（FAS）在 2013 年撰文"Reduction without regret：historical perspectives"指出：小型洲际弹道导弹侏儒为高度优化的将单核弹头投放到 11 000 km，精度不低于 MX 的导弹。这种分布式、自主、公路和越野机动发射车部署方案相比发射井提高生存能力。小型洲际弹道导弹侏儒在 1991 年首飞成功。但是，布什总统在 1992 年取消该项目，因为冷战的结束，美苏战略紧张缓解。俄罗斯相应地取消其单核弹头 Kuryer 机动战略导弹的研发。

取消小型洲际弹道导弹侏儒具有政治上和经济上的意义。侏儒机动部署方式需要另外建设发射设施，不能利用现有的发射井，导致成本增加；另外核弹在美国机动部署需要选民、国会同意，这本来就充满争议，限制它的政治压力巨大。因此，计划采购的侏儒小型洲际导弹数量一再缩减，而系统要求不断演变，导致单价审查极为严格。此外，MX 已经生产在即，正在回收研发成本，而小型洲际导弹侏儒包括前期和可回收成本，比较而言，大型 MX 导弹看起来成本显著更低。

因此，政治和成本因素导致侏儒项目最终取消。

3.7　美国侏儒导弹发射系统分析

侏儒抗核加固导弹车目前依然是生存能力最高的发射系统，被某些专家归为最新一代的导弹发射车，其采用抗冲击波的理念和方案设计具有较大的参考作用。

侏儒战略导弹武器贯穿系统的思想，发展侏儒导弹是为了提高核反击能力，作为发射系统，采用机动发射、抗冲击波设计规避苏联战略导弹的侦打，弹采用小型化设计，满足整个武器系统的设计思路。

侏儒发射车抗核加固方案创新点有卸能角，极大降低重心，通过负压将车吸附在地面，轮胎可收回技术等，这些都是开创性的设计，对战略导弹发射车在实战对抗中提高生存能力提供新的思路。

第 4 章　美国 MX 战略导弹发射系统研究

4.1　简介

MX 导弹是美国洲际弹道导弹设计和制造的里程碑。MX 先进的技术提高了美国核威慑力及现代化水平，提供了巨大的跨代性能：1）MX 导弹是美国首个采用弹射技术的洲际弹道导弹，蒸气压力将导弹从发射井井口弹射到 45 m 高度，然后一级发动机点火；2）导弹采用凯夫拉复合强化纤维结构建造固体助推器火箭发动机壳体，相对于传统金属结构降低了结构件质量；3）采用伸缩式出口锥来缩短发射井内导弹的长度，而在飞行段保留更长导弹的性能；4）先进的固体推进剂进一步增加了其载荷投掷质量，先进的微电子导航技术增加了精度。

MX 导弹的研制增加了美国核力量的能力或选择，具体体现在 3 个方面：

1）拥有投掷 3 枚以上分导多弹头的实际能力，而"民兵 - 3"（LGM - 30G）只是理论具备。

2）投掷比升级的"民兵 - 3"物理尺寸更大，质量更大的任何未来武器系统；MX 还可能具备投掷大型、重型机动再入飞行器或者滑翔助推飞行器的能力。

3）投掷弹道再入飞行器具有沿非大圆形轨道飞行的潜在能力，以规避飞行经过俄罗斯或其他国家的政治和法律复杂问题，提供新的武器投掷方案。

4.2　导弹系统

MX 导弹是一种固体洲际弹道导弹，弹长 21.64 m，直径 2.34 m，起飞质量 88.45 t。关于 MX 导弹的详细资料，国内公开出版物有详细研究，这里不再赘述。

4.3　发射系统

MX 导弹采用弹射技术，围绕怎样部署，美国引发了痛苦的、年复一年的争执，中间跨越卡特和里根两届政府，一直持续到 MX 导弹销毁为止。销毁前，MX 导弹最终部署在民兵发射井中，根据美国政府的报告，这可能是生存能力最弱的方案，但却是最快的部署途径。导弹的部署方案决定其生存能力，本节进行详细介绍。

4.3.1　部署方案

自从 MX 洲际弹道导弹开始研制以来，对于选择什么样的部署方式，美国内部一直进行着十分激烈的争论，先后提出的方案多达上百种，主要方案有 30 多种，但从根本上有所不同的，有十几种。

陆基方案有：攻击后发射或预警发射、轨道驻留、加固发射井、利用现有发射井加反导系统等方案，掩壕、混壕、水池、深地下、多掩体等方案，公路机动、越野机动、铁路机动等方案。

海基方案有：水面舰艇、浮筒、海岸潜艇等方案。

空基方案有：宽机身喷气飞机、垂直起落飞机、短距起落飞机、水上飞机等方案。

MX 导弹考虑了从空中、海上到陆地的数十种部署方案（表 4 - 1～表 4 - 3）。根据生存能力、作战使用能力、技术风险、环境影响、经费开支等因素，美国曾论证了几种当时认为可行的方案：卡特政府批准的多防护掩体部署方案（但后来被里根政府否定）、里根政府提出的密集井群部署方案（后遭到美国国会否定），以及最后国防部提出将 100 枚 MX 导弹部署在民兵地下井里的方案（当时被美国国会批准）。后来国会只同意先把 50 枚 MX 导弹暂时部署在经过改进的现有民兵地下井里，而另外 50 枚要等到国防部找到确保生存能力的长期部署方案之后再行决定部署。

MX 导弹部署方案的研究发展过程如下：

1975～1976 年：机载空中机动发射、着陆后发射或在飞行中发射；

1976～1978 年：加固掩蔽壕沟部署方式；

1979～1982 年：多防护结构水平掩体，包括环形公路跑道方案和平行直线公路弹坞方案；

1982～1984 年：密集井部署方案；

1985～1986 年：部署在民兵地下井中；

1986 年以后：超固地下井和加固导弹发射筒机动方案以及铁路机动部署方案。

4.3.1.1　研究 MX 部署方案的原因

美国战略核力量当时有 3 个组成部分，即所谓"三位一体"战略：

1）1052 枚洲际弹道导弹；

2）576 枚潜射弹道导弹；

3）347 架 B - 52 战略轰炸机。

在美苏军备竞赛时，苏联的战略核力量不断增强，美国为了与之抗衡，也竭力加速战略核力量的现代化建设。1979 年 10 月，美国用射程更远的、更有效的新型潜射弹道导弹三叉戟装备"海神"导弹潜艇，新型三叉戟导弹潜艇进行了试射。针对苏联部署新的防空系统，1982 年年底，一部分 B - 52 轰炸机也装备了巡航导弹。当时，当务之急是解决洲际弹道导弹的生存能力问题。

表 4－1　陆地机动方案

系统方案	方案说明	优点	缺点	成本与可行性
公路机动	1)质量为40.8 t的导弹(5个弹头)从运输车上发射; 2)使用美国南部现有的空军基地; 3)按战略预警在公路上迅速转移	1)持久性可能较长; 2)相对来说不费发射; 3)如果有6 h的预警,则有较高的生存能力; 4)对环境无影响	1)如果预警时间不到2 h,则没有生存能力; 2)转移期间生存能力弱; 3)苏联知道他们2 h攻击时间; 4)道路可能堵塞; 5)迅速转移会使公众惊恐; 6)不好核查	部署232枚导弹(1160个MK12A弹头)需200亿美元
公路机动民兵导弹	1)利用现有民兵导弹,装在运输车上,在公路上机动; 2)利用临时系统,以现有的民兵导弹基地为基地	1)持久性可能较长; 2)成本低; 3)3年内具有初始作战能力; 4)易核查	1)具有同公路机动相同的问题; 2)冬季使用民兵导弹有困难; 3)民兵导弹日益陈旧	如果试验导弹们进行重大改进,则部署200枚导弹需30亿美元
越野机动系统	1)除了运输车能越野机动以外,与公路机动方案相类似; 2)部署在南部有大片陆地的军用基地	1)持久性较长; 2)没有公共关系问题; 3)极易核查	1)越野机动的技术难题比公路机动大得多; 2)生存能力与战略稳定性和公路机动方案相同; 3)对环境有严重影响	据判断,这种方案冒险性大,不如公路机动好
无人管理铁路网机动	1)导弹装在无人驾驶运输车上,在呈网状布局的专用铁路网上机动; 2)运输车能抗102.9~172.6 kPa的压力,在铁路网内自动迅速转移	1)持久性可能较长; 2)在战术预警的情况下,有好的生存能力; 3)没有公共关系问题; 4)极易核查	1)部署286枚导弹用地126 906 km²,占用土地不能他用; 2)生存能力差; 3)持久性差	因土地使用问题,这种方案被认为是不可行的
公用铁路机动	1)导弹装在专用火车上,在公用铁路上机动; 2)列车可随意运行或停车,以发射导弹	1)成本低; 2)如果列车位置不会被连续测定出来,则有较好的生存能力; 3)持久性可能较长	1)最主要的问题是与公众的关系问题; 2)影响铁路运输; 3)不好核查; 4)对方可能跟踪车; 5)安全性太差	因公共关系问题,这种方案被认为是不可行的

续表

系统方案	方案说明	优点	缺点	成本与可行性
迅速向掩体转移	1) 导弹装在运输车上，部署在铁路网的中心； 2) 接到预警迅速向加固的掩体转移； 3) 掩体顶盖有窗口，这些窗口根据预警数据关闭	极易核查	1) 所需土地和人员比多防护结构方案多； 2) 完全依赖预警； 3) 持久能力差； 4) 按预警关闭的掩体技术上不保险	成本比多防护结构大，约比多80亿美元
把民兵导弹基地扩大为多防护系统	1) 在现有民兵导弹基地增建垂直掩体； 2) 利用民兵导弹或MX导弹在地下井之间随意运行	1) 可利用现有的基地设施； 2) 持久性好	1) 恶劣的气候使操作非常困难； 2) 占用耕地； 3) 建造时间可能比在西南部建造多防护结构长； 4) 难以核查； 5) 对限制战略武器谈判会有影响	如果用MX导弹，成本可能比多防护结构方案高，利用民兵导弹能力差
MX多防护结构	1) 把200枚导弹隐蔽在4600个加固的水平掩体里； 2) "空"掩体配置假目标导弹发射器	1) 持久性好； 2) 如果发现危险，可加速达到初始作战能力	能力有限	
混合壕沟	1) 把MX导弹装在无人驾驶的运输车上，在浅埋的地下隧道内机动； 2) 运输车随意在返于隧道中某些预定的加固部位之间	1) 部署后对环境的影响比水平掩体方案小； 2) 使用费用低； 3) 需要人数最少； 4) 安全性好； 5) 能自动操作	1) 在建设时期对环境的影响比水平掩体方案大； 2) 即使采用地面安全系统，仍无把握保持位置的不确定性； 3) 部署后无法核查	费用比多防护结构多，50亿美元
南侧基地	1) 在面向南方的高地或峭壁的山脚下建造水平或垂直掩体，把导弹放在掩体里； 2) 峭壁或高地可以屏蔽来自北方的苏联洲际导弹的袭击	1) 对当前威胁有较好的生存能力，因为弹道导弹头不能直接攻击； 2) 耐久性好； 3) 成本低	1) 易受某些攻击方式（低弹头系数弹头、潜射导弹、机动导弹）的摧毁； 2) 部署地区受到限制； 3) 因为基地在国家公园内，所以有环境影响问题	

续表

系统方案	方案说明	优点	缺点	成本与可行性
深井下	建在非常深的地下建超级加固，能承受直接命中的导弹	1)对环境影响小； 2)持久性好	1)到地面的出口常深不好解决，不进行大气层核试验不能验证； 2)受到攻击后，反应时间慢； 3)建造时间长； 4)指挥、通信、控制系统不好解决； 5)不好核查	
水池	1)使用方案类似于水平掩体多防护结构方案； 2)掩体是不透水的水池； 3)运输起竖发射车是不透水的，从斜坡驶入水中	1)仅用小比例模型做过生存能力试验，认为做为生存能力是好的； 2)持久性好； 3)易核查（把水抽到储存箱内）	1)水的消耗量大； 2)对环境的影响与水平掩体方案类似； 3)运输起竖发射车的防水面存在技术问题	成本比水平掩体方案可能稍低一些
部分轨道多轨道袭炸系统	1)接到预警信息后将武器送入轨道； 2)接到命令令后，离开轨道进行攻击或返回	1)没有环境影响； 2)可利用现有的民兵导弹设施； 3)易核查	1)在轨道上易受攻击； 2)要求有预警系统； 3)攻击目标硬的精度不够； 4)预警情况不真实时，武器会受到损失； 5)轨道武器违反空间条约	因为有很多不好的方面，所以没有计算成本
屏蔽武器壕沟	无人驾驶的运输发射车在用金属网罩住的壕沟内随意运行	1)持久性好； 2)能自动操作	1)采用轻度的攻击，就可破坏金属网并使沟内内的发射车丧失工作能力； 2)传感器能发现导弹的位置（假目标不适用）； 3)禁区大大	
超硬地下井	1)在美国西部的花岗岩建造地下井； 2)设计的目标是地下井应尽可能坚硬，但井口要与地面齐平	耐久性好	1)对方可以通过逐步提高精度来进行攻击； 2)无法验证硬度	
坚硬隧道	1)把导弹放在能经受各种直接攻击的地下深处的超硬隧道中； 2)根据指令令自动破土主发射	1)生存能力相对强； 2)耐久性好； 3)与公众接触机会极少； 4)安全性好； 5)环境影响小	1)受到攻击后，反应过程较慢； 2)自动破土机械在技术上目困难； 3)无法验证硬度	

表 4-2 空中机动方案

系统方案	方案说明	优点	缺点	成本与可行性
普通宽机身喷气飞机	1) 从 C-5 和 747 飞机上发射导弹； 2) 飞机像轰炸机那样，根据地面预警起飞； 3) 可在飞机上不间断地控制导弹	对环境没有太大影响	1) 没有预警或者空中警戒，生存能力低； 2) 空中警戒冒险； 3) 持续时间只有若干小时； 4) 成本高，特别是机载预警成本高； 5) 耐久性非常差	
短距起落飞机	1) 从短距降飞机上发射导弹； 2) 能利用大量可供短距起离起落的机场； 3) 飞机根据轰炸机那样可根据地面预警系统的指令起飞； 4) 分散到当时的 2 300 个机场	1) 对环境没有太大影响； 2) 极易核查	1) 没有预警，生存能力低； 2) 在对分散的辅助机场进行攻击时持续性要受到限制； 3) 需借助陆基信标系统才能保证高精度； 4) 成本高，特别是机载预警系统成本高	要达到多层防护结构方案类似生存能力需 350 亿美元
使用新机场的短距起落飞机	建造 2 200 个新的小型短距起落机场	提高了持久能力	1) 环境影响大； 2) 其他缺点与上述短距起落机方案相同	需 480 亿美元
垂直起落飞机	1) 从垂直起落飞机上发射小型导弹（带一个 MK-12A 弹头）； 2) 飞机根据地面预警系统的指令可从各种机场起飞，并可在任何地方着陆	1) 由于它可在任何地方着陆，因此具有较好的生存能力； 2) 易核查	1) 没有预警，生存能力低； 2) 使用费用非常高； 3) 用垂直起落飞机冒险； 4) 没有足够的燃料储备，持久性差； 5) 需借助陆基信标系统才能实现高精度	所有的空中机动方案中，其成本最高
海上飞机	1) 用大型水陆两用机携带洲际导弹； 2) 飞机可在海洋上空飞行，经过相当一段时间后随即降落	1) 与公众接触机会会极少； 2) 环境影响最小	1) 飞机易被跟踪，着落时易受攻击； 2) 持续时间短； 3) 存在气候变化问题，特别在公海上空更是如此； 4) 成本高； 5) 精度差	
飞艇	1) 把洲际导弹放在海洋上空不断断飞行的大量飞艇上； 2) 从飞艇上发射导弹	环境影响很小	1) 容易被跟踪并易受攻击； 2) 由于存在核安全问题，因此不允许在美国大陆上空飞行； 3) 气候条件对操作有限制	

表 4 - 3　海上机动方案

系统方案	方案说明	优点	缺点	成本与可行性
浅水水下导弹基地	用现有潜艇设计,把两枚或更多放在加固筒里的 MX 导弹捆绑在潜艇上,离开海岸巡逻	1)对环境影响不大; 2)不部署在美国本土; 3)易核查; 4)与公众接触机会最少	1)技术上不可行; 2)与三叉戟的生存方式类似,但其生存能力不如三叉戟	
浅水水下导弹	设计带 4 枚 MX 导弹的新潜艇(1 100~1 600 t)	1)对环境影响不大; 2)易核查; 3)不部署在美国本土	1)同三叉戟相比,其作战海域受限制,不如三叉戟; 2)失去了"三位一体"的好处	部署 2 000 个弹头要花费 280 亿美元,不如三叉戟又省钱
部署在美国本土湖河中	把封装好的导弹放在驳船上,沿内河或海岸航行,也可放在小潜艇上	1)对环境影响不大; 2)潜艇不受反潜威胁; 3)驳船相对来说不费钱	1)可利用的水路不够长,躲避不了大范围的攻击; 2)对商业交通有干扰; 3)活动区域小,生存能力低	因此生存能力低,所以该方案不可行
水面舰只	把导弹部署在水面舰只上,在公海上机动	对环境没有太大影响	所要求尺寸的水面舰只容易被测定和跟踪	因为生存能力低,所以该方案不可行
水中漂浮发射	1)使用防水导弹,它带有飘浮环,但设有保护筒; 2)从水面舰只或潜艇上把导弹放入水中,飘浮发射	1)对环境没有太大影响; 2)可能比带保护筒的导弹省钱	1)船能被跟踪,生存能力低; 2)因为安全原因,不能把导弹放在水中飘浮很长时间; 3)持久力差; 4)不好核查	因为不可行,所以没有计算成本
海底固定发射	用抛锚方式把密封的导弹固定在离开海岸的海底	1)耐久性好; 2)与公众接触机会少; 3)环境影响小; 4)成本低	1)未泄露位置之前不能检查工作状况; 2)违反海底协定	

美国的洲际弹道导弹当时都部署在发射井中。由于苏联新型的 SS - 17、SS - 18 和 SS - 19 分导式多弹头导弹不断发展，美国若不为洲际弹道导弹寻求一种有生存能力的基地方案，就经受不住苏联洲际弹道导弹力量先发制人的打击，实际上就等于放弃"三位一体"战略力量中这支精度和可靠性最高、戒备最充分、威力最大的力量。据估计，用两个弹头打一个发射井，当时美国井基民兵导弹可以有 15% 的导弹在苏联袭击后幸存下来，随着精度提高，这个数字就可能降低到 5% 左右。即便根据美国空军的计划加固民兵导弹发射井，使其抗压强度提高到 13.73 MPa，也改变不了这种局面。况且，苏联只要发射 1/3 的洲际弹道导弹的弹头，就可以对美国造成很大的毁伤。

因此，美国政府、国会和军方有关人士认为，必须选择既能保证洲际弹道导弹的生存能力，又能保留当时发射井部署方式的许多优点的基地方案。这样，苏联纵然动用其具有硬目标毁伤力的全部弹头，也不能摧毁美国整个洲际弹道导弹力量。

4.3.1.2　方案论证标准

在论证各种部署时，美国曾考虑了以下 11 种因素：

（1）对威胁的敏感性

对付敌方对抗措施的能力。美国采用新基地方案，对方很可能要采取对抗措施，因此要求所选新部署方案的生存能力不受对方反应的影响。

（2）"三位一体"战略力量各有其独有的生存方式

有别于"三位一体"中其他两支力量的生存方式，潜射弹道导弹力量和战略轰炸机力量的生存能力应当不受洲际弹道导弹生存能力的影响。

（3）持久性

不管敌方采取什么战术，实施何种打击，攻击规模多大，在遭到攻击后都能维持较长时间，以便从容还击。

（4）与公众接触情况

核武器应当与公众高度隔绝。

（5）安全性

基地应当不容易遭受破坏分子的袭击或空降袭击。

（6）操作能力

能满足洲际弹道导弹的性能要求，充分发挥武器系统的效能，应保证指挥、控制和通信畅通；便于军方采用既定的做法和组织体制，完成下达的军事任务。

（7）技术上的风险性

应当无需技术突破，应当能够而且必须进行充分分析和试验。

（8）环境影响

基地不应占用太多土地，不应破坏贵重资源，不能过于破坏自然地形，也不能随意令公众搬迁，以免造成很大负担。

（9）成本

通过与 MX 导弹多防护结构系统基本方案进行比较确定成本。

（10）计划进度

通过与 MX 导弹多防护结构系统基本方案进行比较安排进度。

（11）武器控制协议

指出与武器控制协议一致之处和受到约束的部分。

按上述各标准评价每一种方案，评价时，看每条标准属于哪个等级：否定×、基本否定○、满意√、基本肯定●。

评价中，考虑的根本因素是基本否定和基本肯定；否定和满意这两个等级的重要性次之，即不作为方案取舍的关键。

表 4-4 为各种方案满足以上 11 种因素的情况。

4.3.1.3　美国技术评价局的评价

为了帮助美国国会审议 MX 导弹的长期部署方案，美国国会技术评价局应技术评委会的要求，对 MX 导弹的各种部署方案进行了审查，并向国会提出了详细评价报告。报告着重对 11 种不同方案进行了详细比较分析，指出了每种方案的主要优缺点与存在的问题。这 11 种方案如下：

1）MX 多个水平掩体；

2）MX 多个垂直掩体；

3）在山谷群建造多个掩体；

4）将 200 枚 MX 导弹、4 600 个掩体的部署区由原定的 2 个州平分到 4 个州；

5）MX 多个水平掩体加低空反导系统；

6）"民兵-3"多个掩体；

7）采用预警发射办法，即当预警系统发现来袭导弹时立即发射 MX 导弹；

8）地下井加反导系统；

9）小型潜艇；

10）水面舰船；

11）大型飞机空中机动。

评价时考虑了以下价格因素：技术风险，生存能力，持久性，武器系统效能，指挥、控制与通信，军备控制，组织体制，环境影响，社会经济影响，费用，研制周期，稳定性等。

经过详细分析比较，得出以下 10 条结论性意见：

1）有 5 种方案可行，能提供生存能力较好的前景，能满足规定的洲际弹道导弹的性能要求，但也有严重的缺点。这 5 种方案如下：

a）MX 多个水平掩体及其各种改进方案；

b）MX 多个水平掩体加低空反导系统；

c）预警发射；

d）小型潜艇；

e）大型飞机空中机动。

表 4 - 4　方案鉴定简表

部署方式	生存能力			使用安全性				其他			
	对威胁的敏感性	"三位一体"战略力量各有其独有的生存方式	持久性	与公众接触情况	安全性	操作能力	技术上的风险性	环境影响	成本	计划进度	武器控制协议
受到攻击就发射	○	○	○	●	×	○	✓	●	●	●	✓
部分轨道与多轨道轰炸系统	○	○	×	×	×	○	✓	✓	●	✓	○
浅水面基地	×	×	✓	●	✓		○	●	✓	×	✓
水面飘浮基地	○	○	✓	×	○		✓	●	✓	✓	✓
海底固定基地	✓	✓	●	●	×		✓	●		✓	
内河船只	○	✓	●	●	×		✓	●	×	✓	✓
海洋船只	○	✓	✓	●	✓		●	●	✓	✓	✓
海上飞机	○	✓	○	●	✓	×	✓	●	○	×	✓
普通宽机身气机	×	○	○	✓	✓	×	✓	✓	●	✓	✓
短距起降飞机	×	○	○	×	✓	✓	×	×	✓	✓	×
垂直起落飞机	✓	✓	✓	✓	✓	✓	✓	✓	✓	✓	✓
飞艇	○	✓	✓	○	✓	✓	×	●	○	○	○
侏儒导弹基地	✓	●	●	✓	●	○	✓	✓	✓	✓	✓
超硬地下井	○	●	●	✓	✓	○	○	✓	✓	✓	✓
坚硬隧道	×	●	●	●	●	✓	○	✓	×	×	✓
南侧基地	○	●	●	✓	✓	✓	✓	○	●	✓	✓
沙井	×	●	●	●	✓	✓	✓	✓	●	✓	✓
公用铁路机动	○	●	●	○	○	✓	✓	✓	✓	✓	✓
无人管理铁路网机动	○	●	●	✓	✓	✓	×	○	○	✓	✓

续表

部署方式	生存能力			使用安全性				其他			
	对威胁的敏感性	"三位一体"战略力量各有其独有的生存方式	持久性	与公众接触情况	安全性	操作能力	技术上的风险性	环境影响	成本	计划进度	武器控制协议
越野机动系统	○	●	●	√	√	×	×	○	√	√	√
气垫车	○	○	●	√	√	○	√	○	×	×	√
民兵公路机动	○	○	●	√	√	○	√	√	×	●	√
公路机动	○	○	●	√	×	●	√	√	√	√	√
屏蔽式壕沟	○	●	●	√	√	●	√	√	×	√	√
混合壕沟	○	●	●	●	●	●	×	●	×	√	√
迅速向掩体转移	○	√	●	√	√	×	○	√	×	√	○
导弹前部机动	√	●	●	√	√	×	×	○	√	√	√
水池	√	●	●	√	√	×	√	○	√	√	√
把民兵导弹基地扩大为多防护结构系统	√	●	●	×	√	×	√	√	√	√	√
MX多防护结构	√	●	●	√	√	√	√	√	√	√	√

注:×否定;○基本否定;√满意;●基本肯定

2）在 20 世纪 90 年代以前，没有一种方案能大量部署 MX 导弹。尽管有些方案在 1986 年或 1987 年能部署首批导弹，但这些导弹的生存能力并不优于现有民兵导弹。

3）MX 多个水平掩体方案能保持陆基洲际导弹的特点（精度高、反应快、能重新瞄准目标等），但其有 3 个主要缺点：

a）生存能力取决于"保持导弹位置的不确定性"，即要使苏联导弹不能确定真导弹藏在哪个掩体里。这是一门新技术，尚未进行过成功的试验，把握性不大。

b）除非掩体的数量比苏联能用的弹头数多，否则保证不了导弹的生存率。如果苏联继续增加弹头数量，则 200 枚 MX 导弹、4 600 个掩体是不够的。按照当时苏联导弹现代化的势头，到 1990 年，美国至少需要 350 枚 MX 导弹、8 250 个掩体。

c）此方案严重影响到部署区的社会经济与环境。

4）MX 多个水平掩体的各种变通方案中，没有一种能减少技术风险，也不会减少"保持位置不确定性"的困难或所需的掩体数量。不过，采取分开部署或选择不同的部署地点能减少局部的影响。这些变通方案包括将水平掩体改为垂直掩体、从单个掩体群变为山谷群多个掩体，以及将部署区从 2 个州扩大到 4 个州等。还有一种办法是在现有民兵导弹基地建造更多的地下井，用民兵导弹进行机动，这比 MX 多个水平掩体方案费用低，但建造速度较慢。

5）增设低空反导系统，能使掩体数量增加一倍，但需满足两个条件：

a）MX 导弹和反导系统的位置都不能让对方知道；

b）在附近发生核爆炸的情况下，反导系统能生存下来并能作战。由于反导系统必须隐藏在掩体里，而且要与导弹和诱饵没有区分，因此部署反导系统会增加"保持位置不确定性"的困难。

6）将 MX 导弹部署在地下井并在苏联导弹到达之前就发射出去，即用预警发射的办法在技术上是可行的，但对国家指挥机关提出了极为严格的要求，总统必须根据遥感探测器提供的信息在几分钟内做出重大抉择。要做到这一点，预警与通信系统需要进行重大改进。

7）将 MX 导弹放在小型柴油-电动或核动力潜艇上，在离美国海岸 1 600～2 400 km 的海域活动，生存能力高，导弹的效能（精度、反应时间、快速重定目标能力等）与陆基 MX 类似。为保证在任何时候都有 100 枚 MX 导弹在小型潜艇上处于戒备状态，所需费用与 MX 多个水平掩体方案类似；如果要对付更大的对方威胁，可能比 MX 多个水平掩体方案还省钱。此方案的问题如下：

a）涉及美国战略核力量的体制和方向；

b）可能会受到苏联反潜武器的威胁；

c）这样一支小型潜艇力量不可能在短期内建成，估计到 1990 年以后才能部署首批 MX 导弹。

8）将 MX 导弹放在大型宽机身飞机上进行空中机动发射，若飞机能及时收到警报并能立即起飞，则有生存能力，但这取决于对飞行时间较短的潜地导弹来袭的迅速反应能力

（采用连续控制警戒办法，可不必依赖预警系统，但耗资太大，需 800～1 000 亿美元）。假如苏联对这些飞机可以着陆加油的每个机场进行袭击，则空中机动 MX 导弹就不能坚持长时间。靠增加机场数量的办法来延长支持时间代价太高（建造 4 600 个机场，需 100～300 亿美元）。飞机必须先起飞，后发射导弹，这也会减慢反应速度。此外，空中机动导弹的预警、通信和制导系统也比较复杂。

9）其他部署方案看起来问题更大。例如，将 MX 导弹放在固定地下井内并用反导系统进行保护，系统复杂，需采用新技术。将 MX 导弹放在水面舰艇上的优点并不明显，生存能力也比潜艇差得多。将 MX 导弹放在超级加固的掩体内（很深的地下），发射反应时间长。铁路机动则存在导弹的管理问题，而且容易出现事故或遭到破坏。公路机动由于导弹尺寸大，多数不可行。越野机动与多个掩体系统相比，弊多利少。

10）从 MX 多个水平掩体及其各种改进方案、多个掩体加低空反导系统、预警发射、小型潜艇和大型飞机空中机动 5 种方案的比较，可得出如下结论：

a）可行性和生存能力：这 5 种方案都有较好的前景。多个掩体系统的生存能力取决于能否保持导弹位置的不确定性，有一定的技术风险；若增加低空反导系统，则困难就更大。

b）武器系统效能：这 5 种方案都与 MX 高效能相适应，而前 3 种方案的精度要比后 2 种高些。

c）持久性：在实战条件下，多个掩体方案能支持较长时间；小型潜艇能支持几个月；大型飞机空中机动只能支持几小时，这要视苏联袭击的性质而定。低空反导系统的支持时间取决于对方侦查的速度与效率以及重定目标能力。预警发射则一点时间都不能拖延。

d）指挥、控制与通信：这 5 种方案都可配备可靠的指挥、控制与通信系统，但要得到这种系统，需要花时间、经费和力量。

e）军备控制：MX 多个水平掩体方案会使将来的军备控制复杂化，多个掩体加低空反导系统则要求重新修改或取消已达成的反导条约，小型潜艇和大型飞机空中机动方案与现有军备控制方案比较适应。

f）对社会经济和环境的影响：MX 多个水平掩体或多个掩体加低空反导系统的影响大，小型潜艇与大型飞机空中机动的影响较小，预警发射则没有影响。

g）费用：假设都要求保存 100 枚 MX 导弹，则多个掩体、小型潜艇与大型飞机空中机动这 3 种方案所需费用差不多，研制、部署加上 10 年使用维护费，估计共需约 400 亿美元（1980 财年美元值）。"民兵-3"多个掩体方案可少花 10%～20%。预警发射的费用最低；购买 MX 导弹、改进现有地下井、改进指挥、控制、通信与预警系统等所需费用要比其他方案少 200 亿美元。

h）部署时间：MX 多个水平掩体方案到 1986 年或 1987 年能部署少量 MX 导弹，但生存能力不高，大量有生存能力的 MX 导弹要到 1990 年才能部署；预警发射方案 1986 年可开始部署，但要完成预警和指挥、通信、控制系统的改进，需延长几年时间；多个掩体加低空反导系统要到 1990 年左右才能使用；小型潜艇 1990 年左右可以开始部署；大型飞机空中机动在 20 世纪 80 年代末前后可以部署。所以，在 1990 年以前，没有一种方案能解决生存能力问题。评价报告详细介绍了每种部署方案的具体设想，但并没有提出最佳方案。

4.3.1.4　卡特政府多掩体部署方案

1978 年秋，美国政府指示对 MX 导弹的各种部署方案进行研究，在 1980 财年前定出方案。

1979 年 4 月底，拿出 4 个方案，并写了一份详细报告。这 4 个方案如下：多掩体系统，公路机动系统，空中机动系统，不研制新型洲际弹道导弹而加强海基导弹、轰炸机和巡航导弹力量。

随后几个月召开了由总统和国家安全委员会参加的一系列高级会议，集中讨论了下述问题：多掩体方案水平掩体与垂直掩体的利弊、核查问题、要不要把 MX 导弹制造成空军和海军（潜射）通用的导弹、环境问题、费用、运载空中机动洲际弹道导弹的新型飞机能否作他用、要不要选择其生存能力取决于预警系统的部署方式。

1979 年 6 月，卡特决定研制 MX 导弹；同年 9 月，决定采用水平掩体的多掩体部署方案。

在选择 MX 导弹部署方案的过程中，从讨论充分利用现有发射井的各种长处开始，到提出各种不同的机动发射方式，经过长时间的争辩和论证，考虑了各个方面的问题，对每一种方案的优缺点都进行了分析和论证，最后选取了多掩体方案，可以说是相当慎重的。在选取多掩体方案时，提出了以下一些主要理由：

1）可以提高 MX 导弹的生存能力。MX 导弹采用欺骗式部署方式，对方无法确切知道其行踪。接到苏联发动核攻击的预警信号时，在来袭导弹飞行的 30 min 内，MX 导弹能够从一个掩体迅速转移到另一个掩体，从而挫败苏联摧毁 MX 导弹的企图。就当时乃至 20 世纪 80 年代中期苏联所能达到的技术水平，苏联要摧毁 4 600 个点目标，就必须消耗 9 200 个核弹头，这是难以做到的。如果苏联增加弹头数，美国还可以迅速增筑掩体。此外，美国还可以用反导系统保护 MX 导弹基地。如果 200 枚导弹每一枚都增加一发反导系统保护，那么苏联就必须把实施攻击的弹头数翻一番，才能达到预定的攻击目的。因此，多掩体方案使苏联不敢贸然发动先发制人的打击，这样就提高了 MX 导弹的生存能力。

2）能够满足 MX 导弹的性能要求，保持陆基洲际弹道导弹的精度高、反应快、能重新装定目标等特点。

3）可能会打乱苏联在发展战略武器方面的计划和部署。苏联有 80% 的核弹头以陆基导弹为投掷工具，但当时苏联在加紧发展潜地导弹，想方设法地对付美国的潜地导弹和巡航导弹。美国选择多掩体方案部署 MX 导弹，就一定会迫使苏联保持其在陆基导弹的发展势头，而不可能集中较多的人力、物力去发展潜地导弹和反潜、巡航导弹力量。因此，苏联在发展战略武器方面的计划和部署就可能会被打乱。

4）可作为美苏谈判中的重要筹码。多掩体系统具有一定的机动性，敌方不易瞄准，效率比较高，因此可以减少导弹的装备数量，而又不至于降低其威胁效果。这与美苏限制战略武器会谈关于减少战略武器数量的目标相一致，可以在核谈判中作为迫使苏联减少导弹装备数量的重要筹码，从而使苏联不能在导弹数量方面占据优势。

5）具有持久性。掩体里的 MX 导弹发射架可以遥控监视和遥控发射，因此在受核攻击而污染的地区，在遭到攻击后无需人来进行操作，能够支持很长时间。如果要推迟还击时间，供电系统、通信系统、"休眠"工作状态可以支持 1 年之久。

6）与美国其他战略武器相比，费用比较适中。以 1980 财年美元计算，MX 导弹多掩体系统的总费用为 338 亿美元，B - 52 轰炸机系统约为 600 亿美元；就每年的使用和维护费用而言，MX 导弹系统为 4.4 亿美元，民兵导弹为 3 亿美元，B - 52 轰炸机为 15 亿美元，三叉戟潜地导弹为 10 亿美元。

7）环境问题比较小。与其他陆基方案相比，多掩体方案占地面积比较少，总共占地约 14 250 km²。但是，所有掩体、有些勤务设施、两个作战基地的一部分所围成的禁区大约只有 86 km²，禁区以外的地方，包括新修的公路，公众仍可照常使用。MX 导弹使用的推进剂类似于民兵导弹的推进剂，而且同民兵导弹一样，MX 导弹是不经常转移的，且转移时沿人烟稀少的指定路线在严密监护之下进行。有民兵导弹系统多年的经验，MX 导弹多掩体系统是高度安全的。

8）技术上没有太大困难。MX 导弹、掩体、公路、运输车、保安措施、通信系统、试验、施工、维护保养、作战使用等都同民兵导弹系统差不多，在技术上不会有风险。

多掩体部署方案可以简单分为垂直掩体方案、水平掩体方案和多防护掩体方案。

（1）垂直掩体方案

这种发射系统是把 200 枚导弹配置在 4600 个垂直掩体内。垂直掩体是一个具有混凝土套筒的垂直地下井，类似于现有"民兵"地下井，发射导弹所需电子设备和其他设备要能装在垂直掩体内，掩体间距约 2 km。一枚导弹由装配厂通过铁路平板车运到部署区后，装在运输装填车上，装弹的车子在 23 个掩体间机动。

美国曾对 MX 导弹运输/装填车进行过试验。在内华达试验场，美国空军 MX 导弹垂直掩体基地方式用的巨型运输/装填车样机在长 4.99 km 的跑道上进行现场试验，同时还收集有关车辆的红外、磁性和震动等特性数据，以便采取伪装措施，使敌方难以判断车辆上载弹还是不载弹。

在典型操作中，运输/装填车开到垂直掩体的顶部，一旦车辆停在垂直掩体处，由两个大型液压作动器将导弹和强力底座起竖至 53°斜角，再用液压链条链轮传动装置使强力底座处于完全垂直姿态，位于底座顶部的升降机能把导弹及其防护筒从垂直掩体中吊到底座上。然后，运输/装填车沿环形跑道开到另一个掩体，装入导弹及防护筒。在绕跑道移动中，运输/装填车能将导弹转移几个掩体，从而使监察者难以准确发现导弹实际的掩体位置。

此巨型运输/装填车两端各有一辆牵引车，由两名驾驶员分别负责向各门的前方驾驶。牵引车各有一台功率为 1 000 hp 的柴油机和 12 个直径为 2.59 m 的轮胎。

运输/装填车样机总重为 500 t；包括 MX 导弹的模拟容器在内，总重约为 635 t。车的长度为 50.44 m，强力底座水平放置时高度为 9.06 m。垂直竖立放置时高度可达42.77 m。运输/装填车的作战型很可能比样机稍小些。

车辆的转弯半径为 61.5 m。但是，转弯半径在基地研究中不是一个关键因素，因为在 MX 跑道上改变移动方向时，采用双驾驶室就可使车辆不必调头转向。运输/装填车的最高速度在 21~58 km/h 范围内，大小取决于它的总质量。

美国国防部一开始（1978~1979 年）就对垂直掩体系统（the vertical shelter），即具有混凝土套筒的垂直地下井比较感兴趣，空军曾一度认为其是最佳方案。但经过几个月的论证后发现，该方案难以实施，除了一些政治上的原因（如涉及美苏会谈的一些条件）之外，方案本身也存在一些问题，如构建掩体的工程量很大、系统机动性较差、导弹的调动与重新定位比较费时、缺乏掩体到掩体的急速就位能力等。于是，1979 年美国国防部又提出水平掩体方案并很快被卡特总统批准。

（2）水平掩体方案

卡特政府批准的水平掩体发射系统实际上有两种机动部署方式，即水平跑道式机动方式和水平弹坞式机动方式。

1）水平跑道式机动方式。

水平跑道式机动方式是加固的水平掩体与环形公路结合起来的多防护掩体发射系统，即在环形公路周围构筑许多加固水平掩体。美国政府曾计划为 200 枚 MX 导弹建立 200 个分散的跑道机动发射系统，每个发射系统由一条环形公路连接 23 个掩体、一辆运输起竖发射车、一枚 MX 导弹、一辆遮盖保护车和一些附属设施。

水平掩体发射系统的配置形式有等边六角形和网格式两种。等边六角形阵地上的掩体间距平均 1 585 m（不得小于 1 525 m），为最佳配置形式。但是，由于美国已有的公路为网格式，因此 MX 导弹水平掩体发射系统也只能呈网格式配置。

美空军研究过下述两种可能性：在 MX 导弹系统总掩体数保持 4 600 个的同时，把每个掩体群的掩体数由 23 个增至 92 个；在 MX 导弹总数保持 200 枚的同时，把每个掩体群配备的导弹数由 1 枚增至 4 枚。但是，无论如何，掩体与导弹的数量之比应保持 23：1。这种大掩体群的优越性是掩体群和群内的勤务设施都可以从 200 个减至 50 个，因而可相应地降低成本和减少占地面积。

2）水平弹坞式机动方式。

环形跑道机动方案占地多、投资大、对环境影响严重，遭到了犹他州和内华达州部署区当局和公众的强烈反对。于是美国国防部宣布放弃跑道部署方式，改用平行公路水平弹坞式机动方式，即在每条公路两侧构筑 23 个弹坞式掩体。

弹坞式掩体长 52 m，供存放导弹、发射装置起竖和安装有关操作设备使用。掩体内径 4 m，掩体的钢筋混凝土壁厚 530 mm，并且衬有 9.5 mm 厚的钢衬套，以增加抗超压能力，掩体顶部用混凝土覆盖。

适用于弹坞部署方式的机动车辆是一种专用大型车辆，车长 64 m，宽 5.18 m，高7.9 m，质量约 362 t，动力装置采用涡轮式发动机。

发射时装有导弹的起竖发射车滑动离开掩体门，把导弹起竖至 90°进行发射，整个过程由计算机控制。由于掩体底部平面比公路路面高出 1 m 以上，因此在受到核攻击时，只要掩体未被摧毁，即使爆炸后的碎片尘土堆积路面也不影响发射。

此方案比水平跑道式节省 20 亿美元，导弹系统的生存能力也有所提高，同时避免了跑道方式的某些缺点。所以，该方案在 1979～1980 年期间曾受到美国国会和政府有关部门的欢迎，并在 1980 财年的后几个月完成了方案的详细研究。

3）两种掩体方案的区别。

水平跑道式机动方式与水平弹坞式机动方式的区别如表 4-5 所示。

表 4-5　水平跑道式机动方式和水平弹坞式机动方式的区别

项目	水平跑道式机动方式	水平弹坞式机动方式
公路	环形跑道，具备掩体到掩体的快速就位能力	平行直线公路，只具备公路到掩体的快速就位能力
掩体间隔/m	1.8	2.1
运输车辆	运输起竖发射车开进掩体，另有保护车	运输车不进掩体，掩体内只有导弹和发射车，取消了保护车
掩体出口	车子通过掩体顶部破土而出	经过水平掩体的出入口钻出
核查窗口	4 个	2 个
从装配区到部署区的路线	2 735 km 铁路	2 735 km 公路（少花 8 亿美元）
模拟器	包括运输起竖发射车	只需要一个起竖发射装置

相比于水平跑道式机动方式，水平弹坞式机动方式具有下述特点：

a）用大致平行的直线型公路代替环形跑道，因为运输车不进入掩体，所以取消了掩体到掩体间的急速就位能力，即可不用环形公路。掩体间的布局更加紧凑，掩体互相错开，平均间距为 1.8 km（以前掩体间距离为 2.1 km）。最初的 35 个基地设在一个直线掩体群上，掩体间隔约为 1.6 km（与美国犹他州和内华达州州政府修建的现有公路间隔 1.6 km 相一致，可利用现有公路）。

b）用运输车与起竖发射车分开的方案代替原来的整体运输起竖发射车。运输车不进入掩体，掩体尺寸可以减少，长度减少 9.14 m，宽度减少 1.5 m。

c）联消了保护车。

d）减少了战略武器会议协议中规定的用以核查的顶部窗口数，决定用 2 个核查窗口代替原来的 4 个核查窗口。

e）将装配区到部署区 2 735 km 的专用铁路改为公路，估计能节省 8 亿美元。

f）模拟器只需包括一个起竖发射装置模型，而无需包括整套运输起竖发射装置，因而减少了设备的复杂性，对质量模拟器的要求大为简化，因而能更精确地模拟隐蔽在掩体中的导弹的各种特征。模拟器的剖面为拱形，用钢筋混凝土或其他材料以及沙子制成。

从上面两种发射系统的区别可以看出，由于弹坞式机动方式发射系统掩体尺寸缩小，因此建筑费用下降；车子尺寸减小，质量减小，机动性加大，从而生存能力有所提高；用单个运输车与起竖发射设备代替复杂的整体运输起竖发射设备，其技术复杂性降低、操作简化，因而可靠性增加。其不足是损失了跑道发射方式的掩体到掩体间的急速就位能力，但仍然保证了公路到掩体间的急速就位能力。

（3）多防护掩体方案

1979 年，卡特政府决定选择多防护掩体系统作为 MX 导弹部署方案。多防护掩体就是把 200 枚 MX 导弹配置在 4 600 个掩体中，每 23 个掩体作为一个掩体群配置一枚导弹，每个掩体群是一个发射阵地。每个阵地都由真假 MX 导弹、运输发射车、掩体、道路四大部分组成。

该系统的基本设想如下：用一辆运输车把导弹和发射器从一个掩体运往另一个掩体，把导弹的真实位置隐藏起来，加上使用一些模拟的导弹发射器，使对方的探测器难以探测出真导弹的位置或区别真假导弹发射器。

掩体是加固的，间距大约为 1.6 km。因为对方不能确定导弹所在掩体位置，所以要同时摧毁 4 600 个掩体才能把 200 枚导弹全部摧毁，这样会消耗敌方相当数量的弹头。这是一种用掩体数量消耗对方导弹弹头数量的办法。

即使真导弹位置已经暴露，在对方导弹攻击飞行的 30 min 内，装载导弹的运输车仍可迅速离开暴露位置，运行到未暴露的掩体中。多防护掩体结构包括垂直掩体和水平掩体两种发射系统。

多防护掩体方案把美国西南部内华达州和犹他州的山区定为部署区，那里大约有 100 条山谷适于实施多掩体方案。利用 30～35 条山谷构筑 4 600 个掩体，部署 200 枚 MX 导弹，其他山谷备用。平均每条山谷修建 6 个掩体群，配置 6 枚 MX 导弹。每个掩体群就是一个发射阵地，其构成是在一条尽量直的公路两侧修筑 23 个掩体，掩体相隔 1.5 km，由公路互相连接起来，所配备的一枚 MX 导弹在这些掩体间机动。

掩体为半地下式，用钢筋混凝土筑成，深 1.5 m，长 52 m，壁厚 530 mm。从公路路面到掩体的防爆门是一个斜坡，便于导弹发射架或模拟发射架进出掩体。防爆门的后面是空室，供停放导弹发射架或模拟发射架之用。掩体顶盖可做成活动的，上面覆盖土层伪装。掩体的抗压强度为 4 119 kPa。各掩体附件都筑有地下室，安放供电、通信、环境控制等设备。掩体四周以栅栏所围地域约 10 000 m²，场区内安装各种保安设备。

该方案使用的公路有 3 种：第 1 种是未铺路面，连接掩体群，供导弹运输车行驶。其路面宽 6.4 m，路肩 1.5 m，最大坡度 5%，最小拐弯半径 122 m，全长近 10 000 km。第 2 种是砾石路，供勤务车辆通行。其路面宽 3 m，路肩宽 1.5 m，全长 2 400 km。上述两种路面均用抑尘剂加以处理。第 3 种为铺面路，是导弹发射架由组装区向部署区转运的公路。其路面宽 7.3 m，路肩宽 1.5 m，最大坡度 7%，全长约 2 400 km。

MX 导弹发射架质量 227 t，长 47.2 m，直径 2.8 m。模拟发射架的外貌特征与实弹发射架完全一样。

导弹运输车和导弹发射架可以分离，掩体内只能停放导弹发射架或者模拟发射架，导弹运输车则停在掩体附件的勤务设施中。导弹运输车有 200 辆，每辆长 60 m，轮距 4.9 m，总宽 7.6 m，高 9.6 m。导弹运输车车速为 16 km/h，执行紧急任务时可达 48 km/h。

指挥、控制、通信系统的任务如下：监控导弹，更换目标，发射导弹；保持操作人员、安保人员和维修人员之间的通信联络。在通常情况下，使用沿公路埋设的光学纤维电缆网，中频无线电通信系统作为有线通信系统的辅助手段。中频无线电通信系统使用埋设于各个掩体场区的地下天线，以便空中指挥所控制 MX 导弹系统。

市电通过输电线输送到 MX 导弹基地的 120 个配电站，配电站再通过埋设于公路沿线的电缆向各掩体及其保障设施供电。每个配电站都备有柴油发电机，可以自己发电。为了尽量减少对市电的要求，也在研究开发新的能源，如利用太阳能、风能和地热能等。

除了每个掩体设置各种安保设施以外，导弹部署区还要用 60～200 部塔式监视雷达监视和跟踪整个掩体部署区内的车辆及其上空的飞机。

MX 导弹基地建成两个作战基地，为 MX 导弹的组装、测试、维修、训练等提供各种勤务保障。第一个基地占地 25 km²，其中禁区为 15 km²；第二个基地占地 33 km²，其中禁区为 24 km²。其主要设施有作战控制中心、技术保障中心、组装区、训练区、维修厂、机场，此外还有库房、公用设施等。预选地是内华达州的凯奥蒂斯普山谷和伊利犹他州的贝里尔、米尔德和德尔它。

MX 导弹基地需要 8 年才能建好。完工前，工程人员最多时可达 17 000 人，安装测试人员最多时可达 6 000 人；竣工后，约需 12 500 名操作和维修人员，其中大部分工作地点是在作战基地。

竣工以后，每个掩体安放一个模拟发射架。导弹发射架组装好之后（约每周组装一个），即转运到掩体替换模拟发射架。替换工作在 23 个掩体内反复进行，直至实弹发射架隐蔽地留在一个掩体内。200 个导弹发射架全部部署到 46 000 个掩体以后，要等几个月之后，导弹运输车才驶向掩体，变换导弹发射架的隐蔽位置。变换隐蔽地点时真真假假，使外人看不出导弹转移了没有。一旦接到作战命令，导弹发射架的弹筒部分露出掩体，起竖发射架。发射程序由计算机遥控，约需 1 min。

4.3.1.5　里根政府井基部署方案

多防护掩体方案为卡特政府所赏识，但为里根政府所否定，否定的理由是多防护掩体方案要建造很多掩体，而且要抢在苏联有足够多的洲际弹道导弹弹头以前建好。里根政府详细分析过密集井部署方案，并最终决定把 MX 导弹部署在民兵发射井中。本节将对此进行详细介绍。

（1）密集井群部署方案

1982 年 7 月，里根政府为 MX 导弹提出一种基地部署方案，基本设想是在发射阵地上配置一系列相距不远的（密集的）超加固发射井，把导弹置于井中，利用来袭弹头的自相摧毁效应保存自己的导弹。自相摧毁效应即为一枚来袭弹头在爆炸时产生诸如核辐射、热效应、冲击波，在爆点附近喷射到空中的砂石和烟尘等多种破坏效应，这些效应会使弹头失效。若要避免弹头自相摧毁，必须让每个来袭弹头在另一个弹头爆炸后的微秒时间内爆炸，或者在核效应消失后再进行第二轮攻击（需要 15 min～1 h）。MX 导弹本身有抗核加固措施，可在 30 min 内发射。采用此方案可使一半 MX 导弹生存下来。为了保护密集井群部署的 MX 导弹，可配合使用低空和高空反导系统。

1）理论根据。

里根总统决定采用密集井群部署 MX 导弹，其主要理论根据是核武器的自相摧毁效应。如果苏联对 MX 导弹基地发动核打击，则根据这种理论，来袭弹头有先有后，当第一枚核弹头爆炸时，爆炸产生的效应就会破坏接踵袭来的弹头。自相摧毁效应的破坏力包括核辐射、热辐射、冲击波以及混有沙土碎石的尘埃云，这些效应要持续半小时以上。这样，第一枚弹头爆炸产生的碎片有可能破坏尾随而来的导弹制导和引信系统；爆炸产生的冲击波有可能影响进攻弹头的飞行路线，使其偏离预定目标；爆炸产生的辐射和热效应也可能使进攻弹头核装置失效。美国估计，在对方的第一次打击后，还会有 70% 左右的 MX 导弹保存下来，用以向对方发动报复性的打击。而保存下来的 MX 导弹由于本身耐超压较高，起飞时速度较低，而且垂直起飞穿过尘埃云的时间短（对方弹头以大约 30°的角度飞行），因此能安全飞出。

自相摧毁效应的主要宣传者是一位物理学家托马斯·里德，其于 1982 年 6 月被任命为里根总统的特别助理。据报道，20 世纪 50 年代以来，美国就开始了自相摧毁效应的研究，先是在太平洋和内华达试验场上空进行试验，后来又用模拟的以及突防的再入飞行器进行非常复杂的试验。早在研究民兵导弹地下井的过程中后来，又在研究多防护掩体的过程中，试验发现，地下井相距越近，自相摧毁效应越严重。当掩体之间距离为 1.6 km 时，自相摧毁效应要比民兵导弹地下井之间距离为 4.8～8 km 时大得多。当掩体之间的距离更近时，自相摧毁效应更加严重。

MX 导弹发射井之间采用 500～600 m 的小间距，其目的就是充分利用武器的自相摧毁效应。密集井群部署方式具有较高的生存能力，除造成来袭弹头的相互摧毁外，还在于对发射井进行超加固，使其抗超压能力达 34.323 MPa 以上（地面爆炸）。苏联要进攻这些密集部署的 MX 导弹，就要动用 308 枚 SS-18 型导弹，同时还要考虑对付美国的"民兵"导弹力量。所以，空军把密集部署的 MX 导弹看作对付苏联威胁的强大威慑力量。

2）密集井结构及发射操作。

在美国西部怀俄明州夏延地区，100 枚 MX 导弹设置 100 个井。井呈狭长形，南北走向，长约 22.5 km，宽 1.6～1.9 km，占地约 36.2 km²。井的排列间隔约 548 m。密集式发射井为"超硬度"，井壁为钢筋混凝土结构，壁厚 1.8～2.4 m（民兵井壁厚 0.3 m），能承受 35.1 MPa 的超压，井盖能承受 70 MPa 的超压。井内有导弹保护装置、减震系统和钢制内衬，不包括发射导弹所需的支援系统。

发射前清除井盖上积土，打开井盖，在井底部的伸缩作动筒把导弹发射筒和钢制内衬推到井的顶部，燃气发生器启动，把发射筒和内衬推出井口，推出的高度包括井盖的厚度以及对方袭击后可能堆积达 6 m 厚的尘土、碎石，第一级发动机点火。

3）基地配置。

密集井群部署基地包括一个导弹部署区、后勤中心和操作基地设施。导弹部署区内有垂直地下井（100 个）、发射控制中心、连接各设施的公路网、通信系统和电力系统。后勤中心在导弹部署区附近，占地约 13 km²，用栅栏围住。后勤中心设有导弹储存、装配、拆卸与维护、后勤设施等。

导弹部署区和后勤中心是保密区，因此在场区设置了雷达和场区敏感器，用来探测破坏活动。

基地发射控制中心和垂直地下井之间的通信系统采用光纤电缆网，与导弹部署区和主要操作基地之间的线路不同，系统的主要用电从工业通用供电公司购买，而备用电源是柴油发电机（放在垂直井后勤建筑物内）。从主供电系统到备用供电系统的转换可以自动完成，若主要电源与备用电源都被切断，则由每一垂直井内的紧急电池组供电。

导弹部署区与主操作基地之间有一条主要道路，而导弹部署区内有许多条公路互相连通。为了运输导弹各级以及其他部件，还要新修 64 km 铁路线和一个铁路转运站。在导弹部署区运行的主要车辆中有一辆导弹运输起竖车、一辆移动井门车以及一辆操作支援设备维护车。

为了证明 MX 导弹发射井在 2 500 万 t 当量的苏联弹头攻击下能确保生存能力，核防御局进行了一系列的缩比试验。试验采用常规炸药模拟苏联核弹产生的爆炸过压和冲击波。1982 年 11 月 8 日在路易斯安那州波尔克堡进行了一次模拟试验，试验模型是普通的钢筋混凝土井和一个比较薄的内衬，试验证明其抗超压能力比过去美国设计的井要高出 10 倍以上。使用强度更高的钢筋混凝土结构、较厚的内衬以及一个外部钢衬套，理论上可以设计更高强度的发射井。

4）反导防护系统。

为了保护空军以密集方式部署 MX 导弹，美陆军提出一种新的反导防护方案。新方案主要由两部分组成：高空拦截系统和低空拦截系统。

a）高空拦截系统。高空拦截系统用于拦截 90 km 以上至弹道中段的目标，其用远程雷达和机载的长波光学探测器作为搜索和跟踪目标的主要设备，用改进的反导导弹做拦截弹。远程雷达是在"警卫"系统雷达基础上发展的大型相控阵雷达。长波光学探测器以陆军的目标指示光学跟踪器为基础，工作波段为 8～12 μm，其探测距离为 1 850 km。开始先把这种探测器安装在普通的大型运输机上，待其尺寸缩小后改用 TR-I 飞机，运载机的飞行高度约 21 km。在作战时，该系统的探测和跟踪设备与地面预警系统、临时发射到空间的红外光学探测器以及预警卫星配合使用。

b）低空拦截系统。这部分基本上使用低空防御系统的部件，取名为"警卫"系统。作为探测手段的小型雷达平时藏在加包的地下掩体中，需要时立即升出地面开机工作。这种雷达能以伪装方式部署，其位置或者固定，或者在几个掩体间来回机动。小型拦截弹为一子级或二子级导弹，该系统可以单独用来保护 MX 导弹，也可以作为分层防御的低空拦截部分。它部署在 MX 导弹场区附近，拦截再入大气层的弹头。显然，该系统是在低空防御系统和末端防御系统基础上发展起来的。

该反导防护新方案有以下几个特点：

　　a）与 MX 导弹密集部署方式配合使用，防御效果好。简单地说，密集部署方式就是将 MX 导弹以小的间距（约 600 m）部署在加固的发射井里，在一个面积为 26～40 km² 的不规则四边形场区内部署 100 枚导弹。这样，由于核弹头的自相摧毁效应，来袭弹头在部署场区上空两次核爆炸的时间间隔不得小于 45 min～1 h，从而迫使对方无法进行集中攻击。由于部署密集，使来袭空域变得狭窄而细长，防护空域小，单位时间内要拦截的弹头数量少，且为双层拦截，因此防御效果好。

　　b）技术难度低，研制周期短。由上述内容可知，该方案的主要部件都是在老系统或已有相当发展的新系统基础上提出的，因此没有很难的技术问题，与当时已发展的分层防御系统相比，研制周期要短，从而能满足近期部署的需要。

　　c）与卫兵系统相比，该系统有较高的生存能力，因为机载的光学探测器和"警卫"系统中的小雷达生存能力较强。

　　d）在现有反弹道导弹条约限制之内有可能进行部署。该方案基本上不违背现有条约的规定。因防护空域小，要对付的弹头数有限，即使在部署 100 枚拦截弹的限制内也能获得较好的效果。

　　e）该系统的远程雷达仍然存在生存能力低、易受核爆炸的影响这一基本弱点。

　　5）方案被否。

　　密集井部署方案的基本理论是利用来袭弹头的自相摧毁效应来保存自己的导弹，然而这一理论并未完全得到验证。密集井的稠密配置使其很容易被精度不高的导弹所摧毁，因为在敌方的攻击下，密集井内的 MX 导弹很难发射出去。另外，考虑到密集井部署本身的一些复杂技术问题以及它高达 50 亿美元（反导系统成本不计在内）的费用，加上苏联会采取一系列对抗措施等，使得这一方案难以实现。此外，该方案还涉及违反苏美会谈的条约等问题。因此，国会经过辩论，最终否决了这一部署方案。辩论中提出的反对理由如下：

　　a）密集井群部署违背第二阶段限制战略武器协议。密集井群部署计划涉及要为 MX 导弹修建 100 个新的地下井，而第二阶段限制战略武器协议规定双方都"不得开始建设固定的洲际弹道导弹发射器"，担心破坏协议会使军备竞赛再次升级。

　　b）密集井群部署技术复杂，其依据的理论尚无法检验，因而其生存能力值得怀疑，到头来会为对方提供一个巨大的靶子，不是使美国更为安全，而是使美国更容易遭到打击。苏联当时有 308 枚 SS-18 导弹，每枚弹头当量为 2 500 万 t TNT，若瞄准一个发射井，则这种大型弹头爆炸就能摧毁该发射井及其邻近的 6 个井。但是美国国防部认为这样的打击只能摧毁一个井。

　　c）苏联可以研究出许多对付密集式部署基地的办法。短期内，苏联可以采取下面一些办法来对付密集式基地：

　　a. 压制战术：在 MX 导弹地下井上空（96～193 km）进行长时间的一系列爆炸，把 MX 导弹压制在井中，使之不能发射出去。如果在低空实施核爆炸，则要求每分钟爆炸 1 枚或 2 枚弹头；如果在大气层上空实施爆炸，则要求每分钟爆炸若干次。若要对 MX 导弹地下井发动攻击，为了使自己的弹头通过，可使压制暂时中断。

b. 使攻击弹头同时爆炸：使攻击 MX 导弹发射井的全部弹头在 $20\sim25$ ms 内精确地命中目标，这样不致产生自相摧毁效应，但在短期内苏联还不会有这种技术。

c. 分块攻击：对 MX 导弹发射井实行分块攻击，如每 4 个井为一组，对其进行攻击，以使自相摧毁效应最小。这样能够摧毁一小部分发射井。

d. 步进式攻击：算好袭击的时间，先打击最南端的发射井，然后由南向北一排一排地进行袭击，使自相摧毁效应最小。

从长期打算看，苏联在打击 MX 导弹密集式部署基地方面还可能采取一些新技术，研制出新弹头：

a. 抗辐射的加固弹头：重新设计和加固弹头，使之能抗辐射或在辐射脉冲产生以前就能命中目标。但这在近期内技术上还不大可能，进行试验至少需要几年的时间。

b. 抗冲击波的加固弹头：要增加弹头和内部支架，重新设计弹头，这需要几年时间才能成功。

c. 抗爆炸碎片的加固弹头：技术上不太成熟，在质量和空气动力特性方面难以满足要求。

d. 特大当量弹头：研制和试验特大当量弹头需几年时间，而且弹头越大，自相摧毁效应越明显。

e. 软着陆弹头：弹头在命中前慢速着陆，然后像"地雷"一样同时爆炸。该弹头在技术上尚不成熟，易被对方阵地上的主动防御措施摧毁。

f. 钻地式弹头：这种弹头在爆炸前就能穿透地面，避免自相摧毁效应。苏联在 $5\sim10$ 年内方可生产这种武器。

g. 低当量/高精度的机动弹头：研制一种高精度的弹头，使当量低到所产生的自相摧毁效应不会成为一个问题。

国会通过激烈的辩论，否决了里根总统提出的密集井群部署方案。1983 年 5 月 25 日，美参议院通过了把 100 枚 MX 导弹部署在美国西部现有"民兵"导弹地下井中的新建议。至此，关于 MX 导弹部署问题的争论暂时告一段落。

（2）民兵发射井部署方案

根据里根政府的《战略力量现代化计划》，大力神 2 导弹即将退役。因此，现有的大力神 2 导弹发射井部署 MX 导弹有一个很大的优点，即到 MX 导弹服役时，大力神 2 导弹井已全部腾出来，而且大力神 2 导弹也完全适合于部署 MX 导弹。但是，里根政府最后还是决定利用现有的民兵导弹井部署 MX 导弹。经美国国会批准的《战略力量现代化计划》是将 100 枚 MX 导弹部署在改进"民兵"导弹地下井里，但实际部署 50 枚。

1）部署在民兵发射井的原因。

用来部署 MX 导弹的基地位于美国北部，怀俄明州东南和内布拉斯加州西部之间的沃伦空军基地，由 319 战略导弹中队操作。按计划，1986 年 12 月有 10 枚 MX 导弹和两个控制中心投入使用。MX 导弹最终部署在民兵发射井有如下原因：

a）可以减少改建费用。在大力神 2 导弹井部署 36 枚 MX 导弹，其改建费需 78 亿美元；而用民兵导弹井部署 40 枚导弹，其改建费只需 56 亿美元。1982 财年，超加固导弹井的费用为 0.2～3.34 亿美元。鉴于大力神 2 导弹井的地质结构，只够把几个大力神 2 导弹井的抗压强度加固到 34.3 MPa；而民兵导弹井的抗压强度为 7.8～14.7 MPa，因此把 MX 导弹部署在民兵导弹井中，可以节省费用，解决经费不足的问题。

b）能提高作战效能。民兵导弹基地位于美国北部，大力神 2 导弹基地位于美国南部，把 MX 导弹部署在民兵导弹井中可覆盖苏联更多的目标。此外，大力神 2 导弹有 3 个导弹联队，每个联队 18 枚导弹。3 个导弹联队分别分布在阿肯色州、堪萨斯州和亚利桑那州 3 个州，如在大力神 2 导弹井中部署 36 枚 MX 导弹，势必要分散在两个州；而民兵导弹的编队是 50 枚组成一个导弹中队，因此在民兵导弹井中部署 40 枚 MX 导弹，只需对一个中队的所在地做一些适于部署 MX 导弹的改进工作即可。

c）能够充分利用现有的指挥控制通信系统。大力神 2 导弹基地每个发射井就是一个独立单元，有自己的指挥控制通信系统，与其他导弹阵地互不联通。要把 MX 导弹部署在大力神 2 导弹井中，就要建立一两套新的指挥、控制、通信系统。民兵导弹井每 10 个编成一个小队，配以一个地下控制中心；每 5 个小队编成一个中队。各小队的控制中心与各中队的控制中心互通联系，是一个完整的指挥系统。把 MX 导弹部署在民兵导弹井中，可以充分利用现有的指挥、控制、通信系统，节约经费。

d）可与弹道导弹防御系统保持一致。美国研制弹道导弹防御系统是一个长期规划的过程。根据美苏限制反弹道导弹条约，双方只能建立一个反导基地。用弹道防御系统保卫井距为 5～7 km 的民兵导弹基地，与保卫井距为 16～20 km 的大力神工导弹基地相比困难要小，效能更高。据称，一个内大气层弹道导弹防御系统可保卫 40 个部署 MX 导弹的民兵导弹井。

e）可与限制战略武器协议保持一致。把导弹发射井的抗压强度加固到 34.3 MPa，会超过限制战略武器协议限定的发射井抗压强度；而把 MX 导弹部署在非给定抗压强度的民兵导弹井里，既不需扩大发射井，也不违反协议的规定。再者，美国空军将研究一个最佳抗压强度级，所以超加固发射井并不是部署 MX 导弹的主要标准。MX 导弹装在发射筒里，采用弹射的方式。根据 MX 导弹的尺寸和发射筒的结构，美国空军将研制一种新的防震装置，把导弹发射筒悬挂在民兵导弹井里。

2）民兵导弹地下井的改进。

在 MX 导弹进入民兵导弹地下井之前，要对沃伦空军基地地下井进行加固并构筑一些 MX 导弹所需要的附属设施，这些改进包括把民兵导弹地下井的 14 MPa 抗压强度加固到 35 MPa 或更高，改进井壁以便导弹各级可以在发射筒上方进行组装并提供接近制导系统的出入口，使得 MX 导弹的制导系统比民兵导弹的制导系统更容易从井里取出或更换。

井底设置一特制的隔振台，用来支承 MX 导弹。MX 导弹不像民兵导弹那样悬挂在井里，而是装入钢制导弹筒内，连筒一起放入地下井内。

用 35 辆新的运输车和起竖车取代原民兵导弹的运输起竖车队。MX 导弹采用两种车分级运输和装入地下井，而民兵导弹（除再入系统外）则是整体运输和装入地下井中。据估计，将一枚 MX 导弹放置到民兵地下井里约需一周时间。

在民兵导弹地下井的改建过程中，要把带有燃气发生器的 MX 导弹发射筒安装在地下井里。当把 MX 导弹每一子级运到地下井井口附近以后，将其转运到起竖车上，然后由起竖车将这级（导弹级）起竖至垂直位置后再放入地下井中的导弹筒。使用井中的提升系统把要对接的各级升到一定的高度，使累加的各级在导弹筒筒口对接，导弹本身也随之下降装进导弹发射筒内。

3）发射控制中心与通信系统的改进。

MX 导弹部署在民兵导弹地下井中，其发射控制中心与通信系统改进如下：

a）在地下井和发射控制中心之间铺设新的抗核加固的电缆。

b）改进发射控制中心设施，以支援一种新的组合的指挥、控制、通信系统。该系统与 10 个发射控制中心相连，而不像民兵导弹那样只与 5 个发射控制中心相连。

c）更新显示器、控制装置和数据处理系统，以便在接到命令后缩短发射时间。

d）安装一台新的雷达，以便在和平时期保护地下井免遭自然界（物体）侵入破坏，同时减少系统产生的大量虚假报警信号。

e）电池组采用锂电池，以便在受到核攻击后仍能供电。

每个导弹分队的发射控制设施包括地面上的两座建筑物和地下能抗核袭击的加固发射控制中心。发射控制设施的改装将涉及绝大多数电子系统要重新设计，采用新的硬线通信网和先进的计算机系统。

发射设施的主要电源由商业用电提供，同时备有作为备用电源的柴油发电机和作为应急电源的电池组。另外，扩大加固发射井之间的电缆网，增加给导弹控制系统供电用的新的 96 V 直流电源；此外，还重新设计机载发射控制中心的电源供应装置，并加大机上发射控制中心的能力。

4.3.1.6　长远部署方案

为了争取在 1988 财年能批准部署另外 50 枚 MX 导弹，美国国防部评定了以下 8 种部署方式：带伪装的超级加固地下井、加固机动部署、铁路机动、公路机动、浅坑道、设有机动运输车的超级加固地下井、深井基地和加固导弹发射筒（Carry Hard）的新机动方案。在这些方案中，只有超级加固地下井和铁路机动两种方案获得拨款做了研究，但最终也未被采纳。

（1）超级加固地下井

长期以来，美国一直认为发射井的抗力极限为 14 MPa（民兵导弹地下井的抗压强度）。1981 年以后，随着加固技术的发展，导弹发射井抗力可超过民兵导弹发射井的 25 倍，即可达 351.5 MPa；另外，美国提出的加固目标是现役民兵导弹地下井的 50 倍，即 700 MPa。美国在这方面已做过多次干井、湿井试验，都很成功，这表明有希望达到预定的水平。

发射井的超级加固将大大提高导弹生存能力，国会于 1984 财年拨款 1.05 亿美元用于发射井超级加固工作。例如，使用 7%～8% 的钢筋加固发射井井壁并装有较厚的钢质内衬，而原来的发射井井壁只使用 1.5% 的钢筋加固。所以，整个发射井实际上是以钢作为结构架，水泥用于填空，钢板作内、外衬的一种新结构。

美国国防核武器局与空军系统司令部弹道导弹局用高能炸药对加固地下井的抗核武器效应的能力进行了静态和动态模拟试验，结果证明，先进发射井设计能够大大提高导弹生存能力。在对核爆炸效应的重新全面审查中得出的重要结论之一是：过去对核武器的地面爆炸形成的弹坑尺寸估计得过大，覆盖物的覆盖度也没有原来想象的那么厚。因此，国防核武器局制订了先进的发射井加固计划，以确定发射井在结构方面加固的上限，并在各种强度等级上设计出了成本低的发射井。据分析，只有用 2 000 万 t 级的大当量弹头或"钻地弹"弹头，才能对超级加固井造成破坏。1982 年 MX 发射井进行过试验，结果表明，在当时相当于苏联最大当量核武器爆炸破坏的情况下，其损坏程度微乎其微。

20 世纪 80 年代初，美国在如何提高发射井的抗压强度以及如何提高部署在发射井的洲际导弹作战能力方面取得了相当大的进展。

以发射井方式部署的洲际导弹，其生存能力随着发射的加固而明显提高。这种固定部署方式使用率高、通信指挥方便、反应迅速，可以随时处于作战状态，所以超级加固井是一种很有希望的备选方案。

（2）加固导弹发射筒的机动新方案

美国防部为 MX 导弹研究了一种新的机动发射方案，这种方案的特点是加固导弹发射筒而不加固运输车和发射点（简易井）。其基本设想是将导弹连同它的发射设备一起放入超级加固的发射筒里，导弹就像穿上了坚硬的"铠甲"（故该方案也称为"穿铠甲"机动发射方案），由不加固的低成本运输车装载，在众多未加固的地下井软发射点之间往返运行。每 10～20 个空井有一枚真导弹，50 枚导弹设 7 000 个这样的简易井。导弹发射筒降至井中时有真有假，导弹靠隐蔽、机动和超级加固的发射筒来获得生存能力，其加固程度超过小型导弹的加固发射车的硬度。

据分析，此方案对防方可产生 2∶1 的优势，即攻方要用 2 个弹头才能摧毁防方一个弹头。空军已与波音公司签订了一项 300 万美元的合同来研究该新机动方案。

现在需要解决的或正在研究的问题是：这种可移动发射筒的抗核爆炸能力究竟应该有多大；为了迫使攻方对每个井（发射点）都能消耗一个弹头，存放井与空井之间的距离应该设置为多少才合适等。据说这种方案成本高，车辆重，机动性差。

（3）铁路机动方案

1986 年 12 月，里根总统签署了一项关于 MX 导弹的铁路部署方案和"侏儒"导弹的全面研制这两个问题的"一揽子计划"，期望得到国会批准。后来国会批准了 50 枚 MX 导弹部署在民兵导弹地下井里。1985 年美国国防部为了机动部署 MX 导弹，提出了铁路列车发射的设想。1986 年里根总统决定开始研制 MX 导弹的铁路驻守（rail garrison）系统，即 MX 导弹的列车驻守在一些指定的军事基地。1988 年已开展研制试验，决定先将 50 枚MX 导弹置于 25 列火车机动发射（另外 50 枚 MX 导弹仍然放在民兵导弹地下井），第一批列车于 1991 年问世。

1）导弹列车。

50 枚导弹分装在 25 列火车上，每列铁路机动发射列车至少有 9 节车厢：2 节导弹车、1 节发射控制车、2 节安全车、1 节维护车、1 节 80 m³ 燃油车、2 节牵引机车。列车速度一般为 55.59 km/h，线路条件良好时最高可达 92.66 km/h。

每列车总质量为 2 170 t 左右，其中导弹发射车总长 27.12 m，高 5.18 m，质量为 61～63 t，加上导弹筒及燃气发生器、导弹及发射设备质量，则共约 220 t。导弹车厢和安全车厢用了 12.7 mm 的钢板，在大约 12.5 m 长、2.4 m 宽的中心段，是一抗核辐射密封舱，特意加了一层约 38 mm 厚的钢板和 102 mm 厚的聚氯酯泡沫，以便加强抗辐射保护。为了使车厢质量保持在限额之内，只能重点防护车厢中心段。另外，车厢内还各有 100 多套一次性使用的薄塑料防辐射工作服，车厢中还有储藏室、体育活动设施和一些机械设备等，在车厢中心段外面一端备有一对分为二级控制的防污染冲洗器。

发射控制车厢设有各种与国家指挥中心连接的、波段范围很宽的无线电通信线路，包括从甚低频线路直至与军用卫星联系的极高频线路。发射控制车厢与邻近的 2 节导弹车厢之间的通信采用了抗电磁脉冲的光纤电缆保密通信线路。发射控制车厢的一端有 2 台 300 kW 的柴油发电机，可为整个列车供电。

整个列车装有各种传感器，可直接探测到 24 h 之内对列车的威胁。

全部车组人员共 42 人：列车长 1 名、发射指挥 4 名、工程人员 4 名、医务人员 1 名、维修人员 6 名、保安人员 26 名。

MX 导弹采用弹射技术，从发射筒弹射出去后，主发动机才点火。发射控制车上装有稳定导弹用的支腿，发射时，将稳定支腿展开，然后发射筒连同导弹一起经发射控制车打开的顶部起竖到垂直位置，进行发射。

2）列车机动作战方案。

导弹列车平时停放在军事基地（MX 导弹列车铁路驻守阵地）警戒掩体内，每个驻地可停放 4～6 列列车，这里有导弹维护设施及安全控制设施，可称为列车的安全驻地。每个驻地需要 0.6～0.73 km² 面积，另外还需要 0.2 km² 作为技术人员和保障设施用地。

美国战略空军司令部选择 7～17 个空军基地作为 MX 导弹列车驻地，驻地的掩体基本上是 243.8 m 长、121.9 m 宽的土质圆顶小屋。要求列车在其驻地日常处于警戒状态；在紧急情况下，列车能疏散到国家铁路网上。全国大约有 19 万多 km 铁路线以及许许多多支线可供 MX 导弹列车运行。导弹平时停靠在铁路两侧的支线上，以免影响其他列车通过。只有在发射前导弹才起竖，从车厢露出，起竖时对制导精度几乎没有影响。

这些列车外观上与普通列车一样，无任何特殊标志，可在民用铁路上运行，导弹列车所挂车厢数量可比实际的多些。还可设置一些保密线路。空军设想的列车速度为 80～130 km/h，正常速度为 48 km/h。作战时，导弹从预定的基准位置发射，各基准位置之间的距离大约为 1.6 km。

如果遇到突然袭击，列车来不及疏散，可在驻守基地直接发射，即导弹从掩体顶部的开口处发射出去。至于掩体顶部如何开这个"口"，则考虑了几种方法，如是否可设想成一个可滑动的屋顶，有绕枢轴转动的门，或者有一个能极为迅速地把掩体顶盖爆炸分离的拉链装药装置等。平时停放在掩体基地中的发射列车中无人，由发射控制中心控制。

这种系统需要预警系统配合，一旦分散在铁路网上，就不必从预先设计好的点上发射，可在任何地方直接从列车上发射，具有较好的生存能力。

3) 列车试验情况。

a) 反作用力对列车的损坏试验。在 MX 导弹铁路发射方案的研制中，曾担心导弹的羽流及近 90 t 质量的导弹以 6g 的加速度从导弹发射筒中弹射出去所产生的反作用是否可能损坏发射列车，因为这种反作用力是发射列车本身质量的 2 倍多。通过西屋公司的 1 项"列车装载发射试验计划"所实施的试验证明，发射时产生的反作用力是列车能承受的。通过对 1 枚 MX 模拟弹发射试验数据进行分析表明，所排出的羽流不会严重影响列车。

b) 制导装置的振动运输试验。

对 MX 导弹的制导装置进行了卡车和火车运输振动试验，外加模拟发射反作用力的试验。试验结果表明，其精度与地下井中 MX 导弹的精度相同，因此不需要对制导系统做任何改进。但是，该试验结果由几个单项试验结果综合而成，因此更全面的整机试验有待进行。

c) 可居住性试验。

1989 年 9~10 月，洛克韦尔公司用真实的发射控制和安全车厢样车进行了为期一个月的可居住性试验。试验时，抽调 23 人（其中 2 名妇女），分别待在发射控制车厢和安全车厢。在模拟的"核攻击警戒"和"核战争爆发"期间，试验车组人员在车厢内的工作耐力和工作情况。试验期间，2 个车厢人员可互相通话，而且与外界有关人员（指挥控制系统）可通话。

试验的前半个月为"核攻击警戒"阶段，列车按指令运行；后半个月为"核战争爆发"阶段，车组人员模拟发射了 1 枚导弹。假设车厢外已被核污染，所有车组人员都待在抗核密封舱内，保安人员则穿着抗核辐射工作服参加战斗，之后经过去污染冲洗后回到车厢内。试验还模拟了设备出故障，维修人员走出维修车厢检修的情景。

试验表明，车组人员的工作耐力和工作情况良好。当然，试验中也发现并提出了很多有待更进一步改进的问题。

d) 抗力试验。

为掌握发射列车所能承受的超压并能定出列车的抗压准则，美国在内华达试验场对列车车厢进行了一系列抗压试验。列车的抗压能力既取决于车辆相对于爆炸冲击波的方位，也取决于车辆结构和车辆形式（是机车还是厢体）。试验表明，爆炸冲击波在机车前面（非垂直激波）要比冲击波垂直于铁轨时对列车的损坏小得多。

试验时用的是木制车厢，当车厢厢体受到 27 kPa 超压时，车厢完好，并能正常运行；当受到 41 kPa 超压时，车厢侧面已有大部分脱落，但严重受损的车厢仍和车轮一起停在铁轨上；当受到 50 kPa 超压时，车厢被掀起、翻倒；又进一步试验到 58 kPa 超压，车厢全部报废。但上述所有试验对铁轨都未造成损坏。

在内华达试验场还对 1 台 46 t 的柴油机机车做了类似试验，使其在核爆炸中受到了 41 kPa 的超压，结果完整无损，继续正常运行。美国最先进的柴油机机车可承受 617 kPa 的超压。

根据上述试验，美国空军认为，MX 导弹的铁路驻守系统可在 7 km 长的铁轨上承受 34 kPa 的超压，这可作为列车的抗压准则。

4）铁路机动基地分布图。

MX 导弹除了部署在沃伦空军基地的主铁路基地外，美空军还另外选择了 6 个铁路部署 MX 导弹基地，即路易斯安那州的巴克斯代尔、得克萨斯州的费尔柴尔德、北达科他州的大福戴埃斯（Dyess）、华盛顿州的克斯、阿肯色州的小石城和密歇根州的伍尔特斯密斯（Wurtsmith）。

根据 MX 导弹的铁路部署计划，为提高其生存能力，50 枚 MX 导弹部署在 25 列火车专列上，这些专列将分散在上述 7 个基地，随时处于警戒状态，一旦出现危机，就能分散到 193 000 km 的民用铁路线上。

这项部署计划的成本为 56 亿美元，寿命周期成本估计为 120 亿美元。美国计划于 1992 年部署第一个专列；到 1994 年，25 个专列全部部署完毕，交付使用，但由于各种原因，该方案从未部署。

4.3.1.7　其他部署方案

除了上述部署方案之外，考虑较多的长期部署方案还有以下几种。

（1）轨道驻留方案

轨道驻留方案是将 MX 导弹部署在现有的民兵导弹发射井中，一接到敌方导弹来袭的警报，即发射导弹，将弹头送入轨道，驻留在轨道上，待机攻敌，也可以召回。

MX 导弹有双重能力，既可将 4 500 kg 的有效载荷送入 160 km 高的近地轨道，也可以稍加改进，将 550 kg 的有效载荷送入 36 000 km 高的同步轨道。

有效载荷有导弹制导系统、无线电通信设备、脱轨发动机和推进剂、弹头。部分轨道上的弹头可以从敌境南部方向攻敌目标。空间轨道上的弹头接到指令后即脱离轨道，可攻击目标，也可在海上回收，或由航天器回收。

在低轨道上，有效载荷绕地球一圈需 90 min 左右，驻留在轨道上的时间可达 15 天，动力源是安装在有效载荷内的电池组。

导弹用作打击军事目标的武器，精度至关重要。轨道驻留方案借助于具有双星平台定位能力的惯性系统和地面站进行的速度状态矢量的定期修正，可保证精度。

轨道驻留方案要求在世界各地设立约 500 个具有很高生存能力的机动地面站。美国境内的地面站要求能够报告情况，能够发出打击目标所需的指令，并能够控制轨道的有效载荷。

按照美国空军研究的方案，MX 导弹部署在 626 个发射井中，这样就能够最大限度地利用现有的指挥、控制、通信设备，保安系统，规程和经验。

不是所有的 MX 导弹都采取预警发射的方式，大约只将 16％的 MX 导弹用于轨道驻留方案，构成快速打击军事目标的威胁。这样，就可以保证不至于因预警系统发生故障或失误而付出所有陆基导弹力量。

苏联核弹头打到美国目标所需的时间为 30 min，因为 MX 导弹具有召回能力，所以对于采取预警发射方式的一部分 MX 导弹，发射的决定可以在不到 30 min 的时间内做出。导弹发射出去以后，可以直接打击目标，也可以延迟攻击时间。如果预警系统失误或者形势缓和，导弹还可以回收。此外，因为打击苏联的方向不止一个，所以苏联的弹道导弹防御系统就发挥不了作用。

（2）空中巡航方案

空中巡航方案是把 MX 导弹部署在飞机上。携载 MX 导弹的飞机平时停在跑道上，常备不懈；危机时进行空中巡航，待命实施导弹的空中发射。

按照美国国防部的计划，首先使用 C-5 型运输机，先装备 10 架，每架飞机携载一枚 MX 导弹。最终以续航能力强的"大鸟"巡航机取代 C-5 型运输机。

"大鸟巡航"机每架携载一枚 MX 导弹，巡航速度为 100 节，巡航高度为 1 500 m，续航时间为 2～5 天。MX 导弹从"大鸟"巡航机上投放出来后，在空中呈垂直状态，然后点火发射。

MX 导弹空中巡航力量有 3 种作战方式：

1）载有 MX 导弹的飞机在若干备用机场之间巡航；

2）发生危机时，载有 MX 导弹的飞机具有快速反应能力，在一级基地和二级基地之间进行短期巡航，续航时间为 8 h；

3）载有 MX 导弹的飞机从一级基地起飞，进行长时间连续巡航，续航时间可长达 5 天。

空中巡航方案的主要优点是反应灵活，生存能力较强，但由于成本高、空中精确定位困难、对苏联潜地导弹的反应时间太短，并与美国现有预警能力不太适应，因此美国国会和空军对此方案尚未做出支持的反应。图 4-1 为巡逻机空中发射 MX 导弹。

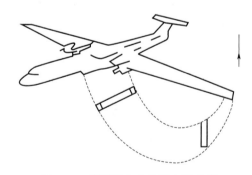

图 4-1　巡逻机空中发射 MX 导弹

（3）深地下式方案

深地下式方案是把 MX 导弹部署在地下很深的洞、井或隧道里，进一步提高其生存能力。深地下式方案多种多样，归纳起来，主要有以下几种：废矿井方案、沙井方案、深岩隧道方案、锥形地洞方案和方山隧道方案。

1）废矿井方案。把 MX 导弹部署在山底下的深硫黄石矿井中，并通过倾斜的隧道提供各种出口发射角度。据估计，大约有 20 个这样的矿井口适用于这种部署方案。MX 导弹的配置深度约 1 000 m。

2）沙井方案。把 MX 导弹封装在弹筒里，深置于沙土发射井中。这种发射井为钢结构，深 450～760 m，直径为 9.2 m。MX 导弹置于井底，里衬是泥土，导弹筒上方填满沙土，下面是增压水储箱。导弹一接到发射指令，增压水从井底的储箱里放出，将导弹筒托到井面，然后弹筒打开，导弹点火发射。沙井系统将由 100 枚 MX 导弹组成，占地面积近 2 600 km²，井距为几千米。部署在沙井中的 MX 导弹可抗 500 万 t 级的核地爆。

3）深岩隧道方案。把 MX 导弹部署在深岩隧道网里，隧道深 91～122 m，抗压强度取决于阵地的地质、隧道深度和里衬设计，为 0.98～98 MPa。隧道网分布很广，约有 800 个发射口，可部署 50～100 枚 MX 导弹。每枚导弹可安放在隧道里的固定位置。

4）锥形地洞方案。把 MX 导弹部署在锥形地洞内，地洞深 900～1 200 m，导弹筒浮在地下水面上。这种部署方式可使 MX 导弹与外界核爆震动隔绝。其发射有两种方法：一是采用弹射方式，用燃气发生器将导弹推过堆在洞口的碎片，导弹点火发射；二是用装在导弹筒顶部的旋具旋破盖在其上面的多孔水泥混合物，使导弹穿过发射口，实施发射。

5）方山隧道方案。把 MX 导弹部署在方山底的地下隧道网里，隧道深 640～790 m，总长 480 km。MX 导弹在隧道中诸发射点之间往返机动。发射时，可从方山表面，根据导弹发射角度，打孔钻通隧道，再实施发射。这种部署方案的主要优点是导弹部署深、生存能力强；主要缺点是导弹钻山困难、反应时间长，在遭受攻击几小时或几天后才能做出反应。

4.3.2　发射技术

上面已经介绍了 MX 导弹的各种基地部署方式，无论采用哪一种方式，都是采用弹射方式，即导弹平时装载在发射筒内，发射时由筒内弹射动力装置将导弹弹射出去。

4.3.2.1　弹射技术的基本要求

导弹武器采用弹射技术必须满足下列要求：

1）导弹在筒内运动受到的载荷（包括热、力载荷）应在导弹允许的范围内；

2）导弹的最小出筒速度应保证导弹稳定飞行，初速偏差最小；

3）导弹第一级发动机在空中点火要迅速可靠；

4）要求发射装置质量小、寿命长；

5）从作战使用角度要求能使导弹经常处于战备状态，使操作人员便于工作；

6）要求能减少维护人员，便于野外拆卸、装配以及更换零部件等，从而达到降低成本的目的。

4.3.2.2　弹射技术的优缺点及改进

（1）优点

弹射技术的优点如下：

1）简化导弹发射阵地，改善发射环境。由于导弹离筒后在空中点火，因此避免了高温高速燃气流对发射装置的烧蚀和冲刷，保证了人员和设备的安全。

2）可提高武器系统性能。由于在发动机点火之前导弹已获得初速，出筒速度通常在30～50 m/s，所以在同样装药情况下，可提高发动机熄火速度和距离，增加导弹射程。

3）导弹采用机动发射时，弹射系统对场地的适应性较强，作战使用方便，可提高武器系统的机动作战能力，可使运输、起竖、保温和发射几种设备置于一车，减少车辆数量。

4）采用井下弹射时，所用发射井尺寸小，结构简单，构筑工程量小，因此可提高抗压能力，也可利用退役的地下井发射直径更大的导弹。一般弹射井内筒的内径只需比导弹弹径大100 mm 以上即可。

（2）缺点

弹射技术的缺点如下：

1）由于增加了发射筒及弹射动力等装置，使得整个发射系统质量和长度增加，对通行道路的等级要求也有所提高，因此对机动性不利；

2）弹体承受弹射压力的作用，弹体结构需加强；

3）弹射配合发射筒使用时，需要一套向发射筒中装弹、退弹的复杂程序。

（3）MX 弹射技术改进

美俄现役战略导弹弹射技术按照介质大致可以分为燃气弹射和蒸汽弹射两种。采用燃气弹射方式时，导弹由发射装置从高压弹出发射筒，在15～30 m 高度第一级发动机点火。先前的弹射方法是一种热气系统，用一个固体燃气发生器为导弹发射筒增压，导弹第一级的下面装有弹底板，使发动机免受大约1 370 ℃高温气体的影响。

蒸汽弹射系统对先前的方法进行了修改，把燃气输送到密封的蓄水器中，用温度为204～260 ℃的高压水蒸气对导弹发射筒增压。

MX 洲际弹道导弹的发射方式已由燃气弹射改为蒸汽弹射，因此不需要导弹底板这样的大型金属平台。

4.3.3　弹射装置

MX 导弹的弹射系统由发射筒、燃气发生器、适配器等组成。发射筒提供环境保障，燃气发生器提供导弹出筒动力，适配器保障导弹平稳出筒。

4.3.3.1　发射筒

MX 导弹发射筒的作用是在发射前支持和保护导弹，在发射过程中引导导弹和容纳高压弹射气体。MX 导弹的弹射技术是在潜地导弹弹射技术的基础上发展起来的。从弹射系统的组成来看，其与潜地导弹的弹射技术类似。但是，作为陆地机动的弹射系统又有其特殊要求。由于机动导弹要求经常进行转移，因此保温装置必不可少，转移时振动要尽量小，发射筒的质量要小，刚性要好。MX 导弹由高压气体推出发射筒之后才点火飞行，因此发射筒强度、刚度等必须满足条件。

MX 采用的是石墨/环氧树脂复合材料发射筒具有质量小、磁性小的特点，发射筒载荷情况如表 4-6 所示。

表 4-6　MX 导弹发射筒载荷情况（导弹质量 87 200 kg，假定发射筒质量为 10 000 kg）

载荷情况	载荷条件	极限载荷	变形
1	伪静态冲击,发射筒两端	约 4g	偏离发射筒中心(1g)6.9 mm
2	筒内发射产生压力脉冲	1.45 MPa	径向增长 3.2 mm
3	导弹弹射出筒口时发射筒底部悬臂	2.0g(垂直)	—
4	扭转	0.407×10^6 N·m	—

美国对所制造的 6.93 m 和 14 m 长的圆筒末端连同选用的缩比小圆筒试样一起进行物理性能和力学性能测试，并对单搭接、双搭接的螺接接头剪切强度进行试验。表 4-7 给出了复合材料典型的物理性能和力学性能。

表 4-7　复合材料的物理和力学性能

物理性能	密度/(kg/m³)	1 500
	纤维含量/%	54
	树脂含量/%	35
	空隙量/%	3.2
力学性能	轴向模量/MPa	9.5×10^4
	环向模量/MPa	2.4×10^4
	轴向拉伸强度/MPa	879.77
	环向拉伸强度/MPa	214.43
	轴向双塔接剪切挤压强度/MPa	413.69
	轴向单塔接剪切挤压强度/MPa	206.64

4.3.3.2　燃气发生器

燃气发生器是一种动力装置，MX 导弹除了将燃气发生器作为将导弹弹射出筒的动力（称为"弹射燃气发生器"）以外，还用于将导弹推出洞库（称为"中心支撑燃气发生器"）、开盖（称为"顶盖反推燃气发生器"）、起竖（称为"起竖燃气发生器"），后 3 种统一称为作动缸燃气发生器。

（1）技术要求

MX 导弹发射装置燃气发生器环境要求如表 4-8 所示。此外，燃气发生器设计使用寿命为 10 年，储存期为 15 年，工作可靠性为 0.999～0.999 974，在 10 年使用期限内无需维修。有毒燃烧产物应保持在最低限度，所有装药都应符合环境和污染保护要求。由冗余穿壁式起爆器的爆炸物执行点火，一个起爆器发生故障不会降低燃气发生器点火器的工作可靠性。所有燃气发生器设计要对发射装置的尺寸和质量的影响减到最低限度。

表 4 - 8　　MX 导弹发射装置燃气发生器环境要求

项目	工作环境	非工作环境
温度范围/℃	7~38*	14~52
相对湿度/%	3~100	3~100
机械冲击(最大)/g	2.2(垂直)1.1(水平)	
振荡(均方根)/g	4.5(所有 3 个正交轴)	
核冲击(最大)/g	30(所有 3 个正交轴)	

＊热燃气发生器应采用－3~＋48 ℃。

弹射燃气发生器还应符合表 4 - 9 所示的对系统物理性能的要求。

表 4 - 9　　弹射物理性能要求

物理性能	参数
导弹出筒速度/(m/s)	36.58±12.19
导弹最大加速度/g	6.5
最大加速度变化率/g	67
导弹出筒时筒内最大压力/MPa	1.38
一级发动机后封头内侧最大燃气/蒸气温度/℃	250
一级发动机后封头外侧最大燃气/蒸气温度/℃	306
一级发动机后封头上的最大压力/MPa	1.03

3 种作动缸燃气发生器的药筒应装在各自的作动缸内部，作动缸缸壁作为燃气发生器的壳体，这样就不需要传统的燃气发生器外壳。这些燃气发生器应工作顺畅无阻塞，在41.37 MPa 压力下能稳定燃烧。最高火焰温度应在 1 370 ℃以下，以保证符合作动缸的要求。3 种燃气发生器还要设计成在每一次点火之后，通过各自的作动缸便于清洗、修复和装填新药。同时，通过作动缸的端盖，人员能接触到燃气发生器。这种端盖还要安装燃气发生器点火器。

（2）弹射燃气发生器

弹射燃气发生器安装在发射筒的底筒内，如图 4 - 2 所示。为了尽量减少发射筒长度，把弹射燃气发生器安装在导弹第一级火箭发动机喷管的里侧，并保持 140 mm 的最小间隙量，以免损坏发动机喷管。通过将热燃气发生器的燃气与水进行混合，弹射燃气发生器产生出发射脉冲压力。最后得到的燃气、蒸气和水的混合物提供了把导弹由发射筒弹射出去所需要的动力，而又保持着既不会损坏导弹，也不至于引起第一级火箭发动机点火的温度。图 4 - 3 为弹射燃气发生器的结构，燃烧产物通过管路组件，借助双壁管路中的流孔，将冷却室中的水增压，增压的水由冷却室注入管路下端的燃气流中。燃气、蒸气、水组成的混合物在进入发射筒之前，会经过排气歧管进行进一步混合，在发射筒中产生所要求的弹射气体压力。整体弹射燃气发生器包括水在内，质量约 4 536 kg。

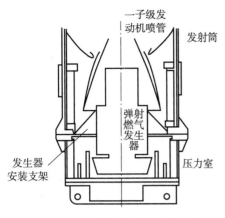

图 4 - 2　内安装的弹射燃气发生器

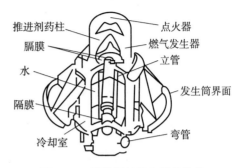

图 4 - 3　弹射燃气发生器的结构

MX 导弹标准弹射脉冲压力如图 4 - 4 所示。为了产生所需要的发射脉冲压力，热燃气发生器要在压力为 23 MPa、火焰温度为 2 682 ℃的情况下工作 0.7 s 左右。推进剂药柱直径为 596.4 mm，长 421.6 mm，质量约为 150 kg。通过极快增速燃烧面产生 245 kg/s 的质量流率。燃烧表面由药柱后端面和 26 个通过整个长度药柱直径为 38.1mm 的药孔内表面组成。药柱浇铸在一个钢套筒里，而该套筒又装在 4340♯钢壳内，采用 BKNO3 雷管点火。热燃气发生器在环境温度为 7～38 ℃范围内工作时，会产生 22.4～24.3 MPa 的压力。石墨喷嘴可用来将热燃气发生器与该发生器的其他组件隔离开来。

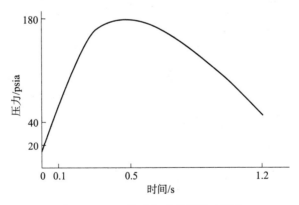

图 4 - 4　MX 导弹标准弹射脉冲压力

弹射燃气发生器选用 ThiokoL TP - H - 3277 装药，这种推进剂在 MX 导弹储运发射筒预研和 MX 导弹试验型弹射燃气发生器研究计划中进行过验证，证明当压力为 13.8 MPa 时，其燃速为 50.8 mm/s，压力指数为 0.5，温度灵敏度为 $\pi K = 0.09\%/℃$，使用期限为 10 年。

（3）起竖燃气发生器

起竖燃气发生器用作起竖作动缸的动力，这种作动缸用于将发射筒和导弹竖立到发射位置。起竖燃气发生器安装在起竖作动缸最后一级内，当起竖系统把悬挂支撑的发射筒、导弹和前隔震系统由水平位置开始起竖时，其最大载荷开始出现。一旦发射装置前段部分（包括发射筒、导弹和前隔震系统）开始向上运动，那么起竖所需的作用力就明显下降。在约10°仰角处抛掉前隔震系统时，作动缸载荷进一步下降。工作1 s后，由于作动缸的运行、起竖施加力的角度以及发射筒动力学的组合作用，载荷下级将不那么急剧。工作约5 s后，由于作动缸第三级的阻尼作用，作动缸载荷又增加。

为了满足这种载荷分布，起竖燃气发生器要工作10 s，并在工作2 s以内保持28.96 MPa的标准压力。在环境温度为7～38 ℃范围的工作，燃气发生器产生的压力为18.6～37.9 MPa。

起竖燃气发生器如图4-5所示，其可利用长度为1 016 mm，实际使用长度小于483 mm，质量约47.6 kg。采用双槽中心穿孔的端面燃烧药柱结构成分实现低减速燃烧速度。该独立药柱用位于作动缸第三级缸壁台阶（step）与作动缸端盖之间的端板支承在作动缸第三级内。药柱两端密封，以保护药柱免受作动缸污染，药柱外表面用尼龙环氧树脂抑制剂保护。点火器质量为1.27 kg，执行点火时它的燃气直接进入药芯的中心部位。点火器点火时，燃气将药柱前密封盖冲破，随后氨基甲酸乙酯泡沫密封支架和铝箔密封盖也很快烧完。在这种设计中，既不需要喷管/喷孔板，也不需要燃气发生器外壳。

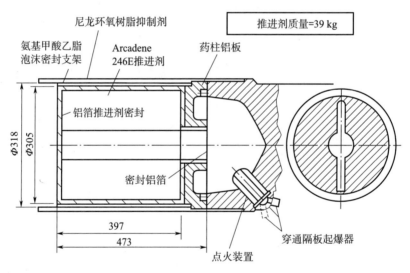

图4-5　MX发射装置起竖燃气发生器（单位：mm）

起竖燃气发生器采用Atlantic Research公司的Arcadene 246E推进剂，这是一种氯酸铝PBAN推进剂，来源于陆军高级MX导弹掩体部署计划采用的246药族，其绝热火焰温度为1 331 ℃，在34.5 MPa压力下标准燃速为12.4mm/s，压力指数为0.47，温度灵敏度$\sigma P = 0.005\%/℃$，使用期限为10年。Arcadene 246E推进剂的成分及其燃烧产物如表4-10所示。

表 4 – 10　Arcadene 246E 推进剂的成分及其燃烧产物

成分	功能	燃烧产物
Polybutadiene Acrylonitrile	聚合	CH_4
Catocere	催化	CO_2
Carbon Black	黑化	HCl
DER – 331	消毒	N_2
Armonium Perchlorate	氧化	H_2O
Oxamide	冷却	$CO\backslash FeCl_2\backslash H_2$

（4）中心支撑燃气发生器

中心支撑燃气发生器在战时发射装置出走时为完全展开和支撑着中心支撑滚轮装置的作动缸提供动力。每座发射装置均有两套中心支撑滚轮装置、作动缸和燃气发生器。燃气发生器安装在作动缸较小的那一级内，产生标准压力和质量流率。燃气发生器每次工作约 45 s，在这个时间周期内作动缸内部的压力保持在 31～38 MPa。燃气发生器在 4～5 s 内使作动缸增压到 34.5 MPa 标准压力，在其余的 40～41 s 产生所需要的质量流率（7%～10%），以补偿作动缸的热耗。

中心支撑燃气发生器如图 4 – 6 所示，质量约 11.34 kg。在开始的 4～5 s，燃气发生器通过高增速燃烧面取得所需要的质量流率，在其余的 40～41 s 内保持中性端面燃烧。开始时，整个中心孔和药柱后端面都燃烧，当中心孔和后端面向后燃烧到硅酚管时，燃烧面就转移到环形端面燃烧部。另外，独立的药筒也安装在作动缸的台阶和作动缸端盖之间的适当位置。这种燃气发生器的药柱两端也是密封的，同起竖燃气发生器设计一样，其外表面由尼龙环氧树脂抑制剂保护。同样，不管是主装药还是点火器装药，也都使用起竖燃气发生器的推进剂。点火器结构也同起竖燃气发生器一样。

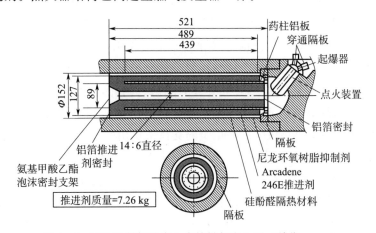

图 4 – 6　MX 发射架的中心支撑燃气发生器（单位：mm）

（5）顶盖反推燃气发生器

顶盖反推燃气发生器在发射装置战时为展开和支撑着顶盖反推滚轮装置的作动缸提供动力。这种燃气发生器安装在作动缸内，同中心支撑燃气发生器相同，产生标准压力和质量流率。这种燃气发生器工作约 60 s，在这个时间周期内作动缸压力保持在 30～38 MPa。点火后 4～5 s，即达到作动缸标准工作压力 34.5 MPa；质量流率减小到 7%～10%处保持维持燃烧 55～56 s，以补偿作动缸的热耗。

如图 4-7 所示，顶盖反推燃气发生器设计直径 133 mm，长 830.8 mm，质量约19.96 kg。正如中心支撑燃气发生器的设计一样，顶盖反推燃气发生器也通过初始的高增速燃烧转移到环形端面燃烧获得所需要的质量流率。燃气发生器药筒安装方式与前面两种燃气发生器相同。同样，药柱两端也密封，其外表面用尼龙环氧树脂抑制剂保护。点火器也与前述两种燃气发生器一样，也采用燃气发生器推进剂装药。

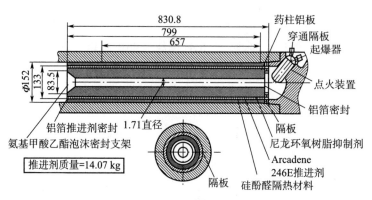

图 4-7　MX 发射架的顶盖反推燃气发生器（单位：mm）

4.3.3.3　适配器

MX 导弹的弹、筒间隙为 100～125 mm。MX 导弹早期采用的适配器系统侧视图如图4-8 所示，导弹周围有许多支撑垫块，导弹末端有衬套-密封件。该衬套-密封件与发射筒之间形成气密密封，并可对发射筒内的导弹起到定心作用。导弹被弹出后，衬套-密封件与导弹分离。由于每个支撑垫块单个地与相邻的横向垫块相连，因此发射时释放的支撑垫块很可能出现再碰到导弹蒙皮或发动机喷管的现象。因此，后来提出了一种改进的系统（图 4-9），使支撑垫块分离时不再与导弹碰撞。改进后的适配器系统主要包括一套互相连接的连杆和互相连接的支撑垫块。一些单个的支撑垫块用两根连杆沿纵向穿过，这些支撑块厚约 50.8 mm，在受到冲击时最大压缩量约 25.4 mm；再把一些横向的支撑垫块固定在一根连杆上，3 列纵向块组装成一个分组件；通过连接件确保每一连杆末端与支撑环的旋转枢轴连接，每一分组件可绕枢轴旋转（图 4-10）。图 4-11 为图 4-9 中一根连杆沿纵轴 3—3 的局部剖面图，图 4-12 为图 4-9 中释放机构沿 5—5 截面的局部剖面图，图 4-13 为适用于 MX 导弹的支撑垫块，图 4-14 为适配器控制系统和衬套-密封件从导弹上脱开的情形。

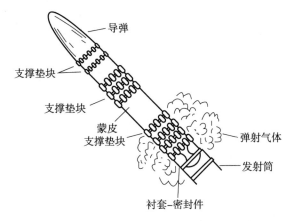

图 4-8　早期的 MX 导弹/发射筒适配器系统侧视图

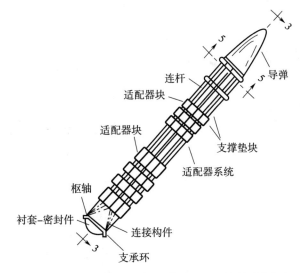

图 4-9　改进后的 MX 导弹/发射筒适配器控制系统侧视图

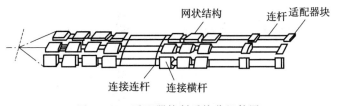

图 4-10　适配器控制系统分组件图

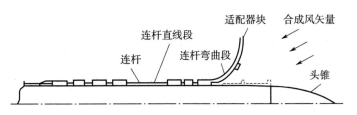

图 4-11　图 4-9 中一根连杆沿纵轴 3—3 的局部剖面图

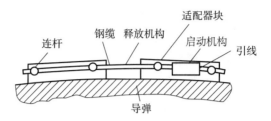

图 4-12　图 4-9 中释放机构沿 5—5 截面的局部剖面图

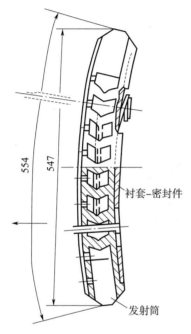

图 4-13　适用于 MX 导弹的支撑垫块

（单位：mm）

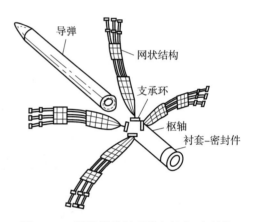

图 4-14　适配器控制系统和衬套-密封件

从导弹上脱开的情形

4.3.4　发射冲击波研究

前面章节介绍了发射技术以及发射装置，本节介绍导弹在弹射出发射筒时燃气流程研究情况。

4.3.4.1　概述

导弹刚离开发射筒，即发射密封环通过发射筒口边缘时，高压燃气向周围空气膨胀，形成复杂的流场。这一包含激波、接触面、喷流等的瞬态流动涉及许多流体力学现象。这种筒口冲击波对导弹的影响和作用是很重要的，受到最大超压、非对称力引起的飞行器速率变化以及此流场对侧向适配器的影响。此问题比较复杂，需做数值分析。关于来复枪、加农炮和迫击炮的炮口冲击波，目前已做了大量的分析和试验工作，但上述这些情况中的主要流动是轴向的，在大多数情况下流动又因在炮弹射出前筒中空气推动的先头冲击波流场而更加复杂化。关于在发射筒口因发动机点火引起的导弹周围的冲击波流场也已进行过研究，但是这些情况与发动机排气流有关，并不完全适用于本节所研究的问题。关于发射燃气引起的筒口冲击波问题的研究成果，主要是针对高速发射情况而言的。对像 MX 这样的低速发射的导弹来说，流场建立过程与激波结构更加依赖于流出气通道的几何形状。如图 4 - 15 所示，当导弹射出发射筒时，气流通过环形通道的喉部迅速向外膨胀。只有导弹继续向外运动 15～20 ms 后才能开始有轴向流动，在这段时间内环状区域面积超出发射筒端面面积。同时，横过发射筒形成的燃气动力喉部也在移动。但是，对冲击波发展而言，前 15 μs 是最重要的。当此区域适于轴向流动时，发射筒高压燃气就会排出，以致没有足够的压力来形成一个轴向流动图像。

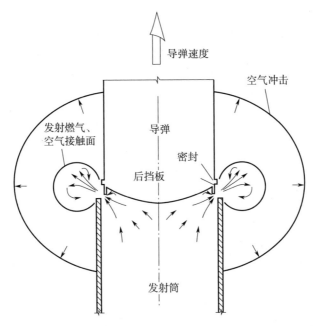

图 4 - 15　筒口冲击波燃气流场

　　关于导弹由发射筒弹射出的筒口冲击波只有有限的试验数据可以使用，这些数据有助于对径向筒口冲击波的了解及其计算。这些缩比试验指出了流动的总体特征并从导弹上测得了有限的压力数据。为了详细了解上述压力分布，用了两种分析法定量确定其流场及对导弹的影响。第一种是根据详细出口结构，采用时间相关有限差分计算；第二种是基于相似性考虑，而建立一种近似解法，进行参数研究。

4.3.4.2　有限差分解法

　　在考虑从驻点到超声速流动的速度范围、大的密度变化以及复杂的几何形状时，必须对所用的数值方法提出严格的要求。为解这类问题已经建立了许多方法，以利用有限差分近似求解守恒方程。大多数与时间相关的解法不管用拉格朗日坐标还是用欧拉坐标，都归为两种基本解法之一。使用拉格朗日法时，计算网格随流体移动；使用欧拉法时，网格在空间中是固定的。就边界条件和网格密度规定这两点来说，两种方法各有各的优点。

　　本研究所用的基本方法是两种材料轴对称欧拉程序（SHELL），特别注意到了网格内部固体边界的运动。这是莫雷对早期的 AFWL 程序的一项改进。

守恒方程分两步求解。第一步认为流体静止，计算压力分布，以获得新的试算速度值和内能；第二步用修正的速度考虑网格间的质量传递。程序有两种方案：第一种方案是将网格固定在发射筒内，使导弹逐步通过网格，此时总是使导弹底部位于离其最近的网格边界上；第二种方案是将网格固定在导弹上，在网格上叠加一均匀速度，使其值与导弹的速度相同，方向相反。两种方案各有各的优点，均与最感兴趣的流场范围有关。

因 SHELL 程序涉及时间，为使计算稳定，要限制时间步长。其主要的限制是在一个步长时间内信息不能通过一个以上的网格。可用柯兰特条件确定稳定的步长。对于给定的物理时间，本条件是确定完成计算所需时间的基本依据。就本节研究的情况来说，筒口周围的区域是人们最感兴趣的，为精确求解，需要用最小的网格尺寸（2.5 cm×5 cm）。因为这一区域的流速和温度也最高，所以时间步长主要由此区域控制。图 4-16 为计算网格实例，其中给出了发射密封环、后裙（after skirt）和导弹曲底这些区域网格的细节。为在感兴趣的区域取得充分详尽的计算结果且有必要的精度，而又使计算时间在合理范围内，必须十分注意网格的选择。本文所用的网格情况如下：发射筒内划分成 1 530 个网格，筒口冲击波流场划分成 3 975 个网格。

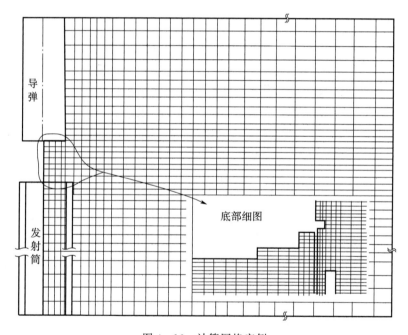

图 4-16　计算网格实例

SHELL 的输出程序绘制各计算时刻主要热动力学及流体学特性的轮廓线，以提供形象的结果。其输出内容包括压力、温度、密度、质量百分比、动压和速度向量。在本程序限制范围内，力图建立导弹曲底、后裙和发射密封环的分析模型。本研究给出的结果就是在导弹直径为 2.35 m、出口压力为 565 kPa、出口速度为 41.2 m/s 的情况下得出的。使导弹通过网格运动，计算从发射密封环离开发射筒一个格时开始，在发射后头 30.7 ms 内总共计算 1 300 个循环。对最后的时间步长进行计算时，导弹离发射筒已超过 1.2 m。

（1）速度分布

图 4 - 17～图 4 - 22 为一组速度向量，说明了发射筒内和筒口冲击波的流场情况（小于 100 m/s 的速度未画出）。在初始阶段可看到空气激波的形成，激波从出口中心和导弹轴线上呈半环状向外传播；可观察到发射燃气的加速情况，从发射筒内向上涌起并冲出缝隙；高速喷流相对比较窄。值得注意的是，其初始方向由于受后裙及密封环的影响而呈现 30°前向分量。喷流前缘受周围空气的反作用被迫向后转，结果在靠近发射筒口边缘区域产生一个环流，同时在发射密封环附近还有一股较小环流。这些漩涡脱离开导弹，在所考察的时间末尾，其中心离出口 3 m。作为环流的一部分，还有一股低速后洗（backwash）流，此后时刻，当喷流/接触层前缘产生较高速度时，发射筒出口处速度开始下降。这就是发射燃气的蘑菇帽状区域，这一区域继续径向扩展。到 30.7 ms 时，导弹周围气流速降到 100 m/s 以下。

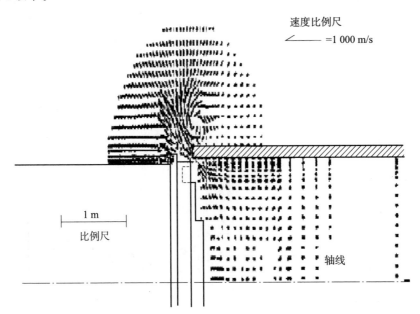

图 4 - 17　3 ms（循环数为 100）时的速度向量

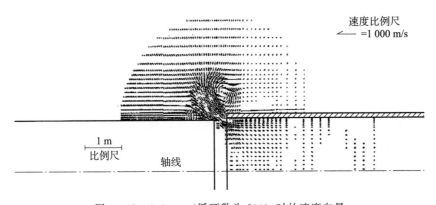

图 4 - 18　6.1 ms（循环数为 200）时的速度向量

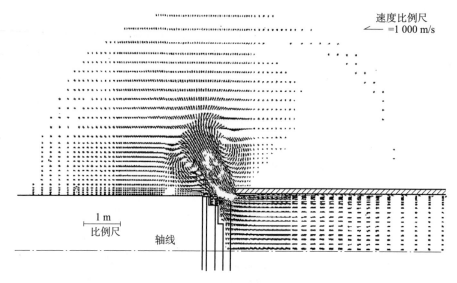

图 4 - 19　12 ms（循环数为 400）时的速度向量

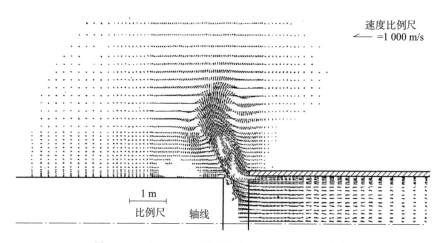

图 4 - 20　16.4 ms（循环数为 600）时的速度向量

（2）接触面

　　为说明接触面的运动情况，图 4 - 23 给出了不同时刻喷射燃气前缘的轨迹。这一结果与豆子枪（Peashooter）试验中观察到的烟圈一样，所计算的波阵面主要做径向运动，由于后密封环的影响使其稍有倾斜，很少一部分沿导弹或发射筒前后穿过。在 20.6 ms 循环数为 800 时，接触层内侧发射筒燃气的密度分布如图 4 - 24 所示，图中的轮廓线表示每一网格中发射火药的质量百分数常数。与同一时刻的速度场比较后可以看出，外流场中速度最大的部分都在质量百分比为 0.7 的那条曲线以内；穿过质量百分数为 0.5 的接触面的端头，迫使环流沿喷流向内作用到导弹和发射筒上。

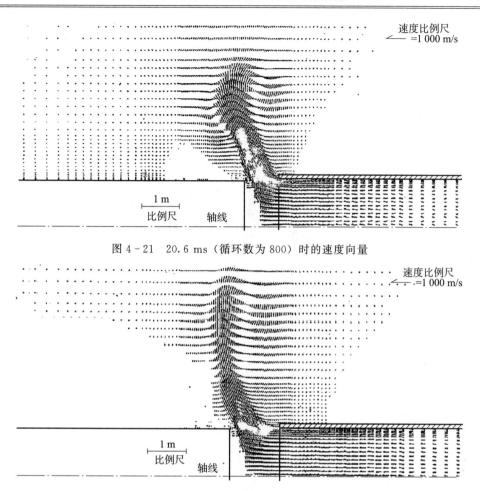

图 4 - 21　20.6 ms（循环数为 800）时的速度向量

图 4 - 22　30.7 ms（循环数为 1 300）时的速度向量

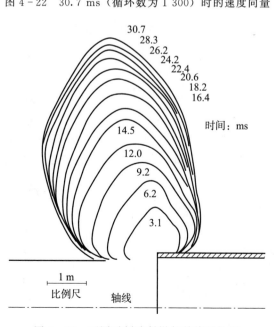

图 4 - 23　不同时刻喷射燃气前缘的轨迹

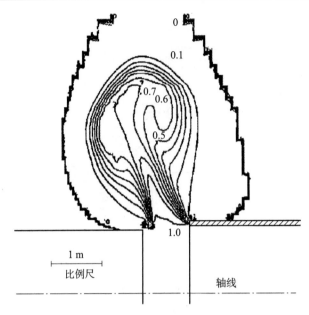

图 4-24 20.6 ms（循环数为 800）时的密度分布

（3）压力分布

由筒口冲击波产生的压力场可以得到某些有意义的观察结果。膨胀波可以沿发射筒向下。裙部后面为高压区域。紧接激波或筒口冲击波的后面为高压气流的轨迹（包括有限差分化而引起的拖尾效应）。低压区域位于发射筒端部和后裙膨胀区。在由环形出口区域向外延伸的喷流膨胀区中，压力逐渐低于环境压力。穿过激波面以后，整个激波层、接触层、环流区域和导弹及发射筒周围区域压力都接近环境压力。变化不超过环境压力的 124 kPa。图 4-25 为 20.6 ms（循环数为 800）时的典型压力场。

相对这一流动的发射筒初始压力与环境压力之比仅为 5.6，这表明外流只是稍有膨胀，仅能形成常见的激波结构。在数值求解中，因为激波只发于几个网格中，所以不易明显地观察到。这种情况与枪炮的炮口冲击波形成明显的对照，后者的压力比达几千，此时可以形成高度不完全膨胀的喷流，并伴随有明显的马赫盘和筒形激波。

（4）温度分布

图 4-26 用不同时刻 400 K、1 000 K 和 1 500 K 等温线位置的变化说明了温度场的增大和衰减。虽然 400 K 的曲线随时间而继续扩张，但在最后 3 个时刻 1 000 K 及 1 500 K 的区域开始收缩，这是因为发射筒排气及喷出的能量纳入较大的体积中引起了燃气温度下降。空气激波通过后，接触层外面温度保持在环境温度（300 K）与 400 K 之间。

（5）密度分布

密度场的变化也有类似的情况。图 4-27 所示为几个时刻密度为 2×10^{-4} g/cm^3 的等值线的位置的变化，这一特定的等值线清楚说明了喷流区域及带回流边缘的接触层的容积情况。再者，后面几个时刻的曲线说明筒口冲击波开始衰减。

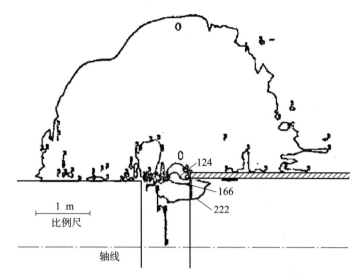

图 4 - 25　20.6 ms（循环数为 800）时的典型压力场

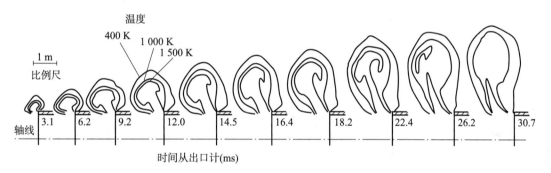

图 4 - 26　400 K、1 000 K 和 1 500 K 等温线位置的变化

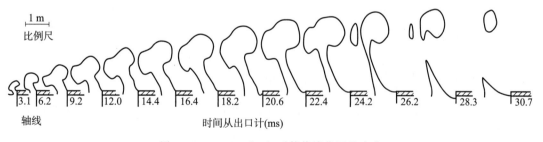

图 4 - 27　2×10^{-4} g/cm^3 等值线位置的变化

（6）动压场

3.1 ms、12 ms、20.6 ms 和 30.7 ms 时的动态压力等值线如图 4 - 28～图 4 - 31 所示，从图中可以明显看到空气激波的发展，但是整个空气激波的动态压力比较低。动态压力随半径增加而降低，该半径从喷流与接触层处最大的原点算起。侧向支撑垫块适配器沿导弹表面安放，在导弹离发射筒后的短时间内即予抛出。人们关心在某些发射情况下会因

风和筒口冲击波作用，使适配器垫块落回导弹上引起严重的破坏。把 SHELL 分析 MX 筒口冲击波所得结果用于分析适配器垫块的轨迹。由于在流场的其他区域动态压力不是很大，因此适配器垫块主要受筒口冲击波的影响，其轨迹要通过喷流区域。为确定适配器垫块通过喷流及环流区的轨迹，需进行进一步的分析。

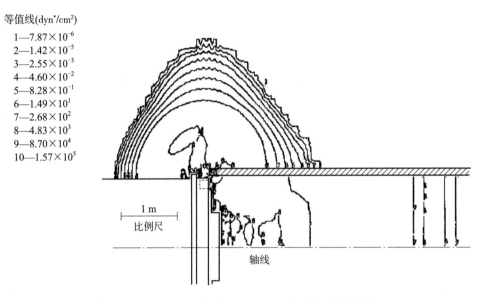

等值线(dyn*/cm²)
1—7.87×10⁻⁶
2—1.42×10⁻⁵
3—2.55×10⁻³
4—4.60×10⁻²
5—8.28×10⁻¹
6—1.49×10¹
7—2.68×10²
8—4.83×10³
9—8.70×10⁴
10—1.57×10⁵

1 m
比例尺

轴线

图 4-28 3.1 ms（循环数为 100）时的动态压力等值线

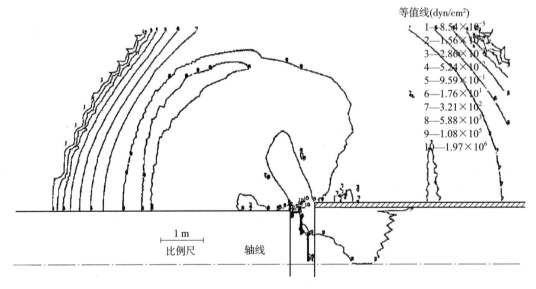

等值线(dyn/cm²)
1—8.54×10⁻⁵
2—1.56×10⁻³
3—2.86×10⁻²
4—5.24×10⁻²
5—9.59×10⁻¹
6—1.76×10¹
7—3.21×10²
8—5.88×10³
9—1.08×10⁵
10—1.97×10⁶

1 m
比例尺   轴线

图 4-29 12 ms（循环数为 400）时的动态压力等值线

＊ 1 dyn=1×10⁻⁵ N

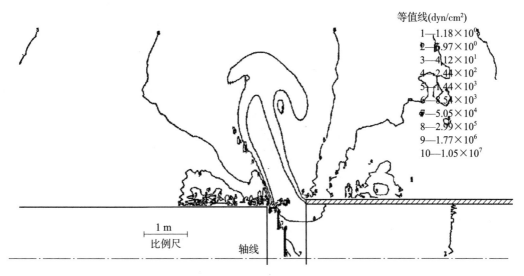

等值线(dyn/cm²)
1—1.18×10⁰
2—5.97×10⁰
3—4.12×10¹
4—2.44×10²
5—1.44×10³
6—8.54×10³
7—5.05×10⁴
8—2.99×10⁵
9—1.77×10⁶
10—1.05×10⁷

图 4-30　20.6 ms（循环数为 800）时的动态压力等值线

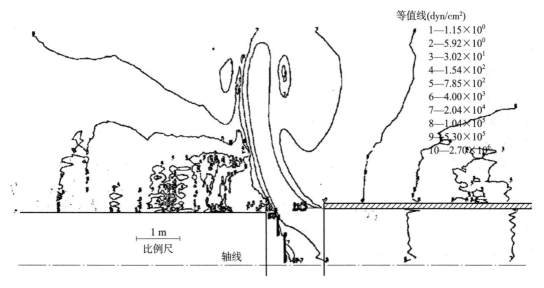

等值线(dyn/cm²)
1—1.15×10⁰
2—5.92×10⁰
3—3.02×10¹
4—1.54×10²
5—7.85×10²
6—4.00×10³
7—2.04×10⁴
8—1.04×10⁵
9—5.30×10⁵
10—2.70×10⁶

图 4-31　30.7 ms（循环数为 1 300）时的动态压力等值线

（7）底部几何形状的影响

对平底导弹进行了初步计算。图 4-32 所示的速度向量场说明了底部几何形状的影响，这一点在与现实速度结果（包括发射密封环和后裙）进行比较后可以看出来。从图 4-17～图 4-22 可以看出，受后裙的影响，外流起初是向前流出，然后由于发射密封环的作用转到最终的径向流动，其前面分量为 30°。与此相比，平底导弹产生的是纯径向筒口冲击波，其最后的环流图形也受底部几何外形的影响。

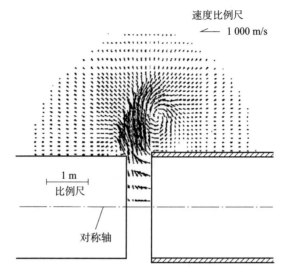

图 4 - 32　13.6 ms（循环数为 120）时的平底导弹的速度

筒口压力：$5.6 \times 10^6 \ dyn/cm^2$

筒口速度：$3.7 \times 10^6 \ cm/s$

4.3.4.3　相似性分析

在使用 SHELL 程序之前还编写了另一种程序 MBLAST，以便为参数研究提供近似的筒口冲击波分析结果。MBLAST 程序基于几个简化的假设之上，用于计算发射筒发射的低速导弹的径向筒口冲击波流场。该程序将冲击波作为计算能量和发射筒排气期间产生的质量的函数。它虽然无需任何常数，但都基于某些相似性和结构的基本假设之上，其中包括激波和接触层特性的变化规律以及喷流与接触层的结构。这些将在后面仔细讨论。将计算结果与 SPRINTⅡ筒口冲击波试验结果进行比较，可以发现二者非常接近。取前 7 s 进行计算，这与所规定的计算区间有关。流场的确定考虑到了出口处有无基面以及对称的出口外形条件。作为一种附加功能，修改后直线的 MBLAST 可用于近似估计非对称出口外形的影响，如曾经考虑过的 MX 发射筒的影响。三维效应中考虑了流出发射筒的实际质量和能量、冲击波流场的三维因子和对发射筒的侧向推力。

图 4 - 33 为假定流场结构简图，其中包括由马赫盘、接触层和激波层造成的不完全膨胀喷流。用 MBLAST 程序计算发射筒内、出口处、马赫盘上游、整个接触层、整个激波层和环流区域内部的流场特性。

激波层和接触层－用相似法解与时间相关的质量、动量和能量方程，其中：

$$\mu \sim \gamma$$

$$p \sim \frac{1}{\gamma}$$

$$\rho \sim \frac{1}{\gamma^3}$$

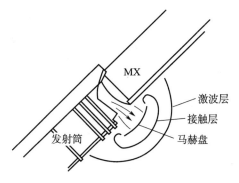

图 4-33　假定流场结构简图

发射筒—质量和能量平衡；径向喷流—用特征线法进行一系列求解

（1）发射筒

发射筒出口处的起始条件决定任意时间增量的外流，起始条件由发射筒内的质量和能量平衡及出口处的声速线求得。所用的平衡方程已在发射筒燃气动力学的分析中（AIAA 80—1186）详述。公式中引入了二项修正，包括燃气发生器没有考虑的因素和增加导弹运动过程的侧向间隙量。

（2）喷流

紧靠发射筒外侧，发射燃气膨胀，以调节典型自由喷流中的局部环境压力，此自由喷流与筒形激波/正激波系相接。喷流的形状与外流的类型（径向或轴向的）有关。如上所述，在 MX 型发射筒发射情况下，主要喷流是径向的。假设作用于喷流边界上的局部压力就是环境压力，在喷流激波结构内部，流动便与外部压力无关，并且用特征线法（Method of Characteristics，MOC）计算程序很容易计算出来。图 4-34 为 MX 导弹发射过程的 5 个不同时刻的中心线马赫数。为了使这些结果适用不同尺寸，图 4-34 中曲线已对发射筒半径 r_{can} 和基于开度的比例因子 $s=1+2r_{can}/V_t$ 无量纲化。

对任意给定的中心马赫数 M，半径的表达式为

$$\gamma = \frac{V_t}{2}\left[\frac{1}{2}\left(1-\frac{4.5}{s}\right)-1+e^{\ln\left(2.61-\frac{1}{s}\right)(M-1)\left(1-\frac{0.5}{s}\right)}\right] \qquad (4-1)$$

式中　γ——比热比；

　　　V_t——速度；

　　　s——比例因子，$s\geqslant3$；

　　　M——喷流中心马赫数。

在初始膨胀区域里，当第一个 Prandtl-Meyer 波与轴相交之前，此分布为

$$\gamma = r_{can}(M-1)^{2.36} \qquad (4-2)$$

式中　r_{can}——筒半径。

虽然喷流场形状复杂，但当调整到环境压力时波的形成过程与其他早已确定的流动情况（如轴对称流动或二维情况）是一样的，马赫盘可能以同样的过程形成。为计算方便，

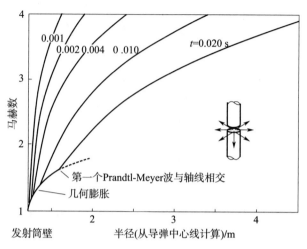

图 4 - 34　MX 发射过程中 5 个不同时刻的中心线马赫数

假定马赫盘位于某径向距离上，对该距离，正激波的下游压力等于外部环境压力。在激波关系中已考思了由于喷流大小的改变马赫盘在移动的情况。此过程确定了马赫盘的位置及其上游和下游，即接触层起始处的流动特性。

（3）接触层和激波层

对这些区域，用球极坐标建立方程，其半径为 R，由发射筒中心线算起。可压缩、无摩擦、无热传导流体守恒方程如下。

质量守恒方程：

$$\frac{\partial \rho}{\partial t} + \rho \frac{\partial u}{\partial R} + u \frac{\partial \rho}{\partial R} + \frac{2\rho u}{R} = 0 \qquad (4-3)$$

式中　ρ ——密度；

　　　t ——发射筒口的时间；

　　　u ——速度；

　　　R ——发射筒轴半径。

R 动量守恒方程：

$$\rho \frac{\partial u}{\partial t} + \rho u \frac{\partial u}{\partial R} + \frac{\partial \rho}{\partial R} = 0 \qquad (4-4)$$

能量守恒方程：

$$\frac{\partial p}{\partial t} - \rho u \frac{\partial u}{\partial t} + \frac{2ru p}{R} + \frac{\partial u}{\partial t}(rp - \rho u^2) = 0 \qquad (4-5)$$

式中　p ——压力；

　　　r ——发射筒壁半径。

在任何给定时刻，假定接触层和激波层的特性随距发射筒外壁的距离 γ 变化，速度随 γ 线性减少，压力按 $\frac{1}{\gamma}$ 变化，而密度按 $\frac{1}{\gamma^3}$ 变化。上述变化规律可以从三个方面解释。第

1 个理由是量纲分析。第 2 个理由来自 Buckmaster 对起自缝隙的柱形激波的试验观察。Buckmaster 在研究了几种起始条件下的结果后，得出了流场的主要部分是自相似的结论。Sedov 指出，对可压缩流体运动存在自相似性来说，方程不必含特征长度和时间。换言之，为了建立一个包含本问题所特有的特征参数的系统，长度和时间内子可以无量纲化，因而可以求解运动方程。Buckmaster 所研究的冲击波缝隙高度固定，且上游压力基本是常数。MX 导弹发射时形成的筒口冲击波其缝隙高度随时间增加，而滞止压力随发射筒排气而减少。因此，就 MX 导弹来说，问题本身的限制随时间变化。本研究所用的数学方法假定在每个小的时间增量范围内，压力和缝隙高度为常数，长度因子与固定特性常数有相似关系。因此，在冲击波公式中可将仔细计数的质量与能量作为时间函数输入并且特性变化仍保留相似性。关于速度、压力、密度随 γ 变化规律的第 3 个理由是依据 Edquist 等[①] 和 Erdos 等[②] 用有限差分法计算点火冲击波的数值结果。虽然该冲击波是由发动机燃气造成的，其接触层和激波层能适用上述情况。其分析结果表明速度呈线性减少，而压力随距离单调增加。这两个情况都证明这里所用的假定。接触层中特性变化规律为

$$u = u_1 + b_1 r_{\mathrm{MD}} - b_1 r \qquad (4-6)$$

式中　u_1 ——马赫盘下游速度；

　　　b_1 ——马赫盘下游速度分布常数；

　　　r_{MD} ——马赫盘半径。

$$p = p_1 + \frac{d_1}{r_{\mathrm{MD}}} - \frac{d_1}{r} \qquad (4-7)$$

式中　p_1 ——马赫盘下游压力；

　　　d_1 ——马赫盘下游压力分布常数。

$$\rho = \rho_1 + \frac{f_1}{r_{\mathrm{MD}}^3} - \frac{f_1}{r^3} \qquad (4-8)$$

式中　ρ_1 ——马赫盘下游密度；

　　　f_1 ——马赫盘下游密度分布常数；

　　　下标 1——马赫盘下游处值；

　　　r ——从马赫盘到前缘间变化；

　　　常数 b、d 和 f 为每个时间间隔中边界条件的函数。

激波层中诸特性的变化类似于接触层情况，但对过去的接触面用下标 2 表示。

应注意 $R = r_{\mathrm{can}} + r$ ，特性梯度为

$$\frac{\partial u}{\partial R} = -b \qquad (4-9)$$

式中　b ——速度分布常数。

———————————

　① Edquist C T，Romine G L. Canister Gas Dynamics of Gas Generator Launch Missile，AIAA：80－1186，1980.

　② Erdos J，Ranlet J. Ignition Phase Blast Field of Tube or Silo Launched Rockets：Inviscid ，Chemically Reacting Flow Model，Advanced Technology Laboratories ATL TR119. April 1976，AFOSR0TR－0540.

$$\frac{\partial p}{\partial R} = \frac{d}{r^2} \qquad (4-10)$$

$$\frac{\partial \rho}{\partial R} = \frac{3f}{r^4} \qquad (4-11)$$

式中 f ——密度分布常数。

将式（4-6）～式（4-8）及式（4-9）～式（4-11）代入守恒方程［式（4-3）～式（4-5）］，可得到随每一时间计算的流动参数而定的诸常数的表达式：

$$b_1 = \frac{\dfrac{Dp_1}{Dt} - \rho_1 (u_1 - u_{MD}) \dfrac{Du_1}{Dt} + \dfrac{2\gamma_g u_1 p_1}{r_{can} + r_M}}{\gamma_g p_1 - \rho_1 (u_1 - u_{MD})^2} \qquad (4-12)$$

式中 b_1 ——马赫盘下游速度分布常数；

p_1 ——马赫盘下游压力；

t ——离发射筒口的时间；

ρ_1 ——马赫盘下游密度；

u_{MD} ——马赫盘速度；

u_1 ——马赫盘下游速度；

γ_g ——发射燃气比热比；

r_M ——半径。

$$d_1 = r_{MD}^2 \left[\rho_1 b_1 (u_1 - u_{MD}) - \rho_1 \frac{Du_1}{Dt} \right] \qquad (4-13)$$

式中 d_1 ——马赫盘下游速度分布常数；

r_{MD} ——马赫盘半径。

$$f_1 = \frac{r_{MD}^4}{3(u_1 - u_{MD})} \left[\rho_1 b_1 - \frac{2\rho_1 (u_1 - u_{MD})}{r_{can} + r_M} - \frac{Dp_1}{Dt} \right] \qquad (4-14)$$

上述最后一步中还包括对拉格朗日变化率（已在每一时间间隔中计算）重算欧拉变化率。所用的局部对流速度是马赫盘的速度 u_{MD}，根据其位置与时间来确定。对激波层也可得到类似的表达式，其下标改为 2，接触面的对流速度 u_c 和空气的 γ 也相应改变。接触面速度由式（4-6）及半径联合求解，半径与速度及加速度有关。

求出这些量后，接触面压力和密度由式（4-7）和式（4-8）求得，温度则由状态方程得到。

为求接触层的总质量和总能量，需要规定流动特性的角度变化及接触层的角度范围。

为简单起见，假定对称轴外这些特性不变化，径向分布规律适用于各种角度。接触层的角度范围由发射筒喷出气体的质量平衡得到，喷流质量由 MOC 求解的积分得到，接触层总能量由对其整个体积的内部动能积分得到。

激波层指的是位于接触面（或推动面）与膨胀爆振激波间的压缩空气区域。假定沿导弹和发射筒周围激波层是均匀的，分析确定流场特性的步骤中包括穿过接触层的跃变条件、特性分布常数、激波跃变条件、激波生长速率以及在喷气流、接触层和激波层中所含总能量的平衡。接触面上的跃变条件被认为是具有常值压力、速度及一种密度分布的材料边界，考虑系统内部的能量平衡与保持其位置上的动态特性的相互影响来确定激波速度。如是用激波速度确定激波半径，再由熟知的激波跃变关系确定激波后面的压力、速度、温度和密度。环流区域的速度和能量是用膨胀的喷流动量为动力由角动量平衡得到的。

如前所示，MBLAST 程序具有明确的激波波阵；相反，在 SHELL 得到的结果中这一点是模糊的。但 MBLAST 所作的假定与 SHELL 的结果并不一致。MBLAST 假定接触层中全是发射燃气，没有空气混入。

（4）数据的相关性

研制 MBLAST 程序时，只有 SPRINT II 模型的出口激波试验数据可用来与此程序分析结果相比较。这些试验数据确实很好地检验了 MBLAST 程序的精度，这是因为驻点压力与 MX 导弹类似，马赫盘波速对相对速度的影响由于飞行器速度较高、发射筒直径较小而得到加强。试验中发射筒压力与环境压力之比为 6.17。图 4-35 为取自高速摄影胶片的接触面轨迹。测量是在发射筒顶部的矩形平台两侧进行的。必须考虑试验几何形状的明显区别。平台代表覆盖平台大部分区域的筒口冲击波流场的基面。预计在平台的短边会有某种后向膨胀。这一点可以从流场的照片和从平台左、右两侧获得的不同接触面轨迹得到证明。MBLAST 程序适用于有基面及无基面两种情况，接触面轨迹与试验数据相当。从图 4-35 中可以看出，对于有基面情况，接触面分析结果在数值及趋势上都与试验极为一致。

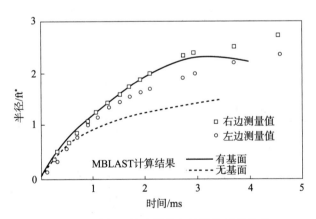

图 4-35　接触面轨迹测量与计算结果的比较

3 ms 以后半径的缩小由马赫盘缩小造成。为使二者更好地相符，还要对喷流激波强度和公式进行研究，试验所得的导弹压力的峰值是（186±4）kPa，是在距底部 35 mm 处的第一排传感器测得的。计算的峰值压力为 214 kPa。将模型底部压力与发射筒出口压力进行了比较，发现二者非常一致。

图 4-36 对用 SHELL 仔细计算的导弹最大超压分布与用便宜得多的简化分析

---

* 1 ft＝3.048×10^{-1} m。

MBLAST 的结果进行了比较。考虑到不同计算方法的复杂性与成本，两种计算所得的最大超压非常一致。

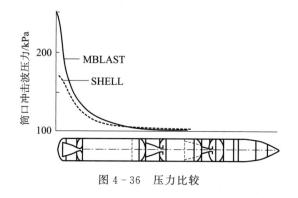

图 4 - 36　压力比较

（5）MX 导弹的计算结果

图 4 - 37 为就 MX 导弹发射条件用 MBLAST 计算的筒口冲击波特性。冲击波压力沿弹长迅速衰减，在第三级处已近于声波。作为燃气发生器燃气边界的接触面离发射筒可达 2.5 m，从 30 ms 起开始收缩。SHELL 程序的结果表明，发射筒燃气蘑菇帽中心也位于 2.5 m 处，但只是喷流开始下降。导弹底部压力也用 MBLAST 进行了计算，在 85 ms 时降到环境压力，而用 SHELL 计算则在 30 ms，这是因为在 MBLAST 的排气分析筒口冲击波压力（kPa）中没有考虑膨胀波所致。

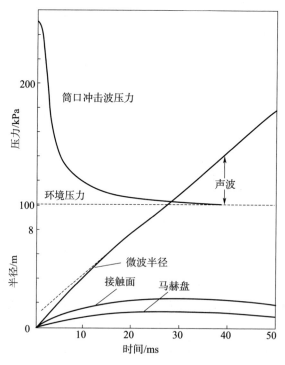

图 4 - 37　用 MBLAST 计算的筒口冲击波特性

4.3.4.4　小结

本节的分析使用了导弹底部、后裙与发射密封环区域的详细模型。用 SHELL 程序计算的筒口冲击波流场表明，在飞行器底部产生的速度环境最为严重。这一情况可能会对侧向支撑适配器垫块的抛掷产生大的影响，这种影响与适配器支撑垫块的位置及分离形式有关。由于其主要外流方向是径向的，因此一般说来出口冲击波将使支撑垫块远离导弹底部区域。

由 SHELL 程序计算并为 MBLAST 证实的最大超压没有超过级间结构的允许值。MBLAST 的计算结果与试验数据及 SHELL 计算结果都非常一致，这说明它可以作为廉价的初步设计工具。

4.4　MX 导弹取消原因及发射系统分析

MX 导弹取消与部署方式直接相关，这里对其进行分析。总体而言，MX 导弹具有投掷重型多导再入弹头的能力，具有高效发动机和推进剂技术，精度极高，即使受攻击以后也有少量生存，具有极大的损毁能力，也具有批量生产成本优势。但是，采用的井基部署生存能力弱，对方一枚弹头就可以造成己方多枚弹头的损毁，吸引对方的核武器。多重掩体的机动部署方案在大众中不受欢迎，超加固的发射井人们还没有完全钻研透，投掷重载的能力尚需验证。

虽然如此，但正如本章介绍的那样，MX 导弹的部署方式从研发直到取消整个过程中历经几届政府均争执不断，最后部署的方式是各种讨论的方案中生存能力最低的，即部署在"民兵-3"发射井中，主要原因是这是最快的部署方式，有利于在与苏联的削减战略武器谈判中作为筹码。1993 年，美国和俄罗斯签署 START - Ⅱ条约，要求摧毁所有多分导弹头洲际弹道导弹。在此背景下，保留单弹头的 MX 导弹毫无意义。因此，在签订条约后，2003 年开始销毁 MX 导弹，2005 年完成。

第5章 国外典型公路机动战术导弹发射平台

公路机动战术导弹是现代战争的利器，现役公路机动战术导弹发射平台高度集成了指挥通信、火控、自主定位定向等功能，具备载弹快速机动、快速展开发射、单车独立作战能力。

本章首先主要介绍美、俄等军事强国研制的先进的典型战术弹道导弹及其发射平台；然后介绍在实战化作战背景下，对公路机动战术导弹发射平台的能力要求。

5.1 美国陆军战术导弹

美国陆军战术导弹系统（Army Tactical Missile System，ATACMS）是一种近程地对地战术弹道导弹，由美国陆军负责整个研制计划，主承包商是洛马公司。1990 年该系统开始装备美国陆军。1991 年海湾战争期间，美军在沙特部署了 105 枚 ATACMS 导弹，先后向伊拉克"飞毛腿"导弹阵地、防空导弹阵地、野战炮兵阵地、后勤保障基地、指挥控制通信中心和重要桥梁等高价值目标发射了 30 多枚导弹，全部命中目标并取得了设计者预期的毁伤效果。

ATACMS 从设计之初就采用了很多创新技术，经过几十年的服役与改进，今天仍然是全世界较为先进的地地战术弹道导弹武器之一，也是美国几十年来唯一服役的地地战术弹道导弹。

5.1.1 导弹系统

ATACMS 是车载越野机动、倾斜发射的单级固体导弹系统，武器代号为 MGM - 140。ATACMS 目前共有 4 个型号：Block Ⅰ、Block ⅠA、Block Ⅱ 和 Block ⅡA，可在各种天气情况下，昼夜、快速、精确地打击战术纵深的高价值目标。ATACMS 分为基本型（Block Ⅰ 和 Block Ⅱ）和增程型（Block ⅠA 和 Block ⅡA），射程如表 5 - 1 所示。ATACMS 已经取代长矛导弹系统，成为美国陆军 21 世纪的主要战术火力武器系统。

表 5 - 1 ATACMS 的 4 种型号

型号	Block Ⅰ	Block ⅠA	Block Ⅱ	Block ⅡA
射程/km	25~165	70~300	35~140	100~300
弹头类型*	APAM	APAM	BAT	IBAT
子弹头数量/枚	950	275	13	6
子弹头总质量/kg	560	162	260	120+
制导	H700 - 3A	H700 - 3A+GPS	H700 - 3A+GPS	H700 - 3A+GPS
服役时间	1990 年 6 月	1998 年	2001 年	2003 年

续表

打击目标	人员、未经加固的设施和设备（固定的）	运动的装甲车	运动/静止的装甲指挥车、自行火炮、地地导弹运输-起竖-发射装置、中型和重型多管火箭发射装置、短程弹道导弹、装甲和机械化部队集结地

* APAM——杀伤人员和破坏轻型装备子弹；BAT——智能反装甲子弹；IBAT——改进的智能反装甲子弹。

5.1.1.1　导弹总体布局与结构

ATACMS 导弹依照自前向后的顺序，由制导舱、弹头舱、推进舱和 4 个对称配置的可动折叠尾翼组成。弹体呈尖头圆柱形，尾部为船形，以减少气动阻力。弹体结构材料为钢。

5.1.1.2　制导控制系统

ATACMS 型导弹的制导控制系统的功能为不断地指示导弹的位置、高度、运动情况；当导弹在空中和地面操作时，实现导航、制导、自动驾驶和内部通信联系。

ATACMS Block Ⅰ型导弹采用霍尼韦尔公司的 H700-3A 环形激光陀螺数字惯性制导加雷达指令修正系统（表 5-2）。制导系统由惯性传感器、电子装置和软件组成。惯性传感器包括 3 个环形激光陀螺和 3 个连接相关电子装置的加速度计，可以感知导弹 3 个方向（俯仰、滚转和偏航）的运动。电子装置是由 2 台计算机构成的电子系统，负责处理惯性传感器获得的数据和发出制导和控制指令，并且是整个导弹的通信中心。

表 5-2　ATACMS Block I 的技战术指标

射程（最大）/km	150	弹头质量/kg	450
命中精度（CEP）/m	30～225	制导	H700-3A 环行激光陀螺数字捷联惯性制导加雷达指令修正
反应时间/min	3～5		
弹长/m	3.96	控制	4 个可动折叠尾翼
弹径/m	0.61	发动机	一台 ARC 固体火箭发动机
起飞质量/kg	1530	推进剂	端羟基聚丁二烯
弹头类型	M74 杀伤人员/破坏设备杀爆弹	发射方式	M270 MLRS 履带式自行装弹/发射车越野机动倾斜发射

ATACMS Block ⅠA 改进的制导系统包括惯性传感器、电子装置和嵌入式 GPS（Global Positioning System，全球定位系统）接收机。接收机可提高导弹在飞行中和末段的精度，由双元波束-移动式外部天线系统和电子装置组成，天线的位置使导弹无论处在主动段还是被动段都可获得 GPS 卫星的信息。通过处理 GPS 接收机接收到的数据，可以精确判断导弹的位置、速度、时间和目标的伪距。导弹也可将 GPS 数据预置于 GPS 接收机，如果没有在 GPS 接收机中预置，那么惯性导航系统可以导引导弹到达目标区域，其精度比 Block Ⅰ型导弹高，导弹也可以在飞行中接收 GPS 卫星的数据。电子装置处理惯性传感器和 GPS 接收机获得的数据，发出制导和控制指令。

ATACMS Block Ⅱ型导弹的制导控制系统主要由Ⅱ型改进的制导装置和顺序器接口组件组成。Ⅱ型改进的导弹制导装置包括嵌入式 GPS 接收装置、电子装置（含有导航制导计算机、惯性传感计算机）、惯性传感器和武器接口处理器。通过制导装置可以实现各种通信，如弹上电子装置与发控装置的通信、地面支持设备与维护装置的通信、控制系统电子装置与导弹尾翼作动控制装置的通信。程序装置接口组件是制导装置和智能反装甲子弹的电子接口，在导弹进行内部检测时向导弹提供动力，并用于启动子弹的电池及控制子弹的抛撒。

美军对制导系统进行持续升级改造，不但融入了 GPS，还使之与美军通用数据链和无人机等相关探测传感器相连接，使导弹命中精度进一步提高；同时，系统的环境适应性也更好。2003 年伊拉克战争爆发，强烈的沙尘暴严重削弱了美军的空中打击能力，装备ATACMS 的部队成为战场上唯一具有全天候作战力量。通过大量实战，美军认为该武器适用于攻击目标，造成的附带损失比较小。

5.1.1.3 推进舱

导弹采用大西洋研究公司（Arc）研制的固体发动机，发动机由发动机壳体、绝热衬里、喷管、点火器解保和点火组件组成。发动机壳体由塞金特（Sargent）工业公司制造，利用拉伸工艺成型。推进剂为端羟基聚二丁烯。如果采用增大推力的发动机，则最大射程可增加到 490 km。

5.1.1.4 弹头舱

美军不断改进弹头设计，使其可以配备杀伤爆破弹头、聚能穿甲弹头、摧毁硬目标和地下目标的钻地弹头、攻击机场跑道的集束式子母弹头以及寻的制导的子母弹头等各种战斗部。

（1）弹头舱

弹头舱由铝制滚压外壳和铝制承力结构构成，舱的前部和后部各有一块隔板，由中心管包裹的中心导线穿过并连接两块隔板，中心导线贯穿弹体，与头部的制导控制舱和尾部的尾翼作动器连接。两块隔板中间的部分是弹头舱，舱内包含各种弹药、电子保险和解保引信、炸断壳体的控制系统及子弹抛撒系统。

当导弹飞抵目标上空时，炸断壳体的控制系统首先将弹头舱炸开，然后导弹自旋实现子弹的抛撒。

（2）战斗部

1）杀伤人员和破坏轻型装备子弹（Anti - Personnel/Anti - Material，APAM）。

用于 ATACMS Block Ⅰ 和 Block ⅠA 两型导弹，其中 Block Ⅰ 携带 950 枚 APAM 子弹，Block ⅠA 携带 275 枚。APAM 子弹外壳为钨钢预制破片，子弹爆破后产生大量高速运动的钨钢破片，可以 3 种可编程控制的抛撒方案，有效打击轻型车辆、杀伤人员。其他打击目标还包括高射炮发射装置、指挥控制通信中心、导弹、导弹发射装置及燃料、燃油设施（由于 APAM 中含有磷，因此当与设备、燃料接触时会起火），以及压制防空火力，但不能打击装甲车辆。其杀伤半径为 15 m。每枚 APAM 子弹质量为 0.59 kg，直径为

58.9 mm，如棒球大小。

2）智能反装甲子弹（Brilliant Anti - Tank，BAT）。

BAT 是自主子弹，采用声学和红外传感器发现、打击和摧毁坦克和装甲车。BAT 本身无动力，靠气动滑行，长 914 mm，直径为 140 mm，质量为 20 kg。

BAT 弹头内部由红外自动导引头、声学传感器、前导器、调压器组件、惯性测量装置、中央电子装置、控制作动器、主装药、安全/解保电子装置、热电池、电爆管发火电子装置组成。

中央电子装置包括计算机硬件、软件及固件。中央电子装置和红外传感器中的软件在发射导弹前储入计算机，软件可以在外部编程并校正。声学传感器包括声音探针、前置放大器和电子元件，用于探测、发现和确定目标。红外自动导引头包括光学导引头、双频带红外组件、电子组件、处理器和软件。当 BAT 依靠声学传感器的引导离目标足够近时，红外自动导引头开始为 BAT 制导。

3）改进的智能反装甲子弹（Improved Brilliant Anti - Tank，IBAT）。

IBAT 具有红外和微波两个末导引头（一前一后），以及改进的弹头，能够打击移动和固定的高价值目标。2003 年后，Block II 导弹的弹头将由 13 枚 BAT 弹头改为 6 枚 IBAT 弹头。

4）ATACMS 可以选用的其他弹头。

a）5 枚硬目标超压子弹，每枚质量为 90 kg；

b）12 枚低成本反装甲子弹；

c）10 枚 BLU - 108B 攻击机场跑道子母弹头；

d）5 枚集束式子母弹头（攻击机场跑道）。

5.1.1.5　弹尾控制系统

导弹的尾翼安装于弹尾控制舱。弹尾控制系统由控制传动装置、电子装置、电池、4 个尾翼和船尾结构组成。当导弹存放在发射箱内时，尾翼呈折叠状态，当导弹飞行时，电子-机械连动装置自动展开尾翼，控制飞行。通过贯穿弹体、连接尾翼致动控制装置的导线，制导控制系统实现对尾翼的控制。

5.1.2　发射系统

ATACMS 可由多种发射装置发射，包括多管火箭炮系统 M270 及其改进型 M270A1、高机动炮兵火箭系统（High Mobility Artillery Rocket System，HIMARS）。

5.1.2.1　M270

ATACMS 可由 227mm 标准多管火箭发射车（MLRS M270）发射，该发射车可装备 2 个 ATACMS 发射筒和 12 枚 MLRS 火箭弹，如图 5 - 1 所示。M270 标准发射车技战术指标如表 5 - 3 所示。M270 标准发射车为 M2 或 M3 战车底盘，安装轻型铝合金装甲，可防轻武器和炮弹破片的打击。除导弹发射筒外，车上还装载了发射操作一体化火控系统、地面导航系统、参数稳定器、动力系统、自动装填和卸弹用的双臂式吊车、通风系统、成员三防服装和抗核加固设备，可在预先未做任何准备的地点、任何环境和气象条件下发射导弹。其导弹升仰和回转速率分别为 1（°）/s 和 6（°）/s。M270 标准发射车用 1 台 VTA-903 型 373 kW 涡轮增压四冲程柴油发动机驱动。

图 5-1　MLRS M270 发射车

表 5-3　M270 标准发射车技战术指标

质量（满载）/t	24.5	垂直越障能力/m	0.91
长度/m	6.9	涉水能力/m	1.02
宽度/m	2.9	底盘	改进型 M2/M3 布雷德利装甲战车底盘
高度/m	2.5	传动装置	改进型 M2/M3 布雷德利装甲战车传动装置
公路行驶速度/(km/h)	64	发射箱	并列 2 个，每个发射箱可装带发射筒的 1 枚 ATACMS 或 6 枚 MLRS 火箭弹，并且在每个发射箱上壁都装有 1 台电动门架式吊车
爬坡能力/(°)	60	乘员	3 名
倾斜能力/(°)	40		

M270 发射系统可以在 5 min 内装载和发射 12 枚火箭弹，在 60 s 内发射 12 枚火箭弹并打击 6 个目标，在 20 s 内发射 2 枚 ATACMS 导弹并打击 1~2 个目标。

5.1.2.2　M270A1

M270A1 发射车是 M270 发射车的改进型，改进过程如下：1992 财年第 4 季度开始改进火控系统，1995 财年第 4 季度开始进行改进机械发射系统的工作，1998 财年第 1 季度决定开始低速生产改进的火控系统，1998 财年第 2 季度第一套 M270A1 交货，1999 财年第 2 季度进行改进火控系统和改进机械发射系统的联合操作试验，2000 财年第 3 季度第一批 M270A1 装备部队。改进的内容分为火控系统和机械发射系统。

（1）火控系统

替换了过时的部件以及用于集中维修的软件和硬件，降低了发射准备时间和维护成本，具备发射未来新型导弹的能力；增加全球定位导航系统，作为原有的惯性导航系统的补充，提高了精度；增加 1 台低功率多普勒测速计，能感知距地面 100 m 高度的当地气象环境，在发射前将气流和风的测量数据输入发射装置，提高了精度。

（2）机械发射系统

提高了发射车的速度，降低了发射装置瞄准和装载导弹的时间；发射车采用发动机驱动的纯液压系统，可以在横向和纵向同时运动；预备位置到最差瞄准点的移动时间减少了约 83%（由 93 s 缩短到 16 s），机械系统的重新装载时间减少了 40%（9 min），减少了发射车在发射点和重新装载点的停留时间。

5.1.2.3　海马斯 HIMARS

HIMARS 是 ATACMS 的另一种轮式发射系统，采用美国陆军通用卡车 M142 底盘，如图 5-2 所示。HIMARS 是 MLRS M270 的升级版，具备高机动、射程远、可空运、全时段、全天候作战特点。HIMARS 可以装进包括 C-130 在内的货物运输机，部署在以往重型发射车无法到达的区域；而 MLRS 只能用更重的 C-141 等运输机运输。

图 5-2　HIMARS M142 发射车

HIMARS 导弹发射车驾驶室是装甲的，可以防止小型火力的攻击；中部是封闭操作室；后部是导弹发射架，可以发射 6 联装 MLRS 火箭炮或者 1 枚 ATACMS 导弹，具备自动装载功能。HIMARS 瞄准单个目标时间少于 16 s。6 联装 HIMARS 总质量为 10.9 t，约为 MLRS 12 管火箭炮重的 1/2。

HIMARS 火控系统、电子和通信单元都可以和 M270A1 发射车互换。另外，

HIMARS 可以发射 MLRS 系列火箭炮或者导弹。HIMARS 与 MLRS 用户说明书一致，都是每车配置 3 名操作手。

M270 和 M270A1 主要装备美军重型师，HIMARS 主要装备美军的应急部队和轻型师。

5.1.2.4　性能特点

（1）弹箭一体化共架发射，装备通用化程度高

M270、M142 均是 ATACMS 的发射车，是一种箭/弹结合的典型系统。M270 发射车可载 2 枚 ATACMS 导弹和 12 发 M26 火箭弹，M142 发射车载弹量减小一半。火箭和导弹之间有通用装填/发射车、通用定位、瞄准、发控系统和指挥系统，充分发挥了该武器装备作战机动灵活、火力覆盖面大、反应速度快、使用方便、效费比高等优点。HIMARS 一弹多种弹头，一弹多种发射平台，一弹多兵种通用，一车多用，一弹头多弹通用，一系统多用途，可降低成本，提高效益，增加敌方防御系统的困难，适应现代战争的需要。

（2）机动能力强，可行进中准备，停车发射，反应速度快

M270 采用履带式底盘，M142 发射车采用 6×6 卡车底盘，在各种地形条件都具有较高的机动能力，而且可以通过美国的空军运输机进行全球快速部署。ATACMS 导弹为倾斜热发射方式，发射车上装有高精度 GPS+惯性组合定位系统，可在行进中进行自主定位定向，纯惯性定位偏差不大于 $0.25\%D$（D 为行驶里程），定向偏差不大于 $24'$。车内通信设备和现代化的火控系统，使指挥员和操作手能在车辆运行途中接收发射命令，利用车载惯性平台的定位定向信息，停车后，快速计算发射诸元并装订，发射车的机械系统快速完成起竖、回转以瞄准射向，发射导弹。其中，完成回转和升仰动作只需不到 20 s，从停车到导弹发射只需 2.5 min（最新改进可将发射时间进一步缩短到 1.5 min 内）。

（3）功能集成化程度高，实战能力强

除起竖回转、定位定向、火控、指挥通信等功能模块外，M270、M142 发射车均配置了水平伸缩臂吊装装置，自身具备发射—快速转移—再装弹发射的能力，发射后能快速返回装弹位置，装弹后能快速准备另一次发射。M270 发射车上还装备有低功率激光多普勒测速计，它能绕 31.5 m 以上高度处的垂直轴线扫描一个锥形图形，测定出风速，并将此值装订到发射计算中，最终能减少发射误差偏角约 30%，提高命中精度。M270、M142 发射车发射时均不需要刚性支撑车体，对地面无特殊要求，能在各种气象条件和环境条件下使用，实现了任意点无依托发射，实战能力强。

（4）高生存能力

M270、M142 发射车本身均采取各种防护设计措施，包括驾驶室的防护装甲、"三防"装置等。同时，武器系统设计时也充分考虑了作战使用中的各种威胁，采取提高生存能力的措施。其中，ATACMS 导弹可按预编程序进行最大 30% 的离轴发射，在从发射车上发射后不久（但在上升到敌方可观察到导弹之前）进行一次快速变向机动飞行，偏离射面，再飞向目标。这样可使敌方根据来袭弹道推算出错误的发射点，隐藏发射阵地，从而使报复性打击失效。

5.1.3 指挥通信系统

ATACMS 基本实现了侦察—打击—评估衔接的闭环式作战使用模式。首先由侦察飞机上的雷达等设备在靠近作战前沿的己方领空，对敌方纵深大约 100 km 地区内的拟打击目标进行搜索、探测、识别和跟踪；然后将测得的信息传给地面数据处理/控制站，进行实时处理，确定要攻击的目标，并将结果传给 ATACMS 的火控中心；战场指挥官根据上述结果决定对目标的攻击顺序，实施发射导弹。导弹起飞后，机载雷达不仅要继续跟踪拟攻击的对方地面目标，而且还要跟踪几枚飞行中的己方导弹，为它们提供导航的修正指令，直到子母式战斗部子弹抛撒或单弹头战斗部起爆。

ATACMS 早期型号的信息化程度不高，后来通过实施"联合精确打击演示验证"计划，信息化水平不断提高。随着美军的联合监视和目标攻击雷达系统装备部队，美军马上为 ATACMS 配备了可通过专用数据链与导弹系统进行相关信息交互的地面站。1995 年试验成功的 ATACMS Block ⅠA 导弹不但增加了利用 GPS 进行飞行中的导航修正，以及火控系统可直接获得卫星、无人机等侦察装备的信息，提高了对低速移动的坦克、装甲车辆等目标进行快速打击的能力，而且能对攻击效果进行快速评估，以及对下一波攻击目标进行快速确定。

5.1.4 保障系统

ATACMS 导弹是封装在发射舱中交付部队的，而且也是以这种状态储存的。在初期，每隔 3 年要进行一次测试，对性能满足的导弹重新发放合格证，对性能不满足要求的导弹整体送专业修理厂或返回制造厂整修。随着使用经验的积累，逐渐将测试周期延长到 10 年。在测试时不仅不需要将导弹分解，而且不需要将导弹从发射舱中取出，只需通过导弹腹部专门的接口进行，因此 ATACMS 导弹的维护保养工作很少。

ATACMS 的最新发射车 HIMARS 由军队和洛马以合作模式提供保障，采用基于"性能的后勤"保障策略，确保以有效的成本满足性能要求。

基于性能的后勤是以约定的价格购买武器系统寿命周期内的性能水平，合同期限内的保障工作主要由承包商提供，军方通过性能指标进行考核。HIMARS 性能考核指标如下：系统完备率、美国境内外影响发射任务的重大故障平均反应时间、现场平均维修时间以及平均库房维修周转时间等。这些指标简单直接，便于判断，结果透明。

HIMARS 从实施基于性能的后勤开始，考核结果一直高于或等于指标要求值，是美国唯一一个两次获得国防部奖章的型号。

5.2 俄罗斯"伊斯坎德尔"导弹

"伊斯坎德尔"导弹（Iskander）系统是俄罗斯研制的最新一代单级固体近程弹道导弹系统，由莫斯科热力研究院牵头，联合多家科研院所、设计局和军工厂研制。"伊斯坎德尔"导弹于 1995 年开始试射，1999 年开始部署。

俄罗斯在研制未来的战术导弹系统时提出了一系列新的要求：采用非核弹头、精确打击、全程控制、射程远、较强的自动控制和操作性能及信息支持系统（可获得准确的信息，用于修正和末制导系统）、综合全球卫星定位系统实现制导、能够打击硬目标和移动目标、增加单位时间内打击目标的数量、能突破空中防御和导弹防御系统。

莫斯科热力学研究院以上述要求为依据，研制了"伊斯坎德尔"导弹，分为"伊斯坎德尔"导弹国内型（Iskander - M）与出口型（Iskander - E），其中国内型最大射程为480 km，而出口型射程为 50～280 km。

"伊斯坎德尔"导弹系统是当今世界上较为先进的战役战术导弹武器系统之一。

5.2.1　导弹系统

"伊斯坎德尔"导弹的动力装置是固体火箭发动机，全程都在距离地面 50 km 高度以下飞行。因此，除最初速度还比较低的很短时间外，其他时间"伊斯坎德尔"导弹都是依靠空气动力学在低高度进行变轨飞行。这样，防御方的天基或地基侦察传感器就不能像对传统导弹那样对其进行有效的探测和跟踪，加之它能在很大范围内实现横向滚摆机动，更使防御方难以推断其弹道从而进行拦截。

5.2.1.1　制导和控制系统

"伊斯坎德尔"导弹只有一个火箭喷管，在整个飞行过程中由空气和燃气舵面共同控制。采用改进的惯性制导方式并在弹道末段使用景物匹配光学寻的头、卫星定位系统制导，还可能采用毫米波雷达、红外引导制导。

其中，光学寻的头由中央自动机械和水利学研究院研制。光学寻的头已通过飞行试验，精确度近似于美国的战斧巡航导弹，除了"伊斯坎德尔"使用之外，还广泛应用于巡航导弹，其他弹道导弹型号。

光学寻的头要求惯性系统必须控制导弹飞抵寻的头可以探测到目标的上空。它具有较高灵敏度，可在没有月光的夜间工作，这一点是其他导弹所不具备的。该寻的头不能自己识别目标，需根据目标周围的地形进行识别，且不能打击运动目标。雾气和烟雾剂会对配备该种寻的头的导弹有一定的影响，有利于敌人隐藏目标区域。较低的云层也会对该种寻的头产生影响。据报道，现有的主动干扰系统对这种寻的头不起作用。该型导弹虽然应用惯性控制系统，并且装备 GLONASS 接收装置，但是光学寻的头在没有卫星导航的情况下仍可以独立工作。

"伊斯坎德尔"导弹除了惯性制导、卫星制导和末制导相互融合的制导体制，可能还装有专门的数据链，因为据称其能将实时接收的、来自无人机等外部传感器的信息也融合进制导操作处理中。据俄罗斯《消息报》（2011 年 11 月 14 日）报道，俄"伊斯坎德尔"导弹营试射了装备新型制导系统的该型导弹，其命中精度是 2m（CEP）。

5.2.1.2　弹头系统

"伊斯坎德尔"导弹可对敌方纵深部署的导弹阵地、指挥通信枢纽、停机坪上的飞机等面目标或小幅元目标进行高效精准毁伤。它配有爆破、侵彻杀伤机理的整体或子母式的战斗部，有报道称还配有电磁脉冲、空气燃烧（现在也称为温压）、深钻地等特殊战斗部。尽管其战斗部整体质量只有 480 kg，但由于其可用不同战斗部对付不同目标，加之导弹命中精度高，所以"伊斯坎德尔"导弹具有较强的毁伤能力。

其中，电磁脉冲弹是一种定向能武器，属于高功率微波武器。与现有其他各种类型武器相比，定向能武器有两个特别的优点：首先，它的毁伤是基于电磁波能量脉冲；其次，它能以接近光速、几乎是零传输时间到达拟攻击目标，想要躲避是不可能的。在 1991 年海湾战争中，美军首次使用了高功率微波弹头的"战斧"巡航导弹，其爆炸的化学能瞬间转化成功率强大的电能，干扰、毁伤了伊拉克的防空系统和指挥中心等电子系统。1999 年北约轰炸南联盟，美军也使用了这种武器，重创了南联盟的通信和指挥网络。俄罗斯的电磁脉冲以轻巧见长，全爆炸驱动的电磁脉冲战斗部体积小、质量小，不需要外接电源，组成结构及起爆方式与常规战斗部非常相似，因此很适合在"伊斯坎德尔"这类导弹上应用。

5.2.1.3　性能特点

"伊斯坎德尔"导弹具有如下性能特点：

1）精度高，可有效打击各种类型的目标。其打击目标包括敌方导弹阵地，停机坪上的飞机，防空和导弹防御设施，指挥、通信设施，其他重要的点目标及面目标，重要的民用设施。

2）运输导弹、作战准备及作战过程中可以有效隐蔽。

3）发射装置可以自动估算和输入导弹的作战飞行数据。

4）能够在强电子干扰环境中工作。

5）在作战准备和导弹飞行过程中，导弹可靠性高，可以保证在整个使用过程中（包括作战控制指挥、通信设备的使用、技术维护和人员训练）不用进行任何修理和校正。

6）战术机动性强，导弹发射车为全轮驱动越野车；战略机动性高，可由各种类型的运输设备（包括飞机）进行运输。

7）导弹在实战中可以自动控制，能够快速处理信息、数据，并迅速传达到适当的指挥级别。

8）服役期长，操作方便。

9）突防能力强。"伊斯坎德尔"导弹不做纯弹道式飞行，导弹通过燃气发生器、动力控制轮叶和气动面的共同作用，可以改变飞行弹道。导弹在刚发射时和末段机动躲避加速度可达 20～30g。可以误导防御系统，使其辨别不清导弹的目标，并且防止对导弹的跟踪，使敌方难以判断发射点；还可以减少助推段的时间，有效地克服如美国空军的反导武器的拦截。"伊斯坎德尔"导弹采用改进的弹道，弹道高度为 50 km，而普通的弹道导弹的弹道最高点为 80 km 以上。"伊斯坎德尔"导弹的这一特点可以有效地保护导弹，躲避美国战术导弹防御的攻击（低空拦截和大气层外拦截），其突防能力可与"白杨-M"相媲美。"伊斯坎德尔"导弹的技战术指标如表 5-4 所示。

表 5 - 4　"伊斯坎德尔"导弹的技战术指标

参数名称	参数指标
最大标准射程/km	480(Iskander - M 型,并仍有增程空间)、280(Iskander - E 型)
最小标准射程/km	50
弹道最大高度/km	50
导弹长度/m	7.28
导弹最大直径/m	0.92
起飞质量/kg	4 615(Iskander - M 型)、3 800(Iskander - E 型)
战斗部质量/kg	720~780(Iskander - M 型)、415~480(Iskander - E 型)
战斗部种类	子母、杀伤爆破、侵彻等多种战斗部,可能包括电磁脉冲弹
发射车质量/kg	42 300(Iskander - E 型),其中有效载荷为 19 000
制导模式	惯性、卫星(GLONASS+GPS)及末段导引头组合制导
命中精度(CEP)/m	50~70(纯惯性,Iskander - E 型) 30[惯性、卫星(GLONASS+GPS)及主动雷达导引头组合制导] 10[惯性、卫星(GLONASS+GPS)及红外导引头组合制导]
发射方式	车载机动发射
发射准备时间/min	不大于 16(行进状态)、不大于 4(待发状态)
发射间隔时间/min	1
使用年限/年	10(Iskander - E 型,其中野外待机 3 年)
适应环境温度/℃	-50~+60

5.2.2　发射系统

　　"伊斯坎德尔"导弹发射系统主要由发射车（通常为 3 辆）、运输装填车（通常为 3 辆）、指挥控制车（1 辆）、信息处理车（1 辆）、技术保障车（1 辆）以及生活保障车（若干辆）组成。当它们在路上行驶时，外表看起来与普通的军用运输车没有显著区别。所有车辆都可以通过航空或者铁路进行运输，快速部署到需要的地方。"伊斯坎德尔"导弹发射车如图 5 - 3 所示，发射车和运输装填车的主要性能参数如表 5 - 5 所示。

图 5 - 3　"伊斯坎德尔"导弹发射车

表 5 - 5　"伊斯坎德尔"导弹发射车和运输装填车的主要性能参数

内容	导弹发射车(Iskander - M 型)	运输装填车
底盘	8×8 轮式四轴越野运输型	8×8 轮式四轴越野运输型
动力	雅玛兹柴油机,500 hp	雅玛兹柴油机,500 hp
最大时速/(km/h)	70(公路)、40(急造土路)、20(越野)	70(公路)、20(越野)
最大续驶里程/km	1 000	1 000
车长/m	13.07	13.07
车宽/m	3.07	3.07
车高/m	3.29	3.29
最小离地间隙/m	0.46	0.46
车辆自重/t	21	21
弹车总重/t	40~43.2	40~43.2
携弹量	2	2
操作号手	3	3

"伊斯坎德尔"导弹发射系统的性能特点如下。

(1) 火力密度大,单车火力强

每辆发射车载 2 发导弹,导弹装载在单独的弹舱内。弹舱为封闭结构,能够为导弹提供良好的运输环境;2 枚导弹有单独的起竖机构,发射前顶盖和后盖打开,将导弹起竖至发射状态后发射,导弹弹头质量达 480 kg,一车双弹,单车火力强,火力密度大。

(2) 系统高度集成,机动性能高,生存能力强

发射车采用一车双弹联装方式,集成了运输、起竖、发射、通信、战场信息管理、定位定向等多种功能,通过一体化设计、高度集成,融作战控制、信息处理、技术服务和成员训练为一体,减少附属设备,增强部队生存能力,使单位火力的成本大幅降低;发射车采用 MZKT - 7930 (8×8) 轮式底盘,机动越野能力强,最高车速可达 70 km/h;发射车结构紧凑,满载总重 42 000 kg,可利用俄罗斯的大型运输机进行空运部署;导弹武器系统机动性能好,系统反应迅速,发射准备时间短,发射后可快速转移,使敌方雷达很难定位。

(3) 战场管理系统信息化程度高,作战反应快

俄罗斯为"伊斯坎德尔"导弹系统配套的指挥控制车用于武器系统的作战控制,数据的交换、储存和显示,具有较高的信息化程度,减少了情报处理时间,可以很快针对目标规划打击任务、制定操作程序、装订火力诸元、实施导弹发射,并很快机动隐蔽。整个系统为开放式设计,信息来源多样化,提高了作战效能。发射车采用快速自主定位定向、快速起竖机构、顶盖与后盖同步快速开启机构、导弹箍圈支承结构(无需发射台,发射前无需下放起竖臂) 等,从行军状态到完成第一发导弹发射只需 16 min,有准备状态下则只需要 4 min,两发导弹的发射间隔不超过 1 min。

5.2.3　指挥通信系统

"伊斯坎德尔"导弹的指挥通信系统主要由指挥控制车和信息处理车组成。指挥控制车不仅负担上令下达以及下情上达,而且能通过数据链对发射车进行控制。该车采用 KamAZ-43101(6×6)型轮式车底盘,需 4 名操作号手;其最大无线电通信距离在驻停时为 350 km,行车时为 50 km;信道数约为 16 个;展开/撤收时间约为 30 min,可 48 h 不间断工作。

信息处理车要为导弹使用准备数据,重点是进行弹道规划和为末制导系统制作相关基准图。该车底盘与指挥控制车相同,需 2 名操作号手;据说俄军专门为"伊斯坎德尔"导弹研制了信息支援和自动作战控制系统,使信息处理车与包括卫星、飞机、无人机等平台上的各种侦察装备互连互通,因此能利用实时数据进行数据准备,可 16 h 不间断工作。

5.2.4　保障系统

"伊斯坎德尔"导弹的保障系统主要由技术保障车和生活保障车组成。

技术保障车采用与指挥控制车、信息处理车相同的底盘,需要 2 名操作手,展开/撤收时间不超过 20 min。该车载有"伊斯坎德尔"导弹常用的备件。操作号手定期利用车载仪器设备对现场的导弹进行自动化检查(定期检查时间为 18 min),以确保它们处于随时可用状态。

生活保障车采用 KamAZ-431181(6×6)型轮式底盘,上装包括休息舱(6 个铺位)和日常生活保障舱,用于官兵的休息和用餐。

5.3　苏联"圣甲虫"导弹(SS-21)

"圣甲虫"导弹(SS-21)是单级固体战术弹道导弹,由莫斯科热技术研究所负责研制,伏特金斯基机械制造厂制造。"圣甲虫"导弹发射车极具特色,既可以在地面行驶,也可以在水平行驶。"圣甲虫"导弹(SS-21)主要技战术指标如表 5-6 所示。

表 5-6　"圣甲虫"导弹(SS-21)主要技战术指标

型号	9M79	9M79-1
射程/km	15～70	20～120
命中精度(CEP)/m	50～100	50
弹长/m	6.4	6.56
弹径/m	0.65	0.7
起飞质量/t	1.5～2.0	2.01
弹头	破片杀伤高爆弹、子母弹、火箭弹、化学弹头或核弹头(质量为 480 kg)	
制导	全程惯性制导	
发动机	固体火箭发动机	
发射方式	车载地面机动发射	

5.3.1　导弹系统

"圣甲虫"导弹（SS-21）由弹头、仪器舱、发动机与尾段组成。弹头与弹体彼此互不分离，在导弹发射后一起飞向目标。仪器舱内装有制导和控制系统仪器。发动机是固体火箭发动机，使用复合推进剂，在 4 个喷管出口处装有 4 个燃气舵。发动机中段外侧对称地固定 4 个叉形配置的双楔形可折叠翼面。4 个燃气舵可与装在尾段支架一侧的 4 个可折叠栅格翼相互联动。尾段内装有 4 个液压伺服机构和燃气涡轮发动机。

5.3.1.1　制导和控制系统

制导系统包括稳定平台和专用数字计算机。由计算机实时计算出弹道上每一点的参数并与预先计算好和储存在计算机内的弹道进行比较，根据比较结果对弹道进行修正。导弹的飞行靠相互联动的栅格翼和燃气舵进行控制，在主动段速度较低时由燃气舵单独控制，在速度增大后由燃气舵与栅格翼联动控制，在主动段弹道的再入大气层段则完全靠栅格翼控制。

控制系统包括 4 个液压伺服机构。

5.3.1.2　弹头

"圣甲虫"导弹（SS-21）可配备破片杀伤高爆弹头（9N123F）、子母弹（9N123K）、小炸弹或火箭弹，以及 AA-60 战术核弹头，还可以携带化学弹头、末制导弹头及灵巧子母弹。

5.3.2　发射系统

"圣甲虫"导弹（SS-21）导弹武器系统由导弹和各种车辆组成，这些车辆分别是运输起竖发射车、装填运输车、运输车等。此外，在作战编制中还包括指挥车和模拟训练设备。

运输起竖发射车是由 BA3-5921 或 BA3-5937 车辆改装成的 9P129 轮式车（图 5-4），采用独立悬挂扭力杆轮式 6×6 底盘，可在陆地行驶，也可浮渡，浮渡时依靠水轮机推进。发射车车体前部为驾驶舱，成员为 3 名；后部为导弹舱，在运输状态中完全被遮盖，弹头装在一个温度控制箱内。导弹舱盖采用了轻型装甲，可保护导弹免受敌方炮火的破坏。每辆发射车装载 1 枚导弹，导弹依靠弹上 4 个前、后滑块支承在起竖臂的导轨上。车顶有舱门，当导弹处于水平状态时，舱门关闭。

装填运输车用于运输 2 枚导弹或向其他车辆转载导弹。

运输车用于运输 2 枚带包装箱的导弹或运输 4 枚弹头，发射导弹时，用起竖臂将导弹竖起，对应任何射程的发射角都是 78°。

"圣甲虫"导弹（SS-21）的发射准备时间约为 21 min。运输起竖发射车技战术指标如表 5-7 所示。

图 5 - 4　采用 BAZ - 5939 底盘的"圣甲虫"导弹（SS - 21）导弹发射车

表 5 - 7　"圣甲虫"导弹（SS - 21）发射车技战术指标

性能	参数
质量（满载）/t	18.1
公路行驶速度/(km/h)	60
水上浮渡速度/(km/h)	8
满载燃料行程/km	650
车辆寿命/km	15 000
乘员数量	3

5.4　印度"大地"导弹

　　"大地"导弹（Prithvi）是印度国产的第一种近程地对地弹道导弹，1983 年开始研制，其研制工作属于印度导弹综合研制计划的一部分，由印度国防研究与发展组织负责全面研制工作。"大地"导弹攻击的主要目标是机场、指挥中心、后勤中心和雷达站。

　　"大地"导弹不作纯弹道式飞行，而是沿着预定的半弹道式弹道飞行，这一点与美国的 ATACMS 非常相似。在导弹的最初动力飞行阶段，导弹上升到 30 km 高空，然后作非助推的巡航段飞行，最后以近 80°的俯冲角急剧俯冲下降。在此，有 6 种不同的弹道供选取和预先装定，以此保护"大地"导弹免被战区反弹道导弹系统跟踪。

5.4.1　导弹系统

　　"大地"导弹共有 3 种型号，其中大地Ⅰ（SS - 150）是装备陆军的型号，用于战场火力支援，于 1988 年 2 月首次试射，1995 年开始装备部队；大地Ⅱ（SS - 250）是装备空军的型号，约于 1998 年开始服役。大地Ⅲ（SS - 450）2000 年开始测试，2004 年完成测试开始装备。"大地"导弹主要技战术指标如表 5 - 8 所示。

表 5 - 8　"大地"导弹主要技战术指标

型号	SS - 150	SS - 250	SS - 450
射程/km	150	350	450
弹长/m	8.55	8.55	8.55
弹径/m	1.1	1.1	1.0
起飞质量/t	4.4	4.6	5.6
有效载荷/kg	1 000	500	150
弹头	烈性炸药爆破弹或子母弹		
发动机	双室液体火箭发动机		
制导	惯性	惯性	惯性
CEP/m	50	10	25

5.4.1.1　制导和控制系统

"大地"导弹采用捷联惯导，有两台微处理机用于监测导弹和弹上测试。导弹的中段有 4 个削去翼尖的三角翼。该弹通过液压作动系统推动发动机和 4 个尾翼进行推力矢量控制和气动控制。导弹在飞行过程中，可由地面控制站进行校正。

5.4.1.2　推进装置

推进装置为单级液体推进系统。导弹采用专门可储存的液体推进剂，其中用红烟硝酸作为氧化剂，用 50/50 混合比的二甲基苯胺和三乙基胺作为燃料。可储液体推进剂与固体推进剂比较，比冲较高，可以根据不同的弹头和射程的需要灵活地调节总冲；缺点是因临时加注推进剂，发射操作时间较长。"大地"导弹在作战阵地每次加注推进剂需要 20 min。此外，推进剂储箱采用铝合金材料制造，推进剂可以预先加注并封存在储箱内，从而缩短发射准备时间。

5.4.1.3　弹头

根据作战任务的不同，导弹可以携带不同类型的弹头，而且现场可更换弹头。3 种类型的"大地"导弹弹头的容积较大，为安装有效载荷、安全装置、引信和解锁机构留有足够的空间。导弹可以携带多种弹头，包括常规高能炸药弹头、破片弹头、集束式子弹头、云爆弹头、钻地弹头和核弹头。均已实战部署。

5.4.2　发射设备

"大地"导弹采用车载机动、有准备场地定点发射方式发射。导弹安装在 8 轮 Kolos Tatra 运输-起竖-发射车（图 5 - 5）上，发射时起竖到垂直位置。一车一弹，每个导弹连有 4 辆运输-起竖-发射车、1 辆重新装弹车、一辆推进剂加注车、1 辆测地车、1 个发射指挥所。3～4 个导弹连组成 1 个导弹营。

图 5 - 5　　"大地"导弹运输-起竖-发射车

每个导弹大队有 8 枚导弹和不定数量的备用弹。从接到发射命令到发射导弹，一个导弹大队的整个作战过程所花时间不到 2 h。导弹发射车可在发射后迅速离开发射现场，避开敌人的反击。

5.5　公路机动战术导弹发射平台能力要求

信息化战争中的作战方式和战场环境对战役战术导弹武器系统提出了新的作战使用需求，只有不断提高机动发射平台装备技术水平，适应并满足信息化战争的要求，提高实战化能力，才能充分发挥战术导弹武器系统的作战效能。

5.5.1　发射平台要具备适应信息化战争要求的协同作战能力

（1）发射平台电气系统网络控制一体化技术

战术导弹机发射平台是信息化作战体网络下的一个节点，要不断提高发射平台装备的信息化水平，提高发射平台信息化条件下的协同作战能力。发射平台电气系统采用总线技术，实现火控、车控、测发控、指挥通信系统的一体化、自动化控制和信息互联共享，提高战场网络信息连接能力，提高战场反应速度和作战任务适应能力。采用一体化网络电气系统，统一发射平台各电气系统设备和装车设备的通信接口，提高装备标准化程度和扩展能力。提高底盘信息化水平，提高发射平台的操作使用性和保障性。

（2）武器系统侦察、指挥控制、火力控制一体化技术

无人机作为信息化战场上的新型装备之一，在军事上可用于侦察监视、通信中继、电子对抗、火力制导、战果评估、目标模拟和早期预警等，战场态势感知向实时化、多频谱化方向发展。由传感器网络、信息传输网络和指挥控制中心组成的指挥控制系统与发射平台火力控制构成一体化系统，将是信息化条件下局部战争的基础作战系统。发射平台作为

作战体系的一部分，应加强战役战术导弹武器系统侦察、指挥控制、火力控制一体化技术研究，提高该类型武器战场信息化反应速度，通过协同作战，提高打击移动目标能力。

（3）装备作战与技术保障一体化技术

信息化条件下的现代战争是体系的对抗，不仅取决于一线作战部队和武器装备，更取决于包括后勤在内的整个体系运转的效率。作战和后勤是战争的两个不可分割的侧面，彼此相辅相成。战役战术导弹武器装备研制的同时，应考虑能否适应现代战争体系对抗要求。对于战役战术导弹发射平台，应利用现代信息手段，建立发射平台的作战保障信息化系统，提高装备保障能力，提高装备的可用率。

（4）一体化实战化能力

一体化实战化能力体现在几个方面：一是作战信息管理自动化程度高，能够通过通信手段自动获得作战指令和数据，并与火控系统一体化进行快速处理，在火控系统统一控制下，快速协调控制完成射前准备工作，完成导弹发射，反应迅速；二是环境适应能力强，都装备有车载自主定位定向系统或辅助气象测量设备，功能高度集成，能够实现无依托发射；三是从发射平台设计本身及武器系统总体上采取各种措施，提高装备的生存能力；四是通过多联装方式，适当增大单车火力密度，提高单车作战效能，从而有效减少车辆装备数量。

5.5.2　发射平台要具备满足快速部署、快速反应要求的机动能力和火力打击能力

（1）快速发射技术

精确制导武器命中精度的提高极大地提高了作战效能，在未来信息化战争中，"外科手术"式的精确打击使战场目标的生存面临着严重的威胁。基于快速自主组合定位定向技术，发展车载行进中高精度快速定位定向技术，缩短发射平台射前准备时间，实现停车快速发射，发射准备时间缩短到 5 min 以内，发射任务完成后快速撤离，避开敌方精确杀伤武器对发射平台暴露后的攻击，提高装备的生存能力。

发射平台技术发展水平方面，在高精度快速自主定位定向、快速射前准备、武器系统火力控制等方面，ATACMS 具有明显的优势，M270、M142 能够在行进中进行较高精度的定位定向，发射导弹时均不需要通过支腿对车体进行刚性支撑，多发导弹连续发射间隔期间能够对发射姿态进行快速修正，发射准备时间甚至可缩小到 1.5 min 以内，基本上实现了任意点、无依托、停车就打。

（2）轻型高机动发射平台技术

基于高机动越野底盘技术、总线网络技术、先进车载电源技术、快速自主定位定向技术，发展轻型高机动发射平台技术。降低车辆自重，提高车辆的质量利用系数，易于通过公路、铁路、空运等多种方式实现远程快速部署，提高车辆的机动速度和越野能力，最大公路机动速度不小于 100 km/h，提高发射平台快速机动能力。

（3）一车多弹连续发射技术

发射平台采用多联装方式，实现一车多弹，包括多弹并行供电、测试，多目标诸元计算和装订，连续发射控制等，能够提高单车火力密度，减少装备数量，增强火力打击能力，发射平台必须能够承受多弹连续发射环境。

（4）发射平台主动安全技术

在实战化背景下，射前生存能力（发射平台的安全性）是射后生存能力（导弹突防能力）的前提，发射平台机动速度日益提高，发展路况自动识别及行驶状态监控技术，可有效降低操作人员驾驶劳动强度，改善发射平台行驶平顺性。发展发射平台主动安全技术，如多轴驱动力自动管理、智能化半主动悬架系统、带 ABS/ASR 和防撞功能的智能化制动系统等，提高发射平台在全路面（公路、越野路）、多地形（山区、丘陵、高原等）条件下的快速机动、智能控制、操控方便、主动安全等性能。

5.5.3　提高发射平台在复杂战场环境条件下的生存能力

（1）发射平台伪装隐身技术

现代侦察手段越来越多，侦察监视精度越来越高，包括天基侦察、航空侦察、地面侦察等，构成了全维侦查监视体系。各种侦察手段相互补充，各种侦察平台协同工作，可以实现全天时、全天候侦察监视。随着侦察技术、数据实时传输技术的发展，侦察监视正在向准实时和实时发展，战场前线和后方的界线模糊。战役战术导弹武器系统具有射程远、精度高、火力强的特点，在常规战争中起着决定性作用，因此是敌方重点侦察、打击的对象。应发展发射平台多频谱综合伪装隐身技术，降低自身红外、雷达、光学目标特征，减少被敌方侦察识别概率，提高作战行动的隐蔽性，提高装备生存能力，保证装备的作战效能。

（2）发射平台电磁防护技术

以美国为首的军事强国，为实现战术对敌攻击能力，不断开发新概念武器装备。作为新概念武器之一的电磁脉冲武器是一种利用强微波波束干扰或烧毁敌方电子设备以及杀伤作战人员的新式武器。高功率微波武器可攻击任何装备了现代化电子设备的武器系统，世界发达国家如美、俄、法、英等都很重视发展高功率微波武器。发射平台装备将面临非常复杂的电磁环境，包括各种装备间的电磁干扰、敌方的电磁干扰、电磁脉冲武器的攻击等，发展发射平台电磁防护技术，保证发射平台上的电子设备在复杂电磁环境下正常工作，是装备发挥作战效能的前提条件。

（3）发射平台人员及关键设备的防护技术

战术导弹射程远，发射平台一般均在己方一定纵深内作战，但伊拉克战争、阿富汗战争表明，现代战争中没有明显的前、后方界线，只要在作战区域内就会面临各种各样的威胁。因此，必须加强对发射平台上作战人员和关键设备的防护能力，如对各种轻武器设计和弹片的装甲防护技术、驾驶室的"三防"技术等，提高装备在战场上的存活率和抗毁伤能力。

（4）智能化主动防御技术

以美国为首的军事强国大力发展精确制导武器，对地攻击制导弹药以激光制导或 GPS 制导为主。发展智能化主动防御技术，在高价值目标上加装主动防御装备，如烟幕干扰控制、烟幕弹发射装置、光电告警器、激光干扰器等，结合机动规避，提高武器装备面临敌方攻击时的生存概率。

（5）战场适应能力

战场适应性方面，"伊斯坎德尔"导弹在野外条件下可连续 3 年不需要大保养，用户使用保障费用低，效费要比国际同类产品高 5～8 倍；MLRS 和 ATACMS 能在 M270、M270A1、M142 上实现共架发射，M26 火箭弹发射车能在 6 h 内改装成 ATACMS 战术导弹发射车，作战任务适应能力强。

5.5.4　加强通用发射平台技术

通用发射平台技术能提高发射装置的标准化程度，可以在同一个发射系统上发射不同的导弹或火箭弹，提高武器装备的任务适应能力、火力打击单元作战能力，以及武器实战化水平，降低武器系统技术保障要求。通用发射平台采用模块化火控系统，通过组合控制满足多种型号的导弹或火箭弹的发射控制要求；通过机械接口、电气接口和通信协议的标准化，提高发射装置的通用性，便于武器装备的系列化配置；通过车载网络、通信网络联网，实现不同武器平台网络化协同作战、远程维护、故障检测等功能。

5.5.5　加强发射平台的装备维护保障能力

未来战争中，未来高技术战场环境下，陆地战场不再是传统的阵地战，各武器装备面临空中和地面精确打击武器的威胁。由于战场流动性大，陆军装备的机动性高，因此对装备的自我保障和战场后勤保障能力的要求空前提高。由于后勤工作压力大，精确后勤保障理念应运而生。发射平台故障自动诊断技术是作战部队自我保障的基础，也是精确后勤保障的前提，能使后勤保障的适时、适地、适量原则达到尽可能精确的程度，最大限度地节约后勤资源，提高保障效率。

第6章　国外典型公路机动防空导弹发射平台

当代高技术局部战争和地区性的高技术有限战争表明，未来的空中威胁既有各类作战飞机、巡航导弹、反辐射导弹和地地战术导弹，又有各类高、低空和超低空的无人机和用以干扰、机动、实施饱和攻击的空袭武器。要对付这些错综复杂、性能各异的攻击目标，发展高性能的面空导弹武器系统是一种行之有效的手段。

防空导弹的发展已经历了3代，研制并装备了百余种防空导弹武器系统（含改进型），主要分布在俄罗斯（约28种）、美国（约21种）、英国（约13种）、法国（约8种）、意大利（约4种）等国。本章分析典型的最先进的地面防空导弹及其发射平台。

6.1　美国"萨德"导弹

"萨德"导弹（全称为末段高空区域防御系统，Termind High Altitude Aera Defense，THAAD）是美国洛克希德·马丁公司研制的一种机动部署反导武器系统。"萨德"导弹由拦截导弹及其发射车，地基雷达（AN/TPY-2），作战管理与指挥、控制、通信、计算机和情报（BM/C4I）系统及支援设备等组成。"萨德"导弹的拦截高度达40～150 km，这一高度段是射程3 500 km以内弹道导弹的飞行中段设置助推段，是3 500 km以上洲际弹道导弹的飞行末段。因此，它与陆基中段拦截系统配合，可以拦截洲际弹道导弹的末段；也可以与"爱国者"等低层防御中的"末段拦截系统"配合，拦截中短程战术导弹的飞行中段甚至助推段，在美国导弹防御系统中起到了承上启下的作用。

6.1.1　导弹系统

"萨德"导弹由推进系统、杀伤飞行器和导弹储运箱组成。推进系统由单级固体推进剂助推器、推力矢量控制（Thrust Vector Control，TVC）系统和可展开的气动力稳定裙组成。助推器的任务是以理想的速度将杀伤飞行器投送到必要的高度去截击来袭目标。推力矢量控制系统控制助推段的导弹飞行。导弹发射后不久，助推器的气动力稳定裙展开，使导弹在飞行期间保持稳定。连接助推器和杀伤飞行器的级间舱装有可使杀伤飞行器和助推器分离的军械部件。杀伤飞行器是"萨德"导弹截击来袭战区弹道导弹的有效部分，是一种技术上相当复杂的装置。它能搜索并锁定目标，然后仅用高速撞击动能准确截击和摧毁目标。杀伤飞行器由一附着在导弹中体结构上的锥形头锥组成，在稠密大气层飞行期间，有两块覆板盖住头锥，以减少气动阻力，防止导引头窗受到气动力加热。杀伤飞行器的关键特点是其红外导引头和转向与姿态控制系统（Divert and Attitude Control System，DACS）。"萨德"导弹参数如表6-1所示。

表 6-1 "萨德"导弹参数

弹长/m	6.17
弹径/m	0.37
弹的质量/kg	900
推进系统	固体推进剂,拦截器采用液体推进剂
制导方式	惯导+GPS+指令修正,末段被动红外寻的
战斗部	直接碰撞杀伤器
拦截弹最大速度/(m/s)	2 800
最大拦截距离/km	200
最大拦截高度/km	150
最小拦截高度/km	40
助推火箭长/m	3.845
助推火箭直径/m	0.34
整个拦截器(包括保护罩)长/m	2.325
拦截器底部直径/m	0.370

"萨德"导弹配备 X 波段 AN/TPY-2 固态有源相控阵多功能雷达有两种部署模式,可在典型的作战背景下执行多种功能,包括目标捕获、目标跟踪和杀伤评估等。该雷达不仅能探测到来袭威胁,而且还能提供威胁识别和分类信息。除了对威胁进行评估和跟踪外,雷达还能跟踪"萨德"导弹拦截器的飞行状态。雷达既可单独部署成为早期弹道导弹预警雷达(前置部署模式),也可和"萨德"导弹系统的发射车、拦截弹、火控和通信单元一同部署,充当导弹防御系统的火控雷达(末端部署模式)。

试验方面,截至 2019 年 12 月,"萨德"导弹系统共开展 16 次拦截试验并全部成功,成功率 100%。2012~2013 年,"萨德"导弹系统连续两次参与一体化联合反导试验,初步验证了网络化作战能力。2017 年 7 月 11 日,美国开展"萨德"导弹系统拦截试验,首次成功拦截一枚空射中远程弹道导弹靶弹。2019 年 8 月 30 日,美军成功开展"萨德"导弹系统首次远程发射拦截试验(FTT-23)。试验中发射了 1 枚中程弹道导弹靶弹,AN/TPY-2 雷达探测、跟踪到目标后,火控系统生成火控方案,指挥一辆位于一定距离外的"萨德"导弹系统发射车发射 1 枚拦截弹,成功摧毁靶弹。2022 年 1 月 17 日,"萨德"首次实战拦截中程弹道导弹。

6.1.2　雷达系统

"萨德"导弹系统采用 AN/TPY-2 地基雷达,防空导弹的雷达侦察距离是重要的技术参数。"萨德"导弹部署在韩国,对其侦察距离的研究具有重要意义,"萨德"侦察距离有多个版本,本节对此进行介绍。

雷达探测方程式为[①]

---

① Merrill I, Skolnik, Introduction to Radar Systems [M] .3rd. New York:McGraw-Hill, 2001:88.

$$R_{\mathrm{D}} = \left[\frac{P_{\mathrm{av}} \rho A G n \sigma}{(4\pi)^2 k T_0 F_{\mathrm{n}} f_{\mathrm{p}} \left(\dfrac{S}{N} \right) L_{\mathrm{f}} L_{\mathrm{s}}} \right]^{\frac{1}{4}}$$

式中　R_{D} ——最大探测距离（m）。

P_{av} ——雷达平均功率，取值 81 000 W。这是根据收发模块数量乘以每个模块的平均功率得到的，其中模块数为 25 344，模块平均功率没有公开数据。但是，TPY-2 天线是第 3 代模块，第 1 代模块峰值功率为 6 W，平均功率为 1.2 W；第 2 代模块峰值功率为10 W，平均功率为 2 W；第 3 代模块估计比第 2 代模块高 60%，即峰值功率为 16 W，平均功率为 3.2 W[①]。

ρ ——天线孔径系数，取 0.8。该值可能偏高，美国物理协会助推段研究分会对"萨德"导弹（TPY-2）取 0.65[②]。

A ——天线面积，已知为 9.2m²。

G ——天线增益，取值约为 10 3000。这是根据关系 $G = \rho(4\pi A / \lambda^2)$ 得到的，其中波长 λ 为 0.03 m。

n ——扫描脉冲数，取 $n = 20$，这里假定雷达扫描时间（每束波对一个目标花费的时间）为 0.1 s。某种程度上这是主观的设定，与末端部署模式和前置部署模式实际设定可能不同，实际值是保密的。

σ ——目标的雷达散射截面，取 0.01m²，锥形弹头目标的 RCS 值。

F_{n} ——系统的噪声系数，取 1.4，这相当于系统温度为 400 K。作为比较，2003 年美国物理学会助推段研究分会取系统温度为 500 K（光束掠过地面）。更早期的 MITRE 图片显示 X 波段 GBR 雷达的系统温度为 600 K，噪声系数为 600/290≈2.1[③]。

f_{p} ——脉冲重复频率，取 200 Hz。占空系数为 0.2。[④]

S/N ——为探测所要求的信噪比，取低值 20（称为侦测值），取高值 100（称为分辨值）。[⑤]

L_{f} ——频谱纯度。

L_{s} ——雷达系统的损耗，取 $L_{\mathrm{s}} = 8$ dB=6.3。[⑥]

k ——波耳兹曼常数（1.38×10^{-23} J/K）。

---

① Ballistic Missile Defense：Power of X – Band Radars，June 4，2012.

② American Physical Society. Report of the APS Study Group on Boost – Phase Intercept Systems for NMD [J]. 2003（2）：177。该研究假设有效孔径为 6m²，物理孔径为 9.2 m²，因此 $\rho = 6/9.2 \approx 0.65$。

③ Richard Davis，Bruce Deresh. Comparison of the Surveillance Capabilities of the LFAR and the GBR，slide presentation，MITRE，June 4，1991.

④ Davis，et al，Comparison of the Surveillance，取占空系数 0.21。

⑤ 方便比较，Davis，et. al.，Comparison of the Surveillance，取 $S/N = 22.1$ dB=160。美国物理协会助推段研究分会取 $S/N = 13.2$ dB=20.9。

⑥ 这是 Davis 等用的数值。美国物理协会助推段研究分会假定束波中心设备损耗为 2.8 dB，搜索中额外损耗为 7.2 dB，总损耗为 10 dB。

T_0——参考温度（290 K）。

将这些代入计算公式，得到"萨德"导弹 TPY‐2 雷达的最大侦察距离：

$$R = 870 \text{ km}, 侦察(S/N = 20)$$

或

$$R = 580 \text{ km}, 分辨(S/N = 100)$$

上述计算所选参数是 George Lewis 和 Theodore Postol 取值的结果[1]，主要的假定和参数为：弹头 RCS 为 0.1 m^2；雷达扫描时间为每个目标 0.1 s，信噪比为 20，该结果表示雷达可以在 870 km 距离内每秒对 10 个目标进行一次测量，或者每 10 s 对 100 个目标进行一次测量。首先通过该公式得到基本的计算结果，然后分析各个数据来源。

"萨德"导弹的探测距离有多个版本，这里对各种来源进行梳理。

1）几百英里：这是雷达厂商宣传的数据，取 RCS 为 0.004 m^2（这相当于直径7.4 cm 的棒球飞行到 1 340 m 的 RCS）。[2]

2）600 km：这是韩国媒体经常引用的末端部署侦察距离，引自美国技术报告。[3]

3）1 500 km：这是美国科学院（National Academy of Sciences，NAS）在 2013 年报告的数据，报告指出 1500 km 是保守数据。[4]

4）大于 1 732 km：美国科学院采用上面公式的参数，将信噪比从 20 降到 12.4，扫描时间从 0.1 s 提高到 1.0 s；美国科学院还提到使用实际保密的参数，侦察里程还可以增加。

5）1 800～2 000 km：这是韩国媒体经常引用的前置部署侦察距离，来源同 2）。

6）大于 2 900 km：这是美国时任美国导弹防御局副司令 Patrick O'Reilly 上将在 2008 年给出的数据。[5]

7）3 000 km：这是韩国媒体根据 George Lewis and Theodore Postol 计算发布的数据。[6]

这里以 George Lewis 和 Theodore Postol 计算的 870 km 作为基准，分析上述各个参数背后的意义。

对于 1）、2），雷达显然采用末端部署模式，此时的目标将会是来袭的几个弹头或者整个导弹（虽然在某些情况下，目标可以在达到轨道最高点之前被侦查到）。除非目标一直

① George Lewis，Theodore Postol，Ballistic Missile Defense：Radar Range Calculations for the AN/TPY‐2 X‐Band and NAS Proposed GBX Radars，September 21，2012.

② Raytheon Company，"Sharp Eyes for Missile Defense ‐ Bus‐size Radar Rolls Like a Truck，Sees Like a Hawk，" August 26，2015.

③ U. S. Seeks Compromise Over Missile Defense System，"The Chosun Ilbo（English Edition），February 24，2015.

④ National Research Council，Making Sense of Ballistic Missile Defense：An Assessment of Concepts and System for U. S. Boost Phase Missile Defense in Comparison to Other Alternatives（Washington，D. C.：National Academies Press，2012），p.115.

⑤ Alan Suderman，"Radar Array Placed in Juneau，" www.juneauempire.com，June 1，2008.

⑥ Park Hyun，"An/TPY‐2 Radar Could Track any Chinese ICBMs as They Pass Over the Korean Peninsula，" The Hank Yoreh（English Edition），June 2，2015.

翻滚，否则它们看起来就像鼻型，RCS 值很小。因此，基准模型 0.01 可能略低，但属于合理值。在末端部署模式时，雷达可能不得不处理几十上百个模拟目标。另外，雷达还要执行连续侦察搜索新目标。因此，这种模式的侦察距离小于 870 km 具有合理性。

对于 3)、4)，美国科学院的报告中雷达和目标参数都是保密的。但根据分析，侦察距离变化主要是因为雷达扫描时间不同。每个目标扫描时间增加 10 倍，总侦察距离增加 1.78 倍。因此，侦察距离的增加是追踪目标数量减少 10 倍，或者每个目标扫描时间增加 10 倍，或者是二者结合的结果。基准模型中，侦察距离没有考虑要求雷达侦察新目标（例如，其他传感器可以提供准确的新目标线索，因此雷达没有必要侦察）。

对于 5)，TPY-2 雷达使用的是前置部署模式，每个目标扫描时间长。在前置部署模式下，雷达主要集中追踪少量的早期飞行的长射程导弹，这时雷达作用距离长。但是，在前置部署模式下，雷达很可能还有侦察要求，这时雷达作用距离短。另外，美国导弹防御局和厂商对前置部署的介绍都强调用于追踪助推段的导弹。在 TPY-2 X 波段下，弹道导弹的上面级 RCS 值远大于分离的弹头。例如，2003 年美国物理协会助推段研究分会在固体燃料导弹升空到 TPY-2 雷达侦测高度采用 RCS 为 0.094 m²，液体为 0.45 m²。[①] 如果采用该值（分别比基准模型 RCS 大 9.4 倍和 45 倍），即使雷达将一半的时间用于侦察，扫描时间少于 3)、4) 美国科学院使用值，侦察距离仍然可以达到 1 800～2 000 km。

对于 6)、7)，如果在助推段搜索导弹（目标 RCS=0.1 m²），扫描时间设定为更长（大于 0.1 s），同时雷达没有侦察要求，这样距离就可以达到 2 900 km 以上。

通过分析可知，在末端部署模式下，侦察距离有限，这是韩国乃至美国政府经常强调的；但是，从末端部署模式迅速切换到前置部署模式只需修改几个参数，不存在任何技术和法律障碍，因此侦察距离能够很容易增加到实际监视中国境内很大一部分领土内的导弹飞行的能力。

6.1.3　发射系统

"萨德"导弹采用美国陆军重型高机动战术卡车夹板装载系统（HEMTT PLS）底盘，有 10×10 驱动和 8×8 驱动两种，其中 10×10 驱动基于 M1075 重型高机动战术卡车（HEMTT M1075 PLS），8×8 驱动基于 M1120 重型高机动战术卡车（XM1120 HEMTT PLS），如图 6-1 和图 6-2 所示。10×10 驱动型发射车可携带 10 枚导弹；8×8 驱动型发射车机动性、越野能力更强，能在任何地形、天候中作业，可携带 8 枚导弹，公路行驶更为灵活，同时也增加了野战再装弹的灵活性。

不管是哪种构型，导弹发射车均由经改装的夹板装载系统储运车、整发弹储运箱和电子设备模块 3 部分构成。发射车可在到达后 30 min 内完成再装填并做好发射准备，待命中的拦截弹能在接到命令后几秒内发射。所有导弹可快速依次发射，也可单独发射。发射时发射筒升至 80°。

---

① Report of the American Physical Society Study Group on Boost-Phase Intercept Systems for National Missile Defense，July 2003，Vol. 2. , p.

图 6-1　HEMTT 底盘的"萨德"导弹发射车（基于 M1120）

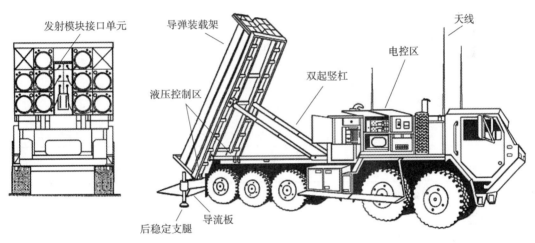

图 6-2　HEMTT 底盘的"萨德"导弹发射车（基于 HEMTT PLS）

　　整发弹储运箱箱体用石墨/环氧树脂制造，除作为储运保护箱外，还充当导弹发射筒。导弹被装入箱中并密封后，这枚导弹便成为合格导弹。合格导弹装在美国陆军重型高机动战术卡车的夹板装载系统发射车上，一旦接到发射命令，便直接从导弹箱中发射。

　　"萨德"导弹发射车整车参数、机动性能、设备参数如表 6-2～表 6-4 所示。

表 6-2　"萨德"导弹发射车 HEMTT M1120 整车参数

型号	M1120
制造商	Oshkosh Truck Corporation
车长/m	10.173
车高/m	工作状态时为 2.85，运输状态时为 2.59
车宽/m	2.438
车重/t	16.117（空载）、29.964（满载）
轮距/m	2.845

续表

轴距/m	5.33
转弯直径/m	30.48
最小离地间隙/m	0.6
运输方式	C130 运输机

表 6 - 3　"萨德"导弹发射车 HEMTT M1120 机动性能

型号	M1120
最高车速/(km/h)	100
续驶里程/km	644
接近角/(°)	41
离去角/(°)	45
最大爬坡度/%	60
侧坡/%	30
垂直台阶/m	0.6
越壕能力/m	1.4
最大涉水深度/m	1.219
LHS 装载系统	制造商:OTC/Multilift 总能力:11 793 kg(包括 1 814 kg 托盘和 9 979 kg 货物)

表 6 - 4　"萨德"导弹发射车 HEMTT M1120 设备参数

型号		M1120
发动机	制造商	Detroit Diesel Allison
	型号	8V - 92TA
	类型	V8,2 冲程,柴油机
	马力/hp	450
	燃油箱容量/L	587
	排量/L	12.1
	最大功率转速/(r/min)	2 100
	燃料	柴油、DF - 2、JP - 4、JP - 8、VV - F - 800
	机油/L	34.2 带滤清器(MIL - L - 2104D、MIL - L - 46167)
冷却系统	类型	91.2 L,水冷,散热器
	风扇	发动机驱动,离合型
变速箱	制造商	Allison
	型号	HT740D
	类型	自动
	挡位	4 个前进挡,1 个倒挡
	机油	43.3 L,带滤清器

续表

分动箱	制造商	Oshkosh Truck Corporation
	型号	55 000
	类型	气动,前双桥断开
	机油/L	7.4
车桥	制造商	前双桥:Oshkosh/Eaton 后双桥:Eaton
	型号	No. 1:RS480 No. 2:DS480 – P No. 3:DS480 – P No. 4:RS480
	前桥转向角/(°)	32
	机油/L	前双桥:19.95 后双桥:24.51
车轮	类型	轮盘式
	数量	8 个
	备用	1 个
	地脚螺栓数目	每轮 10 个
轮胎	类型	米其林 16.00R20(XZL)子午线轮胎,不带内胎
	数量	8 个
	备胎	1 个
	轮胎花纹类型	子午线型牵引,非定向
制动器	类型	气压制动,内胀型
电气系统	交流发电机	发动机驱动,抗射频干扰和电磁干扰,防水
	额定电流标准/A	65
	电池	4 个,每个 12 V,串并联
	电压/V	24 V
自修绞车	制造商	DP Manufacturing
	型号	20K – HEMTT
	钢丝绳直径/m	0.014
	钢丝绳长度/m	60.96
	钢丝拉力	第 1 层:9 071 kg 第 2 层:8 243 kg 第 3 层:7 558 kg 第 4 层:6 967 kg 第 5 层:6 465 kg

6.1.4　作战流程

"萨德"导弹的作战过程是由预警卫星或预警机在敌方导弹发射后发出预警信息，并将信息传递给地面雷达；雷达实施远距离搜索，一旦捕捉到目标即自动跟踪，并将跟踪信息自动传输给 C2BMC 系统；C2BMC 系统指挥地面雷达向拦截弹传送实时修正的目标数据，对其进行中段飞行修正；拦截弹飞行一段时间后，安装在助推火箭前的"动能杀伤拦截器"与助推火箭分离并达到相应的拦截位置；"动能杀伤拦截器"上的寻的器引导实施自主寻的、飞行制导与目标直接碰撞。

"萨德"拦截弹主要用于对中远程弹道导弹大气层内、外末段动能拦截，采用"二拦一"拦截方式。采用红外寻的末制导技术，以命中杀伤方式拦截来袭导弹，拦截器的最大速度为 2.5 km/s。拦截作战高度为 40～150 km。

6.1.5　部署情况

部署方面，2008 年 5 月 28 日，首批"萨德"导弹武器系统正式装备美国陆军，部署了 24 枚"萨德"导弹拦截弹、3 辆"萨德"导弹发射车、1 套"萨德"导弹火控系统和 1 部"萨德"导弹雷达。按照计划，"萨德"导弹生产部署将加速一倍，每个连将获得 6 部发射车，每辆装载 8 枚导弹。2015 年在陆军建设 9 个"萨德"导弹导弹连，拦截弹的数量将达到约 500 枚。从总体部署来看，美国陆军计划装备 1 422 枚"萨德"导弹拦截弹、80～99 枚发射车和 18 部地面雷达，全部部署完毕后，将为美国本土和海外驻军提供有效的弹道导弹防御能力。

6.1.6　小结

"萨德"导弹是美国弹道导弹反导系统，采用"边研制、边部署、边测试、边改进"的模式。这不同于美国装备成熟再部署的采办特点，有几方面原因：进度、技术风险与经费要求。美国陆基战略目前采用固定阵地模式，这种模式配合弹道导弹防御能确保生存能力，因此对高质量的反导系统要求迫切；弹道导弹飞行速度快，拦截难度大，技术风险高，先小批量研制部署再通过大量测试改进能有效降低风险；这种模式也有利于国会每年拨给经费，有利于美国盟国分担研制经费。

"萨德"导弹经过这些年的研制、部署、测试与改进，已经具备探测、跟踪和拦截中近程弹道导弹的能力。

"萨德"导弹有两种部署模式，在末端模式时，其侦察距离短；在前置部署时，其侦察距离长。两种模式切换起来非常容易。

"萨德"导弹侦察距离具体取决于对单个目标扫描时间的设置、目标的 RCS 值、信噪比等。目标扫描时间增加 10 倍，或者目标 RCS 值增加 10 倍，或者信噪比降低 10 倍，或者三者组合作用增加 10 倍，探测距离增加 1.78 倍。"萨德"导弹最大拦截距离只有 200 km，但侦察距离可达 3 000 km。

6.2　美国"爱国者"导弹

"爱国者"导弹（PAC）主要由美国雷锡恩公司研制，分为原型和改进型。原型主要用于拦截各种高性能飞机。美国陆军从 1985 年 3 月开始执行加强爱国者反战术弹道导弹能力的计划。改进后的"爱国者"导弹产品型号分别为 PAC-1、PAC-2、PAC-3，均具备较强的拦截战术弹道导弹、巡航导弹能力。

6.2.1　导弹系统

PAC-3 导弹由一级固体助推火箭、制导设备、雷达寻的头、姿态控制与机动控制系统和杀伤增强器等组成。弹头与助推火箭在飞行中不分离，始终保持为一个整体。PAC-3 拦截弹的杀伤增强器增大了拦截目标的有效直径，该装置位于助推火箭与制导设备段之间，长 127 mm，质量为 11.1 kg。杀伤增强器上有 24 个 214 g 的破片，分两圈分布在弹体周围，形成以弹体为中心的两个破片圆环。当杀伤增强器内的主装药爆炸时，这些破片以低径向速度向外投放出去。PAC-3 系统是点防御系统，用于在战区交战过程中保护重要军事设施。PAC-3 系统主要技战术指标如表 6-5 所示。

表 6-5　PAC-3 系统主要技战术指标

全弹长/m	5.2
弹体直径/m	0.25
翼展/m	0.5
发射质量/kg	328
推进系统	单级固体推进剂火箭发动机,带有姿控装置,可在飞行中进行机动
制导系统	惯性/主动毫米波雷达末制导
弹头	碰撞杀伤＋杀伤增强器,73 kg 高爆炸药/破片,近炸引信
最大射程/km	20
拦截高度/km	15
最大飞行马赫数	5

与 PAC-2 相比，PAC-3 增程拦截弹的主要特点如下：第一，依靠直接碰撞杀伤目标，杀伤能力强，具有摧毁化学弹头的能力；第二，拦截弹的尺寸小，比 PAC-2 系统的防御火力增大 3 倍；第三，拦截高度高，防御区域大。

由于 PAC-3 导弹的直径比 PAC-2 缩小了 0.155 m，因此在一辆只能装 4 枚 PAC-2 导弹的发射车上可带 16 枚 PAC-3 拦截弹。一个"爱国者"导弹连可以根据不同的目标类型发射不同的爱国者导弹，如 PAC-2 导弹、GEM 导弹或 PAC-3 导弹，三者可分别对付射程为 500 km、600 km 和 1 000 km 的来袭导弹。

PAC-3 在 PAC-2 的基础上对导弹、发射架、地面雷达等设备的软、硬件进行了改进，是对系统的一次大的革新，系统性能有了一个质的飞跃。PAC-3 能有效拦截包括隐形飞机、战术弹道导弹和巡航导弹在内的现代空袭兵器，并具有很强的火力、机动性和抗干扰能力。

目前的 PAC-3 系统是正在进行的 PAC-3 计划的第 3 阶段改进型，即采用了 PAC-3 增程拦截弹的系统，被称为 PAC-3 MSE 型，主要目的是扩大战场空间。

6.2.2　雷达系统

PAC-3 系统使用的却是一种相控阵天线雷达。雷达改进方面包括：增设雷达天线屏蔽，避免了地物杂波干扰；增装了一部低噪声接收机，用以提高雷达威力；在雷达、操作控制站中加装了 GPS 接收机，以进行快速、精确发射；发射架全部实现遥控，数据传输设备得到改进，使发射架和雷达之间的距离增大到原来的 30 倍；相控阵雷达采用了双行波管和正交场放大器，使平均功率增加一倍，增加了脉冲多普勒处理能力；武器系统控制计算机升级，处理速度增加 4 倍，储存量增加 8 倍，并设计了新的软件。改进后的雷达可产生多种波形，有可能识别目标长度、雷达反射面积和速度等，从诱饵和碎片中区分出小型目标，并具有多功能处理能力。

这种雷达天线包含 5 000 个移相器，使得天线可以发射定位精确的雷达波来扫描，可以跟踪 100 个潜在目标和 9 个已发射的"爱国者"导弹，覆盖 100 km 的范围。该天线可以：扫描天空，搜索来袭目标；探测潜在目标；确定来袭目标的弹道、速度和航向；提供信息以识别目标；为发射后的"爱国者"导弹导航，帮助导弹瞄准目标；照亮目标，这对 PAC-2 导弹使用的"通过导弹跟踪"导航系统非常重要。

6.2.3　发射系统

一个 PAC-3 导弹连最多可以配备 16 辆发射车，导弹连中的所有发射车通过光纤或无线电与唯一的指控中心通信，指控车向发射车下达发射导弹命令。发射架电子系统增强了遥控发射能力。

"爱国者"导弹雷达和发射车安装在 M860 半挂车（图 6-3～图 6-5）上，由 HEMTT 983 牵引。一辆发射车可以装备 4 枚 PAC-2 导弹或者 16 枚 PAC-3 导弹。导弹发射后，带有加装利勃海尔随车吊的 M985 HEMTT 底盘转载车开到发射车附近给它装备新导弹。表 6-6 为 HEMTT983.985 参数。

6.2.4　作战流程

作战单元由发射车、雷达车、指控车、装填车、电源车等组成。

每辆发射车有其自己的电力供应，为其电子装备充电并将导弹瞄准。但是，"爱国者"导弹不必在发射时直接瞄准目标，导弹具备自己寻的功能。

图 6 - 3　PAC - 3 导弹发射车

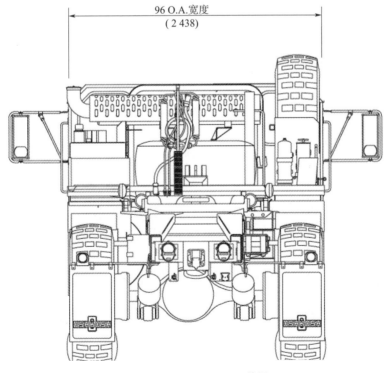

图 6 - 4　HEMTT 983（前视）

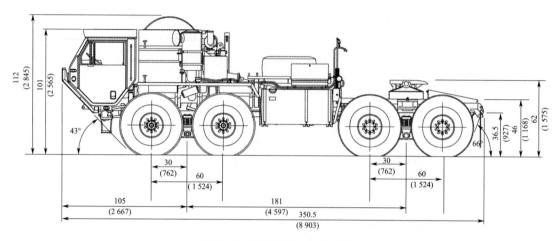

图 6 - 5　HEMTT 983（侧视）

表 6 - 6　**HEMTT983、985 参数**

型号	HEMTT 983	HEMTT 985
座椅	2 人	2 人
驱动	8×8	
整备质量/t	14.6	17.984
总质量（GVWR）/t	28.123	30.844
总牵引质量/t	无	45.360
车长/m	8.903	10.173
车宽/m	2.438	
车高/m	2.845	
轮距/m	1.977	
轴距/m	4.850	5.334
最高车速/(km/h)	100	
轮胎	16.00R20XZL 米其林子午线轮胎,不带内胎	
备胎	8+1	
中央充放气系统	选配	
油箱容积/L	587	
巡航里程/km	644（越野路面平均距离）	
涉水深度/m	1.219	
空运	C130、C141	
发动机	DDC V8 发动机,12.1 L,445 hp 或 450 hp	
变速箱	Allison HT7404 挡自动变速箱	
分动箱	Oshkosh 55000,2 挡	
车桥-前桥 -后桥	Oshkosh 46K Eaton DS480	Oshkosh 46K Eaton DS380

续表

悬挂-前 -后	Hendrickson RT340 Hendrickson RT340	Hendrickson RT340 Hendrickson RT380
电气系统	启动 24 V,照明 24 V	
制动	鼓式空气作动	
转向	动力转向,前贯通	
自修绞绳/kg	9.072	
随车吊	无	格鲁夫 2 499 kg,5.03m

指控车是"爱国者"导弹连的命令中心。指控中心包括 3 位操作员的操作台及控制导弹连的计算机。导弹连的雷达天线和所有发射车都与指控中心相连,飞行中的"爱国者"导弹也要与指控中心通信。

指控车里有两个雷达控制台,操作人员可以查看系统正在跟踪的所有目标的状态。操作人员可以使系统在全自动模式下运行,也可以介入来选择或放弃目标。指控车里还有一个通信站,方便导弹连与其他导弹连及地区命令中心通信。

发射 PAC-2 导弹和发射 PAC-3 导弹的"爱国者"导弹连的工作原理稍有不同。PAC-2 导弹雷达天线扫描天空,寻找来袭目标。一旦找到目标,就更集中地扫描,并与指控中心通信。扫描的目的是确定目标的速度和航向,并识别它是敌是友。当操作人员或者计算机确认它是一个来袭敌弹时,指控中心就会计算"爱国者"导弹的初始航向,选择将要发射的"爱国者"导弹,下载初始导航信息到该导弹并发射之。3 s 之内,导弹就会以马赫数 5 的速度飞向大致的目标方位。地面雷达天线此时有以下 3 个作用:继续跟踪来袭导弹;搜寻、跟踪已发射的爱国者导弹,向指控中心提供其航向与速度信息;照亮来袭目标。

照明信号从目标反射回来,被安装在按航向飞行的 PAC-2 导弹前端的天线所接收。PAC-2 导弹将此信号传送回指控中心,指控中心根据照明信号信息与雷达对来袭目标和已发射"爱国者"导弹的跟踪信息来调整"爱国者"导弹的航向。指控中心向"爱国者"导弹发送引导命令,以调整其航道。当"爱国者"导弹到达离目标最近的点时,其杀伤炸弹将爆炸。

与 PAC-2 导弹不同,PAC-3 导弹有自己的雷达发射器和计算机,这使得它可以引导自己。PAC-3 导弹一旦发射就打开雷达,寻找目标并瞄准之。

6.2.5 部署情况

PAC-3 系统在全球广泛部署,目前已经在日本、沙特阿拉伯、阿拉伯联合酋长国、巴林、科威特国、韩国、中国台湾等国家和地区进行了部署,主要执行美军基地的防空反导任务。目前,美国全球部署了 60 个导弹连,其中本土部署了 8 个"爱国者"系统导弹营,共 33 个导弹连;海外部署了 7 个导弹营,共 27 个导弹连。每个营由 2~4 个连组成,每个连由 4 部发射车组成。

6.2.6　小结

PAC-3 系统是美国目前唯一在实战中应用的导弹防御系统，用于美国弹道导弹防御系统的末段低层拦截，可拦截射程小于 1 000 km 的战术弹道导弹，技术成熟，具备拦截近程弹道导弹、巡航导弹的能力。

6.3　俄罗斯 S-300P/S-400/S-500 导弹

俄罗斯 S-300P/S-400/S-500 导弹是俄罗斯典型的技术先进的防空导弹，是现役以及今后多年俄罗斯的核心防空力量，某些型号出口多国，技术领先，分为多个系列。

S-300P（SA-10）是苏联国土防空军第 3 代地对空导弹系列，用于超低空到高空、近距离到超远程的全空域抗击密集多目标空袭作战。S-300P 系列从 1967 年开始研制，共包括 1980 年装备的原型 S-300P（SA-10）、1982 年装备的 S-300PM（SA-10A）、1985 年装备的 S-300PMU（SA-10B）、1993 年装备的 S-300PMU1（SA-10C）、1998 年公开的 S-300PMU2（SA-20A）、1999 年公开的 S-300PMU3/4（SA-20B）6 种武器系统。

S-400（SA-21）新型防空导弹武器系统是俄罗斯按照全新的设计思路研制而成的，其充分利用了俄罗斯无线电、雷达、火箭制造、微电子技术和计算机技术等领域的最先进研究成果。

S-500（SA-X-NN）系统具备拦截战略弹道导弹的能力，是俄罗斯防空导弹最先进的型号。

从 S-300P、S-400 到 S-500 三型导弹的改进，不管是导弹本身还是发射平台都相差巨大，这里分节进行介绍。S-300P/S-400/S-500 系列型号一览表如表 6-7 所示。

表 6-7　S-300P/S-400/S-500 系列型号一览表

美方代号	苏联/俄方代号	自行式 TEL 系列	牵引式 TEL 系列
SA-10A	S-300PT	—	5P85-1
SA-10B	S-300PS	5P85S + 5P85D	—
SA-10C	S-300PMU	5P85SU + 5P85DU	—
SA-20A	S-300PM	5P85SM/SE	5P85T
SA-20A	S-300PMU1	5P85SM/SE	5P85TE
SA-20B	S-300PMU2	5P85SM/SE	5P85TE、5P85TE2
SA-21	S-400Triumf	5P90S	5P85T2/TE2
SA-X-NN	S-500	5P77	—

6.3.1　S-300P 系列

6.3.1.1　导弹系统

S-300P 有 6 个型号（表 6-7），各型号之间除了一些分系统部分性能得到提高和改善以外，最大的不同就是所配备的导弹性能的差异，其导弹代号分别为 5V55K、5V55R、5V55RUD、48N6E、48N6E2。前 3 种导弹不具备拦截战术弹道导弹的能力，经过重大改进的 48N6E/48N6E2 2 种导弹具有战术弹道导弹拦截能力，48N6E2 比 48N6E 导弹的拦截距离和范围更远、更大，可将战术弹道导弹在空中有效地摧毁。

（1）S-300P

S-300P 于 1980 年投入部队使用，主要作战装备包括 5B55K 导弹、制导雷达和发射设备。S-300P 系统的所有装备都装在半拖车上，用牵引车牵引。

5B55K 导弹采用单级固体火箭发动机推进，无线电指令制导，弹长 7 m，弹径 0.45 m，最大射程为 55 km。S-300P 实施密集部署，用于保卫重要目标，如政治经济中心和空军基地等。据报道，1986 年就已建立了近 100 个发射阵地，其中莫斯科周围就有 40 个。

S-300P 虽是一种新的地空导弹武器系统，但其与最初的要求相距甚远，与美国的 "爱国者" 系统相比存在一定的差距：

1）武器系统不能同时对付多个目标，只能一次射击一个目标；

2）系统装备都放在拖车上，地面机动性差，适应不了现代战争高机动性的要求；

3）导弹的射程有限，只有 55 km；

4）导弹采用无线电指令制导，抗电子干扰能力较差。

（2）S-300PMU

S-300PMU 系统的所有战斗装备都装在 MA3-543M 特种高机动卡车上，从行军状态到做好射击准备时间减少到了 5 min。一个导弹营的作战装备包括多功能相控阵照射制导雷达、低空补盲雷达和最多为 4 套的发射装置及一种新的导弹 5B55P。每套发射装置包括 1 辆主发射车（装有发控舱）、1～2 辆辅助发射车（不装发控舱，受主发射车的控制）。在发射车上装有 4 枚筒装的 5B55P 导弹。一个营的导弹数达 48 枚，导弹营独立作战时还增配一部三坐标目标搜索雷达。

S-300PMU 系统采用 5B55P 导弹，它是一种固体推进剂单级导弹，工作时间 14 s，无助推器，气动外形为正常式无主翼布局，装 4 片全动式尾舵，最大飞行马赫数达 6。整个导弹分为整流罩、仪器舱、战斗部舱、固体火箭发动机舱和尾舱等 6 个舱段，导弹长 7.25 m，弹径 0.508 m，发射质量为 1 664 kg，采用 133 kg 的破片杀伤式战斗部，破片数为 2 万块。弹上加装了雷达测角仪，制导体制为无线电指令加末段 TVM 制导。出厂时导弹装在密封充氮的发射筒内，筒内装有弹射导弹的燃气弹射装置。在发射阵地用液压起竖机将筒装导弹起竖至垂直状态，准备发射。发射时燃气弹射装置将导弹弹射出发射筒，火箭发动机点火，将导弹加速至马赫数为 6，飞向目标。

多功能相控阵照射制导雷达与指挥控制舱装在一辆车上。雷达能在严重的杂波干扰和电子对抗条件下对目标进行搜索、跟踪、照射和对导弹制导，它可以同时制导 12 枚导弹攻击 6 个目标。雷达工作在 X 波段，其天线可安装在高塔上，提高发现低空目标的能力。

S-300PMU 是世界上较为先进的现役地空导弹武器系统之一，其性能和美国的"爱国者-3"（PAC-3）相当，其主要特点如下：

1）S-300PMU 是一种全天候多通道地空导弹武器系统，用于对付现代作战飞机和巡航导弹等空中目标，杀伤空域大。S-300PMU 使用一部多功能照射制导雷达，可同时制导 12 枚导弹拦截 6 个目标。

2）系统反应迅速、机动性好。系统的反应时间为 15～20 s。系统的主要设备均为车载自行式，自带电源，作战装备由行军状态转入战斗状态的时间为 5 min。

3）低空、超低空性能好。系统的设计强调对付美国的巡航导弹，采用多项技术，如装备低空补盲雷达，照射制导雷达天线和低空补盲雷达的天线可以安装在高塔上，能对付 25 m 高的低空来袭目标。

4）采用多种抗干扰技术，能抗消极干扰、掩护干扰和自卫干扰，使系统能在现代电磁环境中作战。

5）系统能对付巡航导弹，但不能对付战术弹道导弹。

6）S-300PMU 系统元器件的集成化和计算机水平都不如美国的"爱国者"导弹。反过来说，俄罗斯在元器件集成化不高、计算机水平不高的情况下，能制造出世界上先进的地空导弹系统，也可看出俄罗斯在地空导弹的设计上有其独到之处。

防空作战时，按目标指示雷达提供的信息，照射制导雷达截获目标，并向导弹发射车传送和装定发射参数。接到发射指令后，发射 1～2 枚导弹，导弹垂直弹射起飞，发动机点火，程序转弯转向目标平面。照射制导雷达截获导弹，并向导弹发送修正指令，末段按 TVM 制导原理将导弹引向目标，在遭遇点引爆战斗部，以破片杀伤目标。

（3）S-300PMU1

俄罗斯针对 S-300PMU 没有反战术弹道导弹能力及世界上对反战术弹道导弹的需求，对海湾战争做出及时反应，以反战术弹道导弹为重要内容改进 S-300PMU 系统，采用新研制的导弹，增大了照射制导雷达的威力。它不仅保持了 S-300PMU 的高机动性，而且增大了射程和攻击快速目标的能力，使系统不仅能有效拦截空气动力目标，也能拦截战术弹道导弹。改进后的 S-300PMU1 在 1993 年阿布扎比国际防务展览会上公开展出，1993 年年底开始在俄罗斯防空军中服役。

S-300PMU1 与 S-300PMU 相比，其改进主要表现在以下方面：

1）系统采用改进型导弹 48N6E，增加了发动机装药，增大了射程，对空气动力目标的拦截距离扩大到 150 km，最小拦截高度降低到 10m；战斗部增加到 143 kg（"爱国者"导弹的战斗部只有 70 kg），提高了单枚破片质量。

2）实现了对战术弹道导弹的拦截，其拦截距离达 40 km，超过了海湾战争使用的"爱国者"地空导弹系统。

3）改进了照射制导雷达，增大了威力，提高了发现和跟踪目标的能力。

4）扫描扇区显著增大，提高了系统自主作战能力。

5）利用联机训练设备，扩大了战勤训练的可能性。

在俄罗斯防空军中，1 个 S - 300PMU1 导弹旅包括 3 个导弹营，旅里配有指挥控制系统，它可以指挥控制 6 个 S - 300PMU 和 S - 300PMU1 导弹营。指挥控制系统包括指挥所和搜索雷达，系统可以同时跟踪 100 条目标航迹，确定目标的国籍，侦察距离300 km。目标信息的来源主要是系统本身的雷达、被控制系统的数据以及相邻指挥控制系统和上级指挥系统的信息。

（4）S - 300PMU2

为了更好地对付巡航导弹、战术及战区弹道导弹、预警机和电子干扰飞机，俄罗斯在 S - 300PMU1 的基础上又推出了称为"宠儿"的 S - 300PMU2 地空导弹武器系统。从外观上看，S - 300PMU2 与其前身并没有太大不同，但实质上其是一种全新的地空导弹武器系统，对系统的各部分都进行了改进。与 S - 300PMU1 相比，S - 300PMU2 的性能有了很大提高，具体体现在以下几方面：

1）能保证引爆来袭导弹的弹头，提高了杀伤弹道式目标的效率；

2）提高了对空气动力目标的杀伤效能，能射击超低空和在复杂战术及干扰环境下飞行的目标；

3）扩大了对空气动力目标的杀伤区，包括尾追射击，增大到 200 km；

4）提高了指挥控制系统对弹道目标的探测和跟踪能力，同时保留了对空气动力目标的搜索扇区；

5）采用了新一代自主式搜索雷达，提高了火力单元独立作战能力；

6）武器系统使用了新的导弹（48H6E2），其也可以使用 S - 300PMU1 系统的 48H6E 导弹。

S - 300P 系列型号主要技战术性能一览表如表 6 - 8 所示。

表 6 - 8 S - 300P 系列型号主要技战术性能一览表

指标	型号				
	S - 300P 5V55K SA - 10A	S - 300PM 5V55R SA - 10B	S - 300PMU 5V55RUD SA - 10C	S - 300PMU1 48N6E SA - 20A	S - 300PMU2 48N6E2 SA - 20B
目标	低空喷气目标	低空喷气目标	低空喷气目标	低空喷气目标、战术弹道导弹	低空喷气目标、战术弹道导弹
射程/km	47	75	90	150	3～200
射高/km	—	0.025～25	0.025～25	0.025～27	0.01～27
制导体制	—	—	程序＋无线电指令＋末段 TVM	程序＋无线电指令	
发射方式	4 筒双排联装垂直发射				
弹长/m				7.25	7.5

续表

指标	型号				
	S-300P 5V55K SA-10A	S-300PM 5V55R SA-10B	S-300PMU 5V55RUD SA-10C	S-300PMU1 48N6E SA-20A	S-300PMU2 48N6E2 SA-20B
弹径/mm	—	—	508	515	—
发射质量/kg	—	1 664	1 804	1 799	约 1 800
飞行速度 m/s	—	1 860	1 900	2 000	2 200
机动能力/g	—	25	25	—	—
战斗部/kg	—	133	143	143	180
动力装置	—	—	—	单级单推力高能固体火箭发动机	

（5）S-300V（SA-12）

S-300V 采用 1 型和 2 型两种导弹。S-300V 从 20 世纪 70 年代中期开始研制，用于反战区弹道导弹的 1 型导弹于 1987 年开始装备，而以反飞机为主的 2 型导弹则装备较晚。S-300V 通过采用两种型号的导弹，将 13～100/1～30 km 的远程/高层系统、6～75/0.025～25 km 的近程/低空系统有机地结合成一个反战术弹道导弹与防空的大系统，使反战术弹道导弹、反巡航导弹、反飞机作战实现了有机的统一。

（6）安泰-2500

安泰-2500 防空导弹系统由俄罗斯安泰康采恩工业公司研制。安泰-2500 是一种机动式多用途反导弹和反飞机防空系统。该导弹性能、雷达性能以及自动化、可靠性、维修保障、管理训练水平等较 S-300 有了较大提高。安泰-2500 于 1998 年对外公开，其所用导弹为 9M82 和 9M83 的改进型，即 9M82M 和 9M83M。其任务是保卫国家的重要工业和军事目标、军队部署，使之免遭敌方弹道导弹和气动导弹的空中攻击。安泰-2500 能有效杀伤 2 500 km 距离以内起飞的弹道导弹，也能对付各种类型的气动和气动弹道目标。世界上还没有其他能与安泰-2500 这种能拦截射程 2 500 km 弹道导弹武器系统相提并论的武器，它是一种独一无二的战区导弹防御系统，未来能与安泰-2500 一争高低的是美国的战术导弹防御系统。

安泰-2500 地空导弹系统分为控制系统和导弹两大部分。

安泰-2500 的控制系统包括 9S15M2 型全景扫描雷达车、9S19M 型扇形区域扫描雷达车、9S457M 型指挥车（中心）和 9S32M 型多通道导弹引导雷达车等分系统。各分系统的功能如下：

1）9S15M2 型全景扫描雷达车负责早期监视与目标搜索，它最多可搜索到 200 个目标。指挥车（中心）可从它传送回的目标资料中选择其中的 70 多个目标进行跟踪，同时决定 9S19M 型扇形区域扫描雷达搜索高速导弹目标的可能通道。指挥中心根据各雷达及其他来源提供的数据对目标危险程度进行排序，最后锁定一些最危险的目标，并指令 4 个所属导弹连进行拦截。

2）9S19M 型扇形区域扫描雷达车的搜索方式是先确定特别区域，然后以该区域中心点为轴，按一定的方位角和高度对特定区域进行不间断扫描，在锁定可疑目标后开始自动跟踪；同时，将测得的目标飞行轨迹与各项参数传到指挥中心，指挥中心进行研判与筛选后，下令继续跟踪，同时准备拦截。

3）9S32M 型多通道导弹引导雷达车在接到指挥中心的指令后，开始对特定区域进行搜索，对 9S15M2 型雷达锁定的目标进行跟踪，并引导导弹进行拦截。

安泰 - 2500 系统采用俄罗斯创新设计局研制的 9M82M 和 9M83M 型导弹，这两种导弹分别是 S - 300V 导弹系统使用的 9M82 和 9M83 型导弹的改进型，它们保留了原导弹的质量及外形特性、制导方式及作战模式。改进型导弹射程更远，对付各种战术和战役战术弹道导弹及巡航导弹的效能进一步提高。同时，9M82M 和 9M83M 导弹的机动性也大大提高，因此能摧毁高机动目标。这两种导弹都采用固体推进剂，两者的区别是第一级推进段的大小不同，飞行速度及射程覆盖范围不同。9M82M 型导弹用于歼灭战术、战役战术导弹和中程弹道导弹以及 200 km 内的飞机，导弹在所有飞行段都是可控的。9M83M 型导弹用于歼灭近程、中程战术与战役战术导弹以及飞机。

一个安泰 - 2500 地空导弹营包括 1 个营部和 4 个地空导弹连，营指挥部有 1 辆 9S15M2 型全景扫描雷达车、1 辆 9S19M 型扇形区域扫描雷达车和 1 辆 9S457M 型指挥车。每个地空导弹连配备有 1 辆 9S32M 型多通道导弹引导雷达车、6 辆带 4 套横列式发射筒（各搭载 4 枚 9M83M 型导弹）的 9A83M 型发射车和 6 辆带 2 套发射筒（各搭载 2 枚 9M82M 型导弹）的 9A84M 型发射装填车。

安泰 - 2500 与 S - 300V 相比，具有更高的作战性能，具体如下：

1）所拦截目标的射程、最大飞行速度、拦截战术弹道导弹的最大高度、反应时间分别从 1 100 km、3 000 m/s、25 km、15 s 相应提高或缩短为 2 500 km、4 500 m/s、30 km 和 7 s。

2）雷达信息处理能力更强，对小反射截面积高速弹道导弹的拦截能力更强。1 个安泰 - 2500 导弹营可在 1 000～2 000 km² 范围内拦截各种型号的弹道导弹，在 12 500 km² 范围内摧毁敌航空兵器，拦截导弹的概率为 96%。其指挥控制系统可在强烈电子干扰下跟踪 300 km 内的 200 个目标，并对其中的 70 多个目标实施打击。

3）作战操作完全实现了自动化，具有更高的使用可靠性和现代化的故障检测与排除手段，大大减少了战勤人员数量与培训时间。

4）更有效地用于国土防空，与国家、军队的武器指挥控制系统实现一体化，同时拦截 16 枚射程达 2 500 km、飞行速度达 4 500 m/s、有效反射面积为 0.02 m² 的弹道导弹和 24 个飞行目标（其中包括隐身目标）。

5）执行野战防空任务能力更强。其本身可作为一个小范围的机动式战术预警与指挥控制系统使用，独立进行防空作战，抗击敌人作战飞机对地面部队及战役纵深的空袭，拦截武装直升机、对地攻击机和空地战术导弹等。

S - 300V、安泰 - 2500 和 PAC - 3 的对比如表 6 - 9 所示。

表 6 - 9　S - 300V、安泰 - 2500 和 PAC - 3 的对比

性能		S - 300V	安泰 2500	PAC - 3
杀伤目标距离/km	气动目标	100	200	150
	弹道目标	40 以下	40 以下	40 以下
杀伤目标高度/km	气动目标	0.025~30	0.025~30	25 以下
	弹道目标	25 以下	25 以下	20 以下
杀伤弹道导弹的最大速度/(m/s)		3 000	4 500	3 000
目标最小有效反射面积/m²		0.02	0.02	0.1
杀伤弹道导弹的最大起飞距离/km		1 100	2 500	1 000
武器系统展开和撤收时间/min		5/5	5/5	30/15
导弹发射准备时间/s		15	7	—

6.3.1.2　发射系统

运输起竖发射一体式发射车经历了 3 代的发展，所使用的系统由 S - 300P 系统发展而来，车辆底盘、发射装置硬件、电子装置可以通用。

对于 S - 300P，其原型是半机动型，S - 300PMU 及以后的型号全为机动型。正如前面导弹部分介绍的，S - 300 有若干不同系列，不同系列有共用发射车设计，也有改进或者另外设计的。因此，本节采用按照发射车的型号进行介绍，分别用于上述的各个系列的导弹。

(1) 5P85PT/T/TE 牵引式发射车

5P85PT/T/TE 牵引式发射车主要用于发射 S - 300P/PM/PM1/PM2 导弹，采用牵引车加拖车的机构，机动性能差。

S - 300P 原型采用 5P85PT 半拖挂机动方式发射车，为暂时性设计，机动性能不佳，在随后的型号改进中改为 8×8 车载式，机动性大大提高。在此设计中，牵引臂张开，对导弹发射筒组进行支撑，使排气装置对准牵引车。液压起竖臂使 4 枚导弹发射筒组形成独特的对称性梯形布局，如图 6 - 6 所示。

图 6 - 6　S - 300P 系统 5P85PT 发射车处于垂直发射状态

5P85PT/T/TE 牵引式发射车将 5P85TE 半拖车和 6×6 KrAZ-260 牵引车相结合（图 6-7）。KrAZ-260 作为炮兵牵引车在 1979 年投产，随后不断改型，广泛用于军用和民用领域，其比较典型的改型在 9.5～10 t 位级。同 MAZ-543 重型卡车牵引相比，5P85PT/T/TE 牵引式发射车价格较低，虽然牺牲了越野机动性，但提高了公路行驶速度。5P85TE 发射车具体参数如表 6-10 所示。

图 6-7　5P85TE 发射车

表 6-10　5P85TE 发射车具体参数

起重量（不带绞盘）/kg	9 500
整备质量（不带绞盘和补充装备）/kg	11 750（包括前轴 5 740、托架 6 010）
总质量/kg	21 475（包括前轴 6 320、托架 15 155）
挂车的允许总质量/kg	全路面 10 000、硬路面 30 000
最大速度/(km/h)	80（带上总质量为 10 000 kg 的挂车后，也是 80）
加速到 60 km/h 的加速时间/s	40
汽车以 50 km/h 行驶时滑移/m	650
汽车最大爬坡度/%	58
带着 10 000 kg 挂车时爬坡度/%	32
汽车以 40 km/h 行驶时制动距离/m	17.2
带着挂车时制动距离/m	18.4
车速在 60 km/h 时，百千米耗油/L	38.5 L
在额定胎压下涉水深度/m	1.2
转弯半径/m	外轮 13.0、外径 13.5
发动机	220 kW

（2）5P85S/SM/SE/SE1/SE2 自行式发射车

5P85S/SM/SE/SE1/SE2 自行式发射车主要用于发射 S - 300PS/PM/PMU/PMU1/PMU2 导弹。

与 5P85PT/T/TE 牵引式发射车不同的是，5P85S 是完全自主型一体式发射车，以后的改装型如 5P85SM、5P85SE、5P85SE1 和 5P85SE2 都从自主化的 5P85S 系列发射车发展而来。5P85S 使用的封闭舱在 5P85SE 的后续改装型中消失。

5P85S/SM 由 MAZ - 543M 重型卡车牵引的 5P85DU/5P85SU 导弹发射车改进而成，把半机动的牵引式车辆底盘改为全机动的越野卡车底盘，使其成为全机动式地空导弹系统，行军转战斗时间减少到 5 min。

5P85SE 是 8×8 MAZ - 79100 自行式底盘的改型的发射车（图 6 - 8～图 6 - 10）。MAZ - 79100 底盘也为大型弹道导弹发射车、油田卡车、炮兵拖车等的研发打下基础，也广泛用于 MAZ - 74106 牵引拖车（表 6 - 11）。MAZ - 79100 系列牵引拖车不断发展完善，其突出特点为后部底盘缩短，后桥间距缩小。

图 6 - 8　5P85SE 发射车

图 6 - 9　MAZ - 79100 系列牵引拖车外观

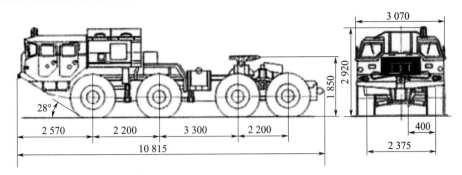

图 6 - 10　MAZ - 79100 系列牵引拖车及底盘尺寸布局（单位：mm）

表 6 - 11　MAZ - 74106 牵引拖车参数

参数	数值
长/mm	11 245
宽/mm	3 050
高/mm	2 945
轴距/mm	7 700
转弯半径/m	13.5
离地间隙/mm	400
空载质量/kg	21 000
有效载荷(公路行驶)/kg	19 000
有效载荷(越野行驶)/kg	19 000
总质量(公路行驶)/kg	40 000
总质量(越野行驶)/kg	40 000
最大牵引质量/kg	25 000
爬坡高度/mm	650
涉水深度/mm	1 300
最大越障高度/mm	800
最大越壕深度/mm	1 400
最高速度/(km/h)	60
巡航速度/(km/h)	45
内部燃料续航里程/km	1525/450
发动机	D12A - 525，V12，液冷柴油发动机
最大动力/kW	525
最大扭矩/kpm	220
电池/V	24
交流发电机/kW	3
起动电动机/kW	11
燃料箱/L	2×260

（3）5P85TM/T2/TE2 牵引式发射车

5P85TM/T2/TE2 牵引式发射车（图 6 - 11 和图 6 - 12）用于发射 S - 300PMU2/S - 400 型号导弹。5P85TM/T2/TE2 系列发射车将传统 5P85TE2 半拖车和 6×6 BAZ - 64022 牵引拖车相结合，BAZ - 64022 根据 BAZ - 6402 炮兵拖车进行改型，具体参数如表 6 - 12 所示。

（a）5P85TE2 发射车　　　　　　　　　（b）BAZ - 64022 拖车

图 6 - 11　5P85TE2 发射车和 BAZ - 64022 拖车

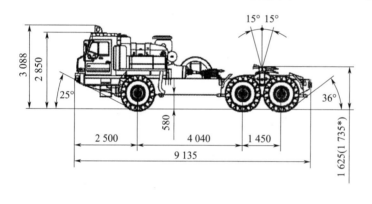 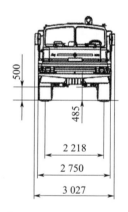

图 6 - 12　5P85TE2 发射车底盘参数及布局（单位：mm）

表 6 - 12　BAZ - 6402 炮兵拖车具体参数

轮型	6×6.1
鞍座载荷/hp	11.5
整备质量/t	16.0
全车总质量/t	45.8
发动机的功率/hp	470
最小转弯半径/m	13.0
最大速度/(km/h)	70
续驶里程/km	1 000

续表

外形尺寸	长/ mm	9 180
	宽/ mm	2 750
	高/ mm	2 850
发动机	功率/hp	470

5P85TE2 发射车可以由一辆 6×6 BAZ‑64022 拖车牵引，这是 S‑400 的显著特征，也可以安装在 5P85TE 半拖车上，由 KrAZ‑260 车辆牵引，同样向下兼容 S‑300P 系列所有型号的运输发射车。

6.3.2　S‑400

6.3.2.1　导弹系统

近几年来，世界各国普遍装备了远程空地导弹，如美国的联合空面防区外导弹（JASSM）、德国与法国联合研制的 KEPD350 等，其射程已增加到 300～350 km 或更远的距离。同时，由于新型空地导弹采用了隐身技术，从而减小了地面防空系统发现和摧毁来袭导弹的距离。在这种形势下，要求研制一种新型地面防空系统。这种新型地面防空导弹武器系统不仅要射程远、射高高，而且还要能对付低空飞行、采用隐身技术、飞行速度快的各种空袭武器（包括战术弹道导弹）。俄罗斯推出的全新 S‑400 正是这样一种新型防空导弹武器系统。

S‑400 新型防空导弹武器系统是俄罗斯按照全新的设计思路研制而成的，充分利用了俄罗斯无线电、雷达、火箭制造、微电子技术和计算机技术等领域的最先进研究成果。据俄罗斯军方称，S‑400 是全世界最精良的防空武器，在速度、精度等方面均优于美国的"爱国者‑3"（PAC‑3）。与俄罗斯的 S‑300PMU1 型防空导弹系统相比，S‑400 具有更高的战术技术性能，无论是在杀伤范围、效能，还是在杀伤目标的多样性方面都要更胜一筹。S‑400 防空导弹系统的配置基本与 S‑300PMU2 防空导弹武器系统家族一样，由照射雷达、发射装置、指挥控制系统、保障系统、导弹及发射架组成，各部分均安装在重型卡车底盘上，从而保证导弹武器系统具有较强的快速机动和反应能力。

S‑400 防空导弹系统与现役的其他防空导弹相比主要具有以下特点：

1）射程远。根据俄罗斯国防部提供的资料，S‑400 是目前世界上射程较远的防空导弹之一。该系统可在 400 km 范围内发现并摧毁当今世界的一切空中攻击目标，比 S‑300PMU2 的最远射程 200 km 高出一倍。该系统使用两种导弹：第一种导弹射程为 400 km，可以摧毁雷达难以发现的飞机，也可以用来对付远程空中预警指挥飞机和电子干扰机，这在世界上是绝无仅有的；第二种导弹与美国的"爱国者‑3"（PAC‑3）相当，采用主动雷达导引头，可以摧毁飞行高度为 5 m 的超低空目标，并具有较高的机动性能，具有摧毁来袭战术导弹的能力。

2）使用固体火箭发动机，采用垂直发射方式。该导弹系统沿用 S‑300 防空导弹系统的弹射方式，在发射时先利用压力将导弹弹出，在距发射装置 20 多 m 的上空启动导弹的发动机，使用更为安全，具有全方位拦截目标的能力。导弹使用固体燃料，推力大，可使导弹达到较高的速度，同时也更利于运输和储存。

3）可打击多种目标。S－400 既可摧毁现代空袭兵器，也可用来打击未来空袭兵器，包括战术和战备航空兵的飞机、"战斧"巡航导弹以及其他导弹武器和预警飞机等。S－400 防空导弹系统使用的高性能雷达可以发现隐蔽较好的目标，能够探测到利用隐身技术制造的飞行器并予以准确打击，美国的隐身战机和低空飞行的巡航导弹都在其打击之列。在不违反国际反导条约的前提下，S－400 新型防空导弹系统能提高反弹道导弹的能力，可对射程 3 500 km 的超高速飞行弹道导弹实施拦截。

4）高度自动化，匹配能力强。作战进程所有阶段的高度自动化可大大减少 S－400 的技术维护人员数量。该系统能自动对指示目标实施战斗行动，能自动跟踪、发现和拦截目标，导弹在飞临目标之前就能识别敌我，还可同时发射多枚导弹攻击不同的目标。

5）可使用多种型号的导弹，抗干扰能力强。据称，S－400 是俄罗斯乃至世界上第一种可有选择地使用数种型号导弹的系统。该系统可控制 18 枚导弹，且能使用数种攻击距离不同的导弹，可在有效范围内建立梯次配置多层防御，扩大了防御范围。它既可以使用过去配置的导弹，也可使用两种新型导弹，而且这两种导弹都是独一无二的，性能优良。该系统使用先进的相控阵雷达，具有全天候作战能力和较强的抗干扰能力，能在任何复杂气象条件下执行防空任务，并可在敌方实施有源和无源干扰条件下作战。

总之，S－400 防空导弹系统具有远、中、近程和高、中、低空防御作战能力。它与先进的对空侦察设施相结合，不仅可以应付因世界主要军事强国提高航空突击能力而对俄罗斯构成的威胁，而且也符合当前的国际军事政治形势发展潮流，并能与俄罗斯的经济实力相适应。因此，俄罗斯可能会大批削减其他型号的防空导弹系统，而使 S－400 成为其防空部队的主要防空作战武器。

6.3.2.2　发射系统

除了前面介绍的 5P85TM/T2/TE2 牵引式发射车以外，俄罗斯还新研了 5P90S/SE 自行式发射车、5P90TMU 牵引式发射车以及 MZKT－7930 自行式发射车。

（1）5P90S/SE 自行式发射车和 5P90TMU 牵引式发射车

5P90S/SE 自行式发射车和 5P90TMU 牵引式发射车用于发射 S－400 导弹，采用全新设计。改进后的 5P90S 自行式发射车以 BAZ－6909－022 为基础，装载的导弹载荷重于传统的 MAZ－79100 系列发射车。从图 6－13 中可以看出，该型发射车采用新型台架，配有带定位天线的新型起竖折叠杆、先进的 NK Orientir 精确制导系统，安装的天线的基线比 S－300PMU2 要多。

同早期 S－300P 家族 SAM 系统相比，新型数据链天线椼杆允许发射架在远离交战雷达的情况下操作。定位天线系统将极大降低发射车被无源射频传感器拦截和定位的可能性，使得分散的发射车隐蔽能力更强，不易被敌方武器定位、干扰和攻击。相对于交战雷达，新型 NK Orientir 制导系统可以协助发射车精确定位，方便使用窄束定位数据链。

同早期 5P85 系列自行式发射车相比，5P90S 自行式发射车可以自动操作，展车和装

图 6 - 13　演示验证试验中的 5P90S

填时间仅需 5 min，操作机动性强（图 6 - 14）。发射车定位后起动辅助动力单元，外伸支脚展开并稳固底盘，差速外伸支脚装置进行调平操作。稳固和调平操作完成后，台架液压起竖至垂直位置 [图 6 - 14（a）]，此时数据链路天线展开 [图 6 - 14（b）]，发射车与计算机联机，接收来自交战雷达的发射指令。

　（a）5P90S 发射台架液压起竖至垂直位置　　　（b）液压展开的数据链桅杆（使用 4 个天线元件）

图 6 - 14　5P90S 展开状态

导弹发射后或接收到重新部署的指令时，数据链路天线杆及台架可以进行液压回收（图 6 - 15），外伸支腿回收。此时，发射车可以重新展车躲避攻击。由于发射车不必进行调平，因此实际装填时间比展开时间要短。

　　（a）5P90S 数据链桅杆处于回收位置　　　　　　（b）发射台架和外伸支脚回收状态

图 6 - 15　5P90S 回收状态

（2）MZKT - 7930 自行式发射车

MZKT - 7930 自行式发射车用于发射 S - 400 导弹。8×8 发射车底盘以 MZKT - 7930 底盘为基础进行了改进（图 6 - 16），沿用 S - 400 5P85SE 验证机上的液压起竖发射设备。

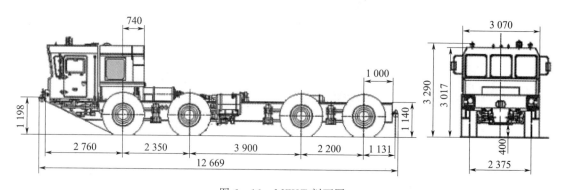

图 6 - 16　MZKT 剖面图

6.3.3　S - 500

6.3.3.1　导弹系统

　　S - 500 是 S - 400 的地面设备与安泰 - 2500 导弹的组合，这种组合使导弹的射程和 S - 400 系统的制导跟踪能力发挥到最大，同时又使研制成本降至最低。S - 500 能够拦截射程超过 3 500 km 的弹道导弹目标，具备拦截战略导弹的能力，可以在中远程实现拦截。

6.3.3.2　发射系统

　　S - 500 导弹采用 77P6 自行式发射车发射。在 S - 500 SAM/ABM 系统发展过程中，

77P6（图 6 - 17 和图 6 - 18）在外观上与 9A82MK 发射车最接近，包括采用 9A82/9A84 台架和 9Ya238 导弹发射筒/运输箱，最主要的不同体现在前者附件箱更为紧凑，采用外伸支腿设计，省去了 CW 照明装置、上行天线及 NK Orientir 精确制导系统。

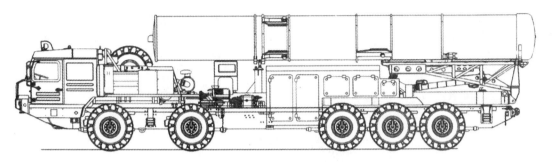

图 6 - 17　77P6 布局剖面图

图 6 - 18　10×10 BAZ - 69096 改进型 77P6 发射车

6.3.4　小结

自行式 5P85S/D 发射车是 S - 300 系列发射车原型，提供了一种更为灵活的部署方案，但也存在一定的局限性。

5P85S 和 5P85D 发射车配有 5S18/19 系列自主燃气轮电动发电机，可以在不使用外部发电机情况下独立操作。典型的 S - 300PS/PMU 最小作战单元是营，包括 6 个发射连（图 6 - 19），每连有 3 辆发射车，包括 1 辆有主指挥室的 5P85S/SU TEL 发射车、2 辆没有主指挥室的 5P85D/DU TEL 发射车/转载车，由自行式 5N63S 雷达控制。5P85S/SU 为智能型发射车，配有控制逻辑和数据链硬件，对 5P85D/DU 发射车组进行控制。此部署最主要的局限性体现在两辆 5P85D 发射转载车要与一辆 5P85S 总控发射车强制关联，从而会限制对部署的选择和隐蔽、射击操作中的灵活性。5P85D/DU 发射车需要与 5P85S/SU 智能发射车保持几米距离，受电缆长度限制。考虑到雷达和智能发射车之间无线电数据链的有限范围，整个发射车组需要在 5N63S 作战雷达 100 m 范围内。

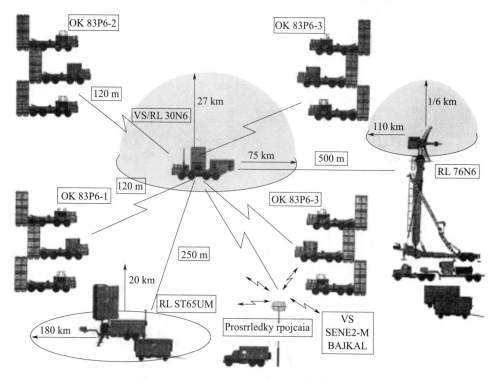

图 6-19　S-300PMU1/PMU2 导弹连关系

　　S-300PM 和 S-300PMU1 出口系列对这一问题进行了修正，使每辆发射车都实现了智能化和完全自主化。5P85SM 和 5P85SE 为自行式发射车，采用 MAZ 底盘，对电子设备进行了改善。5P85T 移动牵引发射车保留了脐带电缆轴，允许电缆同 30N6E 系列雷达连接。此外，每辆发射车配有主整流器和 60 m 长的电缆。包括发射架起竖、装载在内的所有发射车功能都可以通过无线电数据链远控完成。

　　S-300PMU1 营包括 8~12 部 5PTE 四联装发射车、1 部 30N6E1 照射制导雷达、1 部 76N6 低空补盲雷达、1 部 CT-6YM 目标指示雷达。

　　S-300PMU2 营包括最多 12 部 5P85SE 四联装发射车、1 部 30N6E2 照射制导雷达，单独作战时增配 1 部 96L6E 目标指示雷达。

　　S-300 系统发射车的新型号高度自动化，工作人员只需将发射车开到指定位置，进行展车，重新定位，通过无线电数据链路通道，交战雷达对发射车实现了完全远程控制，导弹也可进行远控发射。

　　S-400 防空导弹营是基本作战单元，包括 1 部 36H6 型照射制导雷达、1 部 76H6 型低空搜索雷达、12 辆 5P85S/5P85T 型导弹发射车。每个防空导弹营编有 4 个防空导弹连，每连装备 3 辆 5P85S/5P85T 型导弹发射车。S-400 系统的最大特点之一是可以发射低空、中空、高空、近程、中程、远程的各类导弹，在首发未中的情况下，可发后续导弹进行补射。S-400 可选择装有多种先进导弹的标准发射装置，或装新型导弹，或新旧型导弹混装。每一种发射装置在待发射位置均可放置 4 枚导弹，发射状态为垂直地面 90°，在发射升空后按照导航信号定向飞行，具备空中锁定目标的能力，极大地缩短了发射前的战备操作时间。

第7章　美国侦打机动导弹发射车概念

本书详细介绍了国外地面井基、公路机动等导弹发射系统的技术发展和部署情况。其中，机动目标如导弹发射车依靠伪装隐身、机动部署来降低侦察概率，在自身被识别后还可以机动冲刺逃避打击，对这种时敏目标的侦打，美国有过详细的概念研究，本章将对此进行介绍。

7.1　背景

机动导弹采用运输-起竖-发射多功能一体发射车，发射车可以单个作战或者编队作战，目标特征不大，难以发现。采用广域地面机动目标指示（Ground Mobile Target Indicator，GMTI）模式侦察时，这些车辆大多时候与民用车辆看起来类似，低分辨率光学系统难以进行分辨，只有高分辨率、窄视野光学或者红外传感器可以区分。当侦察和识别到机动导弹发射车后，就可以进行跟踪。但是，车辆经过地下通道、隧道、坑道、树林或者建筑物后容易跟踪丢失，一旦跟丢，位置不确定区域会呈指数增长，随着时间过去，重新获取这些目标将越来越难。

因为这些原因，美国认为，目标信息必须很快传递给作战控制器，必须在几分钟内决策是否进行打击，武器必须在几分钟内投放。"传感器—决策—打击"链路闭合需要几十分钟到几小时就无法对有效应对这些目标[①]。打击系统必须足够快（如地基发射弹道导弹或者空射高超声速导弹），或者一直处于战备状态（如隐身攻击战机或者长航时无人机携带武器实施攻击）。

作战概率涉及对作战对手的假定，美国假定了两种对战对手，一种是防空能力较弱的对手，一种是具备先进防空力量的对手。美国整体作战概念都是非接触式的，在大量战场情报准备的基础上，星载、无人机机载等传感器侦察到机动目标，防区外发射精确导弹、精确炸药攻击目标，根据战损评估情况，决定是否二次打击或者攻击新的目标。为使研究更具针对性，本章主要介绍美国如何在对方具备先进防空的情况下侦打机动目标。

7.2　先进防空背景下美国侦打机动导弹车的作战概念

本节从美国的视角介绍侦打具有先进防空体系的导弹发射车作战概念。在对手具备先进

---

① One possible exception to this is a single high‐value target such as a TBM TEL, which might be tracked to a hide. Under some conditions, sensors could monitor this site in a "gatekeeping" mode, alerting controllers if it moved. If the TEL stayed in the site, it could be attacked in a more leisurely fashion.

防空支援下，美国侦打装备都难以抵近侦察；另外，机动导弹发射车具有较大的部署纵深。

7.2.1　侦打手段的难点

美国认为，美国的远距离情报、监视与侦察（Intelligence, Surveillance and Reconnaissance, ISR）和攻击系统性能不足以快速发现、跟踪和有效攻击大面积机动部署的众多导弹发射车，在对手配备先进防空雷达时尤其如此。

首先，考虑情报、监视与侦察的挑战。随着传感器和传感处理设备性能提升，美国在役和在研的平台性能也会相应提升。但是，实际上现役的和计划的美国机载情报、监视与侦察平台，面对先进的防空导弹和现代战斗机非常脆弱。为了生存，它们必须部署在这些威胁的有效射程之外。面对先进防空导弹情报、监视与侦察平台，非隐身防区外攻击平台必须保持离海岸线 200 km。

美国认为，根据发射车的射程不同，对手发射车部署区域可以远离海岸线 400～500 km（以国内的某型战术导弹为例）。现有美国机载情报、监视与侦察平台没有设计这么远的侦察距离，即使高空巡航的 U-2 和全球鹰等先进平台，其视野都没有这么远。复杂地形在很多地方都会限制机载雷达在沿海岸几十千米外观测目标。全球鹰和 U-2 相对具有优势，但仍观测不到大部分潜在弹道导弹发射区域和巡航导弹发射区域。

还有一种侦打方案，即采用天基红外系统（Space-Based Infrared System，SBIRS）等天基侦察手段来确定某个导弹近似发射坐标，将这些坐标发送给附近的战机后，战机飞行到该区域，在发射车开走或者隐蔽之前摧毁。

美国认为，这种方案有一个重要的缺陷——它要求在易受防空攻击的飞行区部署很多战机，确保在潜在作战区域有战机驻留足够靠近导弹发射点，以便及时响应。例如，假定从侦察到发射行为到将发射坐标发送给计算机，战机有 1 min 的时延，又假定战术弹道导弹发射车需要 5 min 来撤收，驶离原先发射点或者隐蔽，则战机只有 4 min 的响应时间。战机飞行速度为 0.8 Ma，（典型战机巡航速度），4 min 可以飞行 32 海里（59 km）。因此，每台战机理论上可以覆盖 11 000 km²。以某区域作战为例，根据弹道导弹射程可以计算适合部署弹道导弹发射的区域达到 320 000 km²，覆盖这些部署区域需要 30 台战机全天时战斗飞行。按照 1∶4 的战备比，1 台战机战斗需要配备 4 台战机备战。因此，仅仅应对战术弹道导弹发射车的部署区就需要 30 台战机战斗飞行，120 台战机投入战斗准备。这些战机还需要加油、预警和其他飞行器保障。类似地，覆盖巡航导弹发射车部署区域需要 150 台战机战斗飞行，600 台战机投入战斗准备。另外，这些战机飞行区很多位于内陆 1 850 km 以内。除非战机可以安全深入飞行到空域，否则就不可能完成这种任务。深入领空需要消灭先进的防空导弹威胁，这是一项艰巨的任务，需要花费数周甚至数月来完成。美国认为，这期间，对方导弹发射车已完成可安全发射、撤离等战场任务。

为了在机动导弹发射时进行攻击，美国需要具备在对方境内连续监视发射车行驶和发射行为，并且在防区外数百千米外投放武器的能力。考虑到这些因素，美国作战概念依靠隐身无人飞行器、卫星和无人地面传感器来侦察和识别导弹发射车，利用发射防区外高超声速导弹来摧毁发射车。

7.2.2　美国侦打机动导弹发射车具体作战概念

美国根据任务引面，将作战分为发射阶段、行驶阶段和隐蔽阶段，不同阶段有不同的侦打作战概念。

7.2.2.1　侦察和摧毁发射导弹后的发射车

图7-1为发射导弹后即刻侦察和打击发射车概念方案，SBIRS等天基卫星侦察到弹道导弹发射，将发射坐标传输给作战控制单元。导弹产生的红外信号特征唯一，不需要其他侦察平台确认。接收到预警信息后，控制器指令在防空射程之外沿海岸线飞行的作战平台向发射位置投放一个或多个高超声速武器。同时，太空部署的GMTI雷达会被指令开始监视发射坐标跟踪发射车，判断是否在武器到达之前驶离发射点。太空部署雷达还会给发射点SAR成像，发送给控制器。SAR（Synthetic Aperture Radar，合成孔径雷达）图像有利于区分发射车和导弹单元的其他车辆。

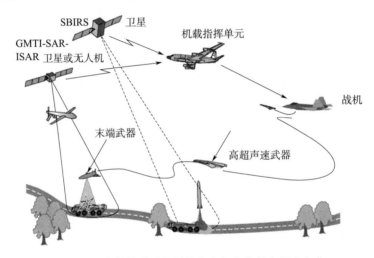

图7-1　发射导弹后即刻侦察和打击发射车概念方案

卫星或隐身无人机（Unmanned Aerial Vehicles，UAVs）的GMTI雷达可以监视发射位置。如果发射车在武器到来之前驶离，GMTI系统将目标坐标更新数据发送给飞行的高超声速武器。高超声速武器接近目标区域时，采用速度跳跃或者高过载转向降低到马赫数1.2或者更低，可投放多达4个人在环、自主（具有可变级别自主性）、反装甲末端武器（Man In Loop Variable Autonomy Weapon，MILVAW），MILVAW开始组群飞行，以便快速侦察、识别和攻击发射车。控制器安排天基或者机载传感器对目标成像，评估攻击成败。控制器还可以指令其他MILVAW进行战场损伤评估，必要时二次攻击发射车或者其他车辆。

7.2.2.2　侦察和摧毁行驶的导弹发射车

打击行驶的导弹发射车需要详细的战场情报准备（Intelligence Preparation of the

Battlefield，IPB），美国各种情报侦察手段需在战前持续开展详细的战场情报收集分析。侦察和摧毁行驶的导弹发射车如图 7-2 所示。在这种作战场景下没有导弹发射信号，因此初始目标信息必须通过具备测量机动物体大致尺寸装载在卫星、隐身无人机的 GMTI 雷达提供。GMTI 侦察到发射车类似尺寸的目标，会自动触发机载逆合成孔径雷达（Inverse Synthetic Aperture Radar，ISAR），对疑似机动目标成像。机载 SAR 也可以在车辆停止时给目标成像。SAR - ISAR 平台的自动目标识别（Automatic Target Recognition，ATR）软件或者机载控制单元随后对图像进行评估。如果 ATR 软件确定目标是一辆发射车，会将图像和坐标发送给作战控制器，控制器也会进行评估。如果控制器（或者有许多计算工具的控制团队）评估目标是一辆发射车，就安排某个武器平台向发射车发射高超声速武器。如果发射车继续移动，GMTI 将发送必要的更新的目标数据给飞行的高超声速武器。后面场景与前面相同，高超声速武器在接近目标区域投放 MILVAW，太空部署装备进行战场损伤评估。

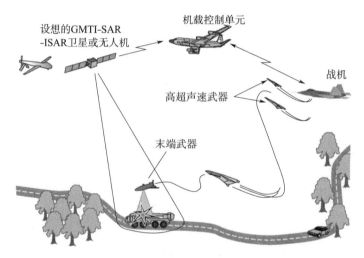

图 7-2 侦察和摧毁行驶的导弹发射车方案

7.2.2.3 侦察和摧毁隐蔽的导弹发射车

前面两种作战概念可以用于攻击在潜在区域任意位置的导弹发射车，但是侦察和摧毁隐蔽的导弹发射车作战概念的前提条件是隐蔽的地址已经提前已知。因此，寻找隐藏的导弹发射车需要的情报侦察资源比寻找行驶或者刚刚发射导弹的发射车更多。美国的作战概念假定美军已经采取复杂的程序进行 IPB，将导弹发射车隐藏范围缩小到几个导弹基地，或者导弹发射车常见活动区域，在这些区域美国通过隐身战机、无人机、巡航导弹或者其他手段预置地基传感器，在战时根据传感器交叉提示来进攻隐蔽在这些区域的导弹发射车。图 7-3 为侦察和摧毁隐蔽在这些区域的导弹发射车的作战概念。美国持续开展 IPB，发射车的活动由 GMTI 雷达、成像和其他太空部署装备进行监视。日积月累持续的情报收集用于分析寻找导弹发射车活动模式和可能的隐蔽位置，确定活动区域范围。基于 IPB 工作，地面传感器沿主要路面由隐身飞行器、无人飞行器或者巡航导弹植入。设想的情景是，无人地面传感器（Unattended Ground Sensors，UGS）沿道路侦察车辆的移动，提示太空部署或无人飞行器携带的 GMTI 来侦察。

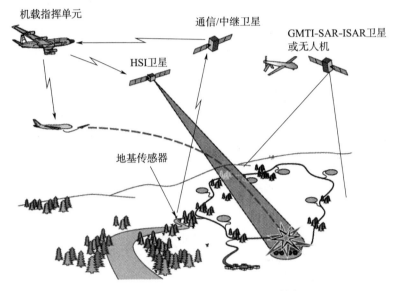

图 7 - 3　侦察和摧毁隐蔽的导弹发射车

在这种情况下，粗犷地形和道路两侧树木会阻止 GMTI 雷达侦察车辆。卫星或者隐身无人机可以使用 SAR、光电和高光谱成像（Hyperspectral Imaging，HSI）传感器在附近区域可能的隐蔽点进行密集搜索。SAR 采用"变化-侦察"软件侦察偏离路面新的轮胎痕迹，但是这种分析难以找到附近的发射车。HSI 随后根据提示信息寻找发射车伪装涂层独特的超光谱特性，侦察到雷达反射伪装网（SAR 无法识别）下面的发射车目标。控制器确认目标有效后，指令防区外平台对准坐标发射两枚高超声速武器，一枚携带箭形弹武器，分散数千个金属飞镖依靠高速来损毁或者摧毁目标，还可以采用集束弹药或者电磁脉冲弹头；另一枚高超声速投放平台投放 4 枚 MILVAW，防止发射车在高超声速武器到来之前示警冲刺机动。MILVAW 携带或太空部署的侦察系统可以执行战场损伤评估（Battlefield Damage Assessment，BDA）。

另一种方式是采用隐身无人机携带穿透树叶雷达以 GMTI 模式搜索。如果跟踪的某辆发射车通过有树林遮挡的地方（可能是因为通过的马路两边有树林或者发射车转向树林区域），某个 UAV 携带的穿透树叶雷达会重新获得轨迹（基本型 SAR 雷达通常不能在树林跟踪）；如果目标停止，FoPen SAR 雷达可以用来确定位置，也可以用其他传感器。如果隐身飞行器是侦打一体，或者侦打组网，也可以不用远程防空区外高超声速武器，直接由这些武器完成攻击。

7.2.3　小结

本章从美国的视角分析侦打导弹发射车的作战概念，在防空能力 200 km 射程外，美国采用卫星和隐身无人机侦察，在防区外发射高超声速武器攻击。侦察方面，导弹发射车发射导弹会立即被天基红外侦察，机动行驶和隐蔽待机导弹发射车的侦察需要美国日积月累的 IPB 的配合。打击方面，美国将高超声速武器作为运载工具在防区外发射投递不同的战斗部，针对发射导弹和行驶的单辆导弹发射车投送自主程度可控的精确武器进行攻击；针对隐蔽的车队投送飞镖弹分散攻击，也可以由隐身侦打一体无人机或者侦打协同作战的平台发射武器直接攻击，不需要防区外发射高超声速导弹。

7.3　美国攻击机动导弹发射车建模分析

本节沿用美国的计算模型，量化分析基于这种侦打模式下美国攻击战术弹道导弹多功能发射车的损毁情况。美国的概念是采用卫星或无人飞行器的 GMTI 雷达以及合成孔径雷达、逆合成孔径雷达（SAR – ISAR）进行侦察和识别；高超声速导弹投放 MILVAW 获取、识别和打击这些目标。美国分析结果显示，通过感知技术、自动和人工识别技术相结合，美国可以在密集的民用车辆中成功识别导弹发射车并成功摧毁。美国分析还显示有效 IPB 以及给 MILVAW 增加低光级视频数据链（这里称之为低成本自主系统，Low Cost Autonomy systems，LOCASS）带来的益处。

7.3.1　模型假设

作战场景设定在 2020 年中国东部对台作战部署区。模型假定 100 辆战术弹道导弹发射车部署在该区域郊区活动，射程 500 km 左右，发射车活动区域距离中国台湾台北不超过 600 km。

模型假定总共有 4 300 万轿车、卡车、公交，这些车辆均匀分布，但是接近目标地区车辆密度 4 倍于平均值。在这 4 300 万车辆中，5% 是大型（发射车规模）卡车和类似车辆。

关于车辆分布情况，美国还做了下述假定：所有大型车辆（如卡车）40% 在郊区行驶，轿车只有 20% 在市区外行驶；郊区的卡车只有 50% 的时间正在行驶，轿车只有 20% 的时间正在行驶；导弹发射车 90% 的时间处于隐蔽状态。

侦察和识别过滤流程包括下列步骤：

连续覆盖的天基雷达或隐身无人飞行器 GMTI 雷达侦察到机动车辆，如果这些车辆符合 GMTI 分辨的发射车规模尺寸以及发射车的特征，就将这些车辆标记为潜在目标。美国假定 GMTI 的 ATR 算法能够正确侦察和分类 80% 的导弹发射车作为导弹发射车，错误将 15% 的机动卡车和 5% 的轿车作为导弹发射车。

然后，GMTI 雷达持续跟踪这些车辆，并自动发送位置给卫星或者 UAV 的 SAR – ISAR。ISAR 系统在这些车辆行驶过程中成像，可以从不同角度重复。作为 ISAR 成像补充，车辆停止时，SAR 系统给目标成像。美国在这里假定 SAR – ISAR 及其 ATR 算法能够成像和正确识别 90% 的导弹发射车作为导弹发射车，错误识别 15% 的虚警卡车以及 5% 的虚警轿车作为导弹发射车。

SAR‑ISAR 系统自动发送识别出来的目标坐标和 SAR‑ISAR 图像给作战控制单元，作战控制器接收这些图像，并借助大量 IPB 数据库的其他数据继续过滤流程。美国假定控制器能够识别剩下的 90% 导弹发射车作为导弹发射车，错误识别 15% 的剩下虚警大型车辆和 5% 的虚警小型车辆作为导弹发射车。这个过程剩下 6 或 7 辆真正导弹发射车和 209 个虚警，面对这些目标，作战控制器发动无差别直接攻击。

作战控制器指令中国东海上空的战机发射高超声速武器启动攻击，每枚武器携带 4 枚低成本自主攻击系统，就近飞驶目标区域。考虑最差情形，美国开始假定目标平均分布在 30 万 km² 区域，无法优先决定攻击哪个目标。因此，美国将攻击所有认定的 216 个目标，即发射 54 枚高超声速武器打击 216 个目标，每个 LOCASS 分配一个目标。即使在目标平均分布的假定情况下，目标也足够密集，大约 21% 识别的目标在单个 LOCASS 的 100 km 半径覆盖区。因此，每个 LOCASS 分配一个目标，如果它找到分配的目标后确定其不是导弹发射车，可以搜索其他目标。

接下来，美国假定每个高超声速武器的 4 枚 LOCASS 随机分配这些目标。假定只有 95% 的高超声速武器成功飞抵和投放 LOCASS。还假定 70% 的 LOCASS 会找到它们分配的目标，LOCASS ATR 90% 概率正确识别导弹发射车为导弹发射车，15% 概率错误识别导弹发射车规模的卡车作为导弹发射车，5% 概率错误识别轿车规模的车辆作为导弹发射车。最后，假定 LOCASS 直接攻击它确定为导弹发射车的任何目标，成功摧毁攻击的 90% 的车辆。因为 30% LOCASS 没有发现它们的目标，所以它们被分配为持续搜索直到耗尽燃料。

7.3.2　模型计算

表 7‑1 总结了侦察和摧毁中国境内射程覆盖中国台湾的机动导弹发射车计算结果，包括消耗的高超声速武器以及末端武器、导弹发射车损毁情况等。

表 7‑1　攻击中国东部郊区部署的导弹发射车‑基线计算模型

	靠近中国台湾在郊区活动的导弹发射车数量	100	
	非导弹发射车数量	4 3000 000	
关注地区估计车辆数/辆	车辆种类	导弹发射车	类似导弹发射车车辆(如卡车)	不类似导弹发射车车辆(轿车)
	大陆总车辆数量	100	2 150 000	40 850 000
	中国台湾 600 km 范围内每种车辆数量	100	271 580	5 160 000
	上述范围郊区车辆数量	100	108 632	1 032 000
	任何时间上述范围郊区行驶的车辆数量	10 (100×10%)	54 316	206 400

续表

启动搜索和识别计算	天基 GMTI ATR 识别车辆为发射车数量	8.0 （10×80%）	8 147	10 320
	ISAR ATR 识别车辆为发射车数量	7.2 （8.0×90%）	1 222	516
	人工基于 ISAR 图像、光电传感器、IPB 识别车辆作为发射车数量	6.5 （7.2×90%）	183.3	25.8
启动高超声速武器/LOCASS 攻击	每个识别目标投放 1 枚 LOCASS，投放的 LOCASS 数量	216 （6.5＋183.3＋25.8）		
	齐射耗费高超声速武器数量 （每枚高超声速武器携带 4 枚 LOCASS）	54		
结果	每类识别出目标的摧毁概率	54% （0.95×0.7×0.9×0.9）	9%	3%
	摧毁的每类认定为导弹发射车目标数量	3.5 （6.5×54%）	16.5	0.8
	首轮攻击机动行驶导弹发射车生存概率	65% （6.5/10）	—	—
	首轮攻击机动行驶导弹发射车毁伤概率	35% （3.5/10）	—	—
	摧毁的目标种类百分比	16% [3.3/（3.5＋16.5＋0.8）]	79%	4%

7.3.3　结果分析

基于上述假定，在 54 枚高超声速武器齐射结果下，10 辆导弹发射车行驶状态下，3 或 4 辆导弹发射车和约 17 辆卡车和轿车被摧毁，如表 7－1 所示。实际上，根据模型，124 枚 LOCASS 找到它们分配的目标，确定它们不是有效目标。因此，这些 LOCASS 能够重新分配还没有找到的目标。之所以出现这种情况，是因为原先寻找的目标已经被其他 LOCASS 找到或者已经被攻击。如果被攻击，提供前面被攻击图像（假定 LOCASS 有摄像机和数据链）用于战场损伤评估（BDA），增加目标毁伤概率。首轮高超声速导弹齐射最终总共摧毁 4 辆发射车，剩下的 96 辆可以发射战术弹道导弹。

这里的结果仅适用一轮齐射高超声速武器。实际上，战争是一个持续的过程，导弹发射车即使受到攻击，也会继续发射导弹和移动导弹发射车。当这些车辆进入侦察区域或者它们开始机动行驶并被识别为目标时，就开始新一轮的侦打。识别为非有效目标的车辆也会标记跟踪，避免经常重新获取和重新评估。

持续用上述模型，假定任何时候都会有 10% 剩余导弹发射车在移动。对此，美国空军持续对所有认定目标发射多轮高超声速武器。发射的高超声速武器将持续为 1/4 认定目标数，认定目标数主要是大量虚警车辆和少量的真实导弹发射车。美国计算确定每轮齐射 54 枚高超声速武器，以便每个 LOCASS 分配一个认定目标，尽管实际行驶的发射车数量会因为消耗而减少。迭代 20 轮，美国空军花费 1 080 枚高超声速武器摧毁 50 辆导弹发射车、330 辆卡车或公交、16 辆轿车。

从美国的角度来看，该模型喜忧参半。美国认为最鼓舞人心的结果是依次使用各种侦察手段、自动和人工识别技术，可以将虚警率控制到具备摧毁发射车的水平，且认为花费 1 080 枚高超声速武器和 4 320 枚 LOCASS 是摧毁 50 辆发射车可以承受的成本。

另外，美国空军可能不能实现这里假定的 ATR 性能，ATR 可能不能及时生成高分辨率 SAR、ISAR 图像给控制器使用，这是因为 SAR 不能在车辆行驶时成像，ISAR 要求路面平顺才能及时生成高质量图像。如果这些条件不满足，它会花费更久时间来识别目标，导致未确认的目标积压，需要具备数小时长期跟踪的能力，这是无法实现的。

还有一个附带伤害的问题，美国认为模型假定关于目标识别假设偏向保守。LOCASS 多种攻击模式武器可以在致命性和低附带伤害之间达到平衡，LOCASS 的攻击可以是刺向目标，让导弹发射车失去工作能力。如果高超声速武器不是部署集束炸药或高能炸药，它可能只会造成少量人员伤害，而不是这里的 346 辆民用车（330 辆卡车或公交、16 辆轿车）。当然，美国认为在中美之间这种大规模的战争中，主要考虑的不是附带伤害，而是不愿意在民用车辆上浪费昂贵的武器。

7.3.4　影响因素

这里假定发射车在 30 万 km^2 区域均匀部署，这会对美国作战有效性造成最大限制。实际上，战术弹道导弹部队受地形限制，需要提前侦察发射点和规划保障。美国作战前日积月累开展 IPB，可以识别 ISR 需要搜索的特定区域，极大地减少总侦察区域。它还可能发现我方预先考察的某些发射点、库房、补给线路和作战方式。下面介绍美国因为 IPB 和改进设计而提高发射车毁伤概率的情形。

7.3.4.1　限定发射车活动范围

考虑将发射车活动范围限定在 5 万 km^2，相当于前面的 1/6，发射车活动密度增加 6 倍（降低虚警数），只需要 220 枚高超声速武器就可以摧毁 50 辆发射车和 56 辆其他车（54 辆卡车、2 辆轿车）。

7.3.4.2　改进进攻性武器的设计

改进 LOCASS 设计，增加低光级摄像机和数据链，这种武器称之为 MILVAW。美国推断，视频数据链可以使作战控制器攻击虚警目标概率下降 66%，降低附带伤害，释放

LOCASS 自动或人在环寻找有效目标。[①] 回到前面假定的发射车在 30 万 km² 区域活动，空军发射 1 080 枚高超声速武器摧毁 50 辆发射车，但附带伤害缩小到 110 辆卡车、6 辆汽车。另外，假定 5% LOCASS 不用打击它们分配的（无效）目标，它们可以提供战损评估和发起第二轮攻击，假定某些发射车暴露时间长到可以作为二次目标被攻击，需要的高超声速武器数会略微降低。

7.3.4.3　二者综合

考虑既开展 IPB 又有低光级视频数据链的情形，220 枚高超声速武器可以摧毁 50 辆发射车、18 辆卡车和 1 辆汽车。

作战摧毁 50 辆发射车基线和 3 种偏移结果如表 7 - 2 所示。

表 7 - 2　作战摧毁 50 辆发射车基线和 3 种偏移结果

不同假定	目标活动区域/km²	LOCASS 增加视频数据链	消耗的高超声速武器	附带伤害卡车	附带伤害汽车
基线	300 000	无	1 080	330	16
偏移 1	50 000	无	220	54	2
偏移 2	300 000	有	1 080	110	6
偏移 3	50 000	有	220	18	1

7.3.5　小结

在模型中，美国采用连续覆盖 GMTI 卫星、SAR - ISAR 系统、人工视觉过滤、LOCASS 雷达的依次 4 次侦察，攻击部署中国台湾周边的 100 辆导弹发射车。分析显示，强大的 ATR、多次过滤可以侦察、识别和成功攻击这些导弹发射车，其成本虽然高，但在美国承受范围之内。如果目标识别性能弱，浪费的高超声速武器的成本太高，则可能导致美国无法承受。

有效 IPB 能够极大增加作战效果和降低附带伤害。同样，改进 LOCASS 的当前设计，增加低光级数据链会极大降低附带伤害并提高战损评估能力。两者结合起来，可以降低 80% LOCASS 消耗和 95% 的附带伤害。

在 3 个偏移分析中，没有量化分析大约 60% 的 LOCASS 发现分配的目标为无效目标情形。如果实际发射车继续行驶的时间长到可以使 LOCASS 作为二次目标跟踪攻击，将会增加摧毁的发射车数量，提高发射车的损毁率。尤其需要注意的是，这些 LOCASS 可以用来攻击发射高超声速导弹后新发现的发射车，以及 5% 没有成功飞抵和投放 LOCASS 的高超声速武器的目标，或者其他 LOCASS 还没有发现的目标。另外，如果 LOCASS 携

---

① Depending on the state of the art in EO cameras, data compression, and communications bandwidth, it may be necessary to take steps to manage the bandwidth in concepts such as this. For example, the USAF may choose to allow the LOCAAS to operate autonomously during most searches, only sending pictures of detected targets during an attack approach in order to enable a no - go command, or during a BDA flyover. Alternatively, the USAF may choose to attack only the highest - priority targets in order to limit the number of simultaneously active datalinks.

带视频数据链，还可以二次攻击某些目标，进一步提高损毁率。视频数据链可以在二次攻击前确定目标是否为真实导弹发射车，开展战损评估。因为剩下的 LOCASS 大大超过已经攻击的目标数量，所以可以有效开展攻击与战场评估。

7.4　作战概念分析

美国在介绍这种作战概念时，从高超声速武器的马赫数、指挥通信时间、战场情报准备等各种影响因素分析对作战的影响，并结合上述提到的发射导弹、机动行驶、隐蔽待机作战场景分析这种作战概念的缺点，本节予以介绍。

7.4.1　速度的影响

上面介绍的每种对付导弹的作战概念都将使用高超声速武器。本节详细讨论速度如何影响作战效能，从本质说明导弹发射车的机动性如何影响生存能力。

对于机动目标，考虑两种极端情况。一种是美国有能力持续跟踪目标数小时甚至数天，可以随时识别和摧毁。如果具备这种能力，则从数百千米以外的基地发射的亚声速飞行器能够有效打击目标，与时间无关。另一种是美国有能力通过长时间的目标跟踪识别出它们，但是不能确保超出某个地点进行跟踪，这种情形要求具备在几分钟内打击目标的能力。

美国认为这是和大国交战棘手的地方。在科索沃等类似规模战争中，美国可以在几分钟内成像和识别很多小型潜在目标，因此没有必要进行长期跟踪。但是，对于与大国作战场景而言，存在大量潜在目标，成像所有潜在目标花费时间很长。例如，美国指出，一套功能强大的卫星 SAR - ISAR 系统成像所有 8 147 个潜在目标需要花费 45 min，ATR 处理和控制器评估还会增加数分钟。综上分析，如果获取目标的时间需要 1 h，那么无论是技术上还是作战上都是不可行的，这样提出的作战概念就无法实施。实际上，从技术上考虑，如果能够持续跟踪 1 h，也就可能持续跟踪 2～3 h。普通武器足够飞行攻击目标，就不需要高速或者巡逻武器。

考虑战争的不确定性，美国军事审慎性原则要求对攻击机动目标采取保守方法。因此，美国认为，一旦"侦察—识别—决策"周期完成，就应使用巡逻武器或者高速武器快速攻击目标。这里的作战概念是在防区外发射高超声速导弹攻击。图 7 - 4 所示为如果不能持续跟踪，从远距离防空区域外打击机动导弹发射车要求的导弹飞行速度。因为 TEL 在导弹飞行时可以应急冲刺驶离，上面的计算假定高超声速导弹投放 MILVAW 到 TEL 被美国传感器找到的最后位置，MILVAW 在 TEL 驶离的最广撤离区实施协同搜索。

图 7 - 4 中，最左边的点画线构成的曲线表示某个机动行驶的导弹发射车被 GMTI 雷达侦察和分类、SAR 或 ISAR 成像后，快速驶离的撤离区域范围（假定 TEL 任意方向移

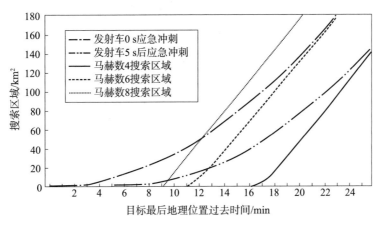

图 7 - 4　搜索区域、撤离区域与高超声速武器马赫数、撤离时间的关系

动，车速为 20 km/h）。[①] 类似地，5 min 开始由小线段构成的曲线是前面的曲线右移 5 min，这是天基部署红外系统或其他卫星侦查到发射到撤收一辆发射车需要的规定时间。如果美国的 GMTI 能够跟踪目标，曲线就相应右移，因此只要目标的位置是已知的，搜索区域就一直为 0 km^2。另外 3 条曲线从左到右分别表示导弹以马赫数 8、6、4 飞行投放 4 枚 MILVAW 搜索的撤离区域。这些导弹都是在距离目标 1 000 km 以外防空区外发射的。计算时假定每枚导弹的平均速度实际上是这些巡航马赫数的 90%，这是因为考虑到导弹加速、爬升和末端机动时间，还假定 GMTI、合成孔径雷达、逆合成孔径雷达（GMTI - SAR - ISAR）识别或者 SBIRS 侦察到发射到发送作战控制器需要 1 min。

12 min 之内，马赫数 8 导弹到达现场，投放 4 枚 MILVAW，这 4 枚 MILVAW 武器在导弹发射车发射后即刻冲击机动到能够撤离的最远区域地毯式搜索完毕，或者在目标在发射 5 min 撤收后冲击机动的最远撤离区域内地毯式搜索 3 次。类似地，GMTI - SAR - ISAR 识别或者 SBIRS 侦察到目标 18 min 内，马赫数 6 导弹的 MILVAW 武器已经地毯式搜索 93% 导弹发射车撤离区域；23 min 后，MILVAW 武器飞行已经地毯式搜索整个撤离区域。马赫数 4 导弹的 MILVAW 武器最多搜索导弹发射车撤离区域的 69%。马赫数 2 导弹需要 32 min 到达和部署 MILVAW 武器，目前的亚声速巡航导弹需要一个多小时。在 MILVAW 武器延迟到达的势态下，就只能搜索一小部分发射车撤离的区域，找到目标的概率小，可能毫无价值。因此，为了从防空区外攻击导弹发射车，要求至少马赫数 6，最好马赫数 8 的投送平台。

图 7 - 5 表示不同指挥通信时间的重要区别，一旦目标被识别和定位，只有 1 min 来进行发射决策。图 7 - 5 中的投放导弹、MILVAW 武器速度都是马赫数 8 导弹，但响应决策时间期限分别为 1、10、30 min。指挥通信延迟时间为 1 min，MILVAW 在 12 min 后已经搜索整个撤离区域；指挥通信延迟时间为 10 min，MILVAW 在 36 min 后最多搜索

---

① 另一种可能是沿着主要交通线路以更高的速度逃离，但是测试显示这时搜索更为容易，因为搜索区随着时间呈线性扩大，而不是随着时间呈平方扩大。

64％的撤离区域；指挥通信延迟时间为 30 min，MILVAW 在 76 min 后最多搜索 30％的撤离区域（图 7－5 中没有显示）。显然，延迟的打击发射授权会抵消快速响应武器的优势，要实现这些作战概念，需要极大地缩短指挥通信决策时间。

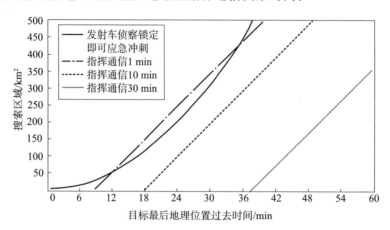

图 7－5　搜索区域、撤离区域与高超声速武器指挥通信时间的关系

7.4.2　IPB 准备的影响

这里的 3 种作战概念成功与否都严重依赖是否有效开展 IPB 准备。对于打击导弹发射车而言，IPB 最重要的作用是极大地缩小美国传感器必须搜索的区域，这是可以实现的。例如，通过将已知路况的特征与导弹发射车的越野机动性比较，可以确定导弹发射车不能行驶的位置，因为这些车辆实际上不具备行驶或穿越这里的性能。另外，为了进一步缩小传感器的搜索区域，在冲突之前通过长年累月的监视，可以获取发射车行驶模式的信息、已知和疑似发射车运动、发射位置、对方指令数据等，并持续更新，分析评估发射车最可能的部署区域，补给资源和路线，以及其他作战惯例。

7.4.3　美国作战概念的缺点与应对策略

美国在评估这些作战概念时，也指出了这些作战概念的缺点，下面分为发射导弹、机动行驶和隐蔽待机 3 种作战场景予以介绍。

7.4.3.1　发射导弹场景

对于上面提到的 3 种作战概念，美国认为这是最有希望用来攻击弹道导弹发射车。发射特征唯一，高超声速导弹投放 MILVAW 在发射车远离之前成功攻击。对此，该概念的缺点如下。

美国侦察导弹发射主要是依靠天基红外系统以及未来替代型号等，天基红外系统由十几颗低轨和高轨大型卫星组成，这些卫星在美国的 ISR 中起到核心作用。在战时，对方可能具备用动能、定向能武器或者网络攻击这些卫星，重创美国的指挥通信能力。

发射车行驶可设多个诱饵。取决于诱饵的逼真度，美国可能难以区别真正的发射车，而需要采用超光谱扫描从化学特征上进行识别，这需要额外部署传感器资源。物理诱饵在电磁频谱和射频模拟器上的视觉和红外线部分可生成大量潜在目标。在雷达干扰机、光电和红外激光耀眼器、箔条、烟雾和伪装的干扰下，辨识真假目标难度很大。诱饵和隐形物或干扰机一同使用技术简单，成本低廉，这些东西都不需要先进的技术，但会增加美国目标识别的难度。因此，美国必须使用多个高超声速武器投放足够的 MILVAW 来实施大规模攻击，需要花更多的时间来分析每个潜在目标以确定是真目标还是假目标，从而增加美国作战难度。

从长期发展来看，对方可能发展低成本发射系统，开发无人值守技术，平时免维护或者少维护，战时采用一辆小型指挥车遥控发射导弹。

对方还可以采用末端防空，如雷达制导防空导弹、反战机高射炮以及肩扛防空系统是简单的保护发射车的应对措施，这些措施也不能轻易忽视。美国低成本自动攻击系统（LOCAAS）面对先进防空导弹生存能力不高。由于是防区外投送武器，因此 LOCASS 数量不至于多到使末端防空崩溃。[①] 高超声速导弹突防能力强，但是先进防空导弹仍然具有一定的拦截概率。美国长航时无人战斗飞行器技术成熟，隐身无人飞行器能够外挂统型武器或内埋炸药，精确制导炸弹等防区外攻击或突破防区近距离攻击。无论是防区外发射武器还是隐身无人机突破防区发射武器，美国都要对对方防空进行压制。美国传感器可以使用雷达信号定位发射车所处的大致区域，基于雷达的发射车伴随保障机动防空系统可能暴露发射车的位置。

这种概念只限于对付弹道导弹发射车，因为它需要天基红外卫星侦察弹道导弹助推阶段排放的尾焰。天气晴朗时，卫星可以侦查到发射的红外特征。侦察卫星不只是依靠红外特征，当导弹沿弹道穿过云层后，侦察卫星就可以有效采用视觉侦察。巡航导弹飞行轮廓小，不会产生高温特征，天基红外对巡航导弹发射侦察能力会降低。如果巡航导弹使用火箭助推，则天基红外在晴天可以侦察到助推。总体来说，巡航导弹发射相对于弹道导弹难以侦察。

7.4.3.2　机动行驶场景

美国认为，这种方案适合对付在郊区活动的机动导弹发射车队，或者导弹发射车来回穿越基地隐蔽地，因为这些地方在战前已经通过日积月累的侦察系统被广为关注。如果导弹发射车越野随机行驶或者在建筑密集区域行驶，从侦察卫星的视角，这种部署方式潜在目标数量众多，甚至导致侦察 ATR 崩溃。

首先是车辆交通拥堵下的合并雷达回波。如果车辆距离小于雷达分辨率，则车辆合并作为一个回波。根据雷达观测视角和交通特征，如密度、车速、车辆类型，车辆可能一直

---

① One potential far – term solution to the air – defense problem would be to use spacebased weapons, such as directed – energy (e. g. , lasers), high – speed penetrators, or explosive munitions. Whether such an orbiting weapons array will ever be feasible is unclear at this point. The cost of deployment would likely be many tens of billions of dollars, the system could be severely limited by weather, and the political cost of deploying weapons in space might be very high. Finally, space – based systems are vulnerable to attack with directed – energy weapons, direct – ascent explosive weapons, or information warfare techniques that would disrupt or send false signals to them.

合并、分开。如果某个 GMTI ATR 在每次合并时丢失踪迹车辆，则再次获取时要作为新目标处理，多次重复操作可以让 ATR 系统崩溃。另外，合并回波可能会降低 GMTI ATR 软件的可靠性，因为某些回波也可能符合导弹发射车特征。最后，GMTI 无法处理走走停停的交通状况，因为 GMTI - SAR - ISAR 系统不能实现跟踪数千辆车辆的同时还随时识别新车；类似地，建筑、桥梁、地下通道、隧道产生雷达暗区，可能无法踪迹，尤其是在车辆众多的情况下。在这些地点，很多车辆将必须重新获取和重新分类。

另一个不确定性是 GMTI - SAR - ISAR ATR 软件是否可靠。可靠性对于前期过滤是非常重要的，这种部署方式有很多目标需要分类。GMTI ATR 作为过滤尤其如果不是高度可靠，成像的目标太多也会严重影响侦察系统的性能。

在密集交通区域跟踪车辆，软件不确定性客观存在。美国在预计的相当长一段时间内找不到解决手段，因此如果对方在危急时刻利用市区交通和建筑这些特点，避免将公路机动弹道导弹部署在固定路线或者导弹基地，美国将难以应对。

在中美这种规模的战争中，美国考虑的不是击中民用车辆的附带伤害问题，而是摧毁民用车辆浪费昂贵的武器，在密集交通中行驶可能会起到让美国无法识别、无法攻击的效果。

7.4.3.3　隐蔽待机场景

侦察隐蔽的导弹发射车理论上有几种可能。信号情报可以侦察信号辐射，通信情报可以拦截通信，还存在泄密的可能。如果导弹发射车驻留在空旷地或者隐蔽不好时，成像系统可以发现。

美国需要通过大量的 IPB 识别出大致范围内的几个可能隐蔽点进行定点侦察，现代计算机云计算能力、大数据、AI 等技术可能让美国从海量的数据中提取出可能指向过去隐蔽点和未来隐蔽点侦查模式的信息。美国在这些区域通过 GMTI 侦察跟踪某些导弹发射车、导弹转载车等，可能跟踪到导弹弹库，暴露高价值目标。在这些区域附近，如 GMTI 跟踪丢失，可能表明附近有隐蔽待机点，美国可能安排 ISAR、SAR、光学和超光谱传感器其他传感器来进行密集侦察。

虽然侦察隐蔽的导弹发射车存在理论上的可能，但实际上美国不可能在上述特定区域之外侦察和摧毁分散隐蔽的导弹发射车。对方可能分散隐蔽，避免和训练时使用相同的地点进行隐蔽，充分利用当地地形地貌伪装，利用隧道、建筑物等进行遮挡。在危机局势发展时刻，导弹发射车分散转移到洞库、山岩开凿的地下掩体等场所，在已被美国掌握的老阵地留下快速建成的诱饵、对真实阵地进行伪装、构筑和布置假阵地等，这些都将对美国构成巨大的挑战。

7.4.4　小结

本节介绍了美国攻击机动导弹发射车建模，按照模型，美国可以在密集的交通中识别导弹发射车并成功摧毁，其依靠的是自动与人工识别结合，发射高超声速武器进行打击的模式。

武器速度、末端武器是否配备视频数据链，以及 IPB 情况严重影响美国攻击机动导弹发射车损毁情况，实施这种侦打模式的武器速度不应小于马赫数 6，末端武器配备视频数据链可以发起二次攻击，IPB 大大缩小作战区域。

这些作战概念更多是一种设想，因为这里作战方案使用的高超声速武器是作为运载器投递多枚末端武器的平台。根据调研，美国最早在 2023 年左右部署的高超声武器采用助推滑翔技术，而潜在具备投递末端武器的高超声速运送平台的吸气式超燃冲压发动机技术还在预研攻关阶段，短期尚不具备部署能力。

美国对这种作战概念的缺点进行了分析，某种程度上可以作为应对措施参考。

值得一提的是，这种作战概念特别依赖天基红外有限的卫星，因此美国担心攻击这些卫星会严重影响预警侦察能力。基于太空的战略意义，美国启动下一代弹性空间体系的论证。下一代弹性空间体系将更多地利用廉价小卫星星座，代替现有的大型高价值卫星，通过多个节点的空间分布、组网协同，在态势感知、低轨通信、目标全程跟踪、对弹头机动拦截、太空对抗等构建新一代的太空体系。

美军构想的新一代太空体系是一个大规模多层系统，采用一体化体系结构，具体由 7 个功能层组成。其基本思路是利用大规模和分布式部署提升应对现实威胁的弹性和应对新兴威胁的快速演进更新能力。其构想基础是未来全球持续低时延数据通信大规模星座构成的"网状网络"，即把传输层作为其他层的基底层。新一代太空体系强调快速生成作战能力，将借鉴企业最佳实践和商业模式，快速螺旋演进发展部署，预计 2028 年具备业务能力。

新一代太空体系 7 个组成层的主要功能如下：

1）传输层：提供全球持续低时延数据通信传输；

2）跟踪层：提供先进导弹威胁识别、告警、跟踪和目标指示；

3）看护层：提供时敏目标全天时、全天候持续看护；

4）威慑层：提供地月空间范围太空态势感知和快速介入；

5）导航层：提供 GPS 拒止环境下的替代定位导航授时；

6）作战管理层：为闭合时敏目标杀伤链提供低时延指挥控制；

7）支持层：提供快速响应发射、大规模测控网和大批量用户终端。

美军构想的新一代太空体系 7 层形成的能力，与美国国防部提出的未来太空力量发展愿景八大能力相呼应，即对先进导弹目标的持续全球监视；针对先进导弹威胁的预警、跟踪、指示；GPS 拒止环境下的定位、导航、授时能力；全球近实时空间态势感知；发展太空威慑能力；快速响应、弹性的通用地面基础支持设施；跨域、网络化、与节点无关的指挥控制和通信能力，包括核指挥、控制与通信；基于人工智能的大规模、低延迟、持久全球监控能力。下一代太空体系符合大国竞争时代美太空力量发展需求，更加强调灵活、弹性、敏捷等特点，其发展动向值得高度关注。

参 考 文 献

［1］ 张宗美. MX 洲际弹道导弹 ［M］. 北京：宇航出版社，1999.

［2］ 张宗美. 民兵洲际弹道导弹 ［M］. 北京：宇航出版社，1997.

［3］ 刘畅. 2014 年国外弹道导弹发展回顾 ［J］. 导弹与航天运载技术，2015 (1)：49 - 53.

［4］ 秦之瑾，张宗美. 俄罗斯的白杨-M 洲际弹道导弹 ［J］. 导弹与航天运载技术，2001 (1)：55 - 62.

［5］ 赵国柱. 白杨与白杨-M 导弹系统的作战单元与使用分析 ［J］. 飞航导弹，2017 (2)：19 - 24.

［6］ 熊大顺. 俄罗斯陆基战略导弹武器发射技术研究 GF - A9038769G ［R］. 北京：国防科技报国，2019.

［7］ Joe W. Streetman, et al. Nuclear Blast Hardened Mobile Vehicle: US4573396 ［P］. 1986.

［8］ Romine G, et al. Muzzle Blast from Canister Launched Missiles ［C］. AIAA - 80 - 1187.

［9］ Macnab D A, Peters S T. The Graphite Epoxy Launch Caniter for Mx Missile ［C］. AIAA/SAE/ASME 16th Joint Propulsion Conference, NewYork: Hartford, 1983.

［10］ Taylor T O, Lin T C. A Numerical Model for Muzzle Blast Flow Fields. AIAA Paper 80 - 0273, 1980.

［11］ Edquist C T, Romine G L. Canister Gas Dynamics of Gas Generator Launch Missile. AIAA Paper 80 - 1186, 1980.

［12］ Erdos J, Ranlet J. Ignition Phase Blast Field of Tube or Silo Launched Rockets: Inviscid , Chemically Reacting Flow Model. Advanced Technology Laboratories ATL TR119. April 1976, AFOSR0TR - 0540.

［13］ Black R E, Reed D R, et al. MX Transporter/Launcher Gas Generators, AIAA/SAE/ASME 15th Joint Propulsion Conference, 1979, 6.

［14］ Hollmann M, Macnab D A. Composite Materials for the Missile X Canister, AIAA81 - 0589.

［15］ George E, Rudd, Murrysville et al. Shock Absorbing Missile Launch Pad, US4734329, 1988.

［16］ Edquist C T. Martin Marietta Astronautics Group, Dever, Colorado, Prediction of the Launch Pulse for Gas Generator Launched Missiles, AIAA Paper 88 - 3290, AIAA/ASEE/ASME/SAE 24th Joint Propulsion Conference, July 1988.

［17］ Huseman P G. Gas Dynamics Analysis of the small ICBM and Peacekeeper Launch Eject Gas Generator. AIAA Paper 88 - 3292, AIAA/ASEE/ASME/SAE 24th Joint Propulsion Conference, July 1988.

［18］ Administrator. Russian Company Kamaz to Develop New Family of Heavy Transporters for Russian Mod Tass 11708162 - Defense Security Global News Industry Army 2016 - Achieve News Year. www. armyrecognition. com. Retrieved 1 November 2017.

［19］ Malyasov, Dylan. Russia's New Chassis for Missile Systems Breaks Down During a Series of Ground Test - Defense Blog. Defense - blog. com. Retrieved 1 November 2017.

［20］ Malyasov, Dylan. Russia Unveils New Transporter - Loader Vehiclesfor Intercontinental Ballistic Missile - Defense Blog. Defense - blog. com. Retrieved 1 November 2017.

[21] http：//nationalinterest. org/blog/russias – nuclear – missile – death – train – arriving – 2019 – 19581.

[22] Beckhusen, Robert (6 December 2017). Say Goodbye to Russia's Nuclear – Armed Doomsday Train. warisboring. com. Retrieved 10 December 2017.

[23] www. military – today. com/trucks/mzkt _ 79291. htm.

[24] SRNL – STI – 2013 – 00551，Reductions without regrets：historical perspectives，2013.

[25] Koch S. The Presidential Nuclear Initiatives of 1991 – 1992，September 2012，National Defense University Press；see Appendix 1 for the texts of all initiatives.

[26] President George H. W. Bush，Address to the Nation on Reducing United States and Soviet Nuclear Weapons，27 September 1991，available from the website of the George Bush Presidential Library and Museum，http：//bushlibrary. tamu. edu/research/public _ papers. php? id＝3438&year＝1991&month＝9.

[27] President George H. W. Bush，State of the Union Address，January 28，1992，available online from http：//millercenter. org/president/speeches/detail/5531.

[28] Redacted and declassified version of State Department cable 247871，21 September 1979，HLG：US Draft Report，summarized and available through the website of The National Security Archive of George Washington University，http：//www. gwu. edu/～nsarchiv/nukevault/ebb301/♯6.

[29] Garthoff R L. Détente and Confrontation：U. S. – Soviet Relations from Nixon to Reagan，Washington，D. C.，Brookings Institution，1994.

[30] Treaty Between The United States of America and the Union of Soviet Socialist Republics on the Elimination of Their Intermediate – Range and Shorter – Range Missiles (INF Treaty)：Narrative，available from the U. S. Department of State website，http：//www. state. gov/t/avc/trty/102360. htm♯text.

[31] See，for example，L. Hughes，Why Japan Will Not Go Nuclear (Yet)，International and Domestic Constraints on the Nuclearization of Japan，International Security，vol. 31，no. 4，pp. 67 – 96，Spring 2007.

[32] Boeing AGM – 69 "SRAM"，available from http：//www. strategic – air – command. com/missiles/Aircraft – Launched _ Missiles/agm – 69 _ SRAM _ missile. htm.

[33] Government Accountability Office (GAO)，Justification for the Short Range Attack Missile II，December 1987，GAO/NSIAD – 88 – 81B.

[34] AGM – 131，Directory of U. S. Military Rockets and Missiles，http：//www. designation – systems. net/dusrm/m – 131. html.

[35] GAO. Unclassified Summary of GAO's SRAM II/T Classified Report，enclosure to a GAO memo to Defense Secretary Aspin，24 February 1992，GAO/NSIAD – 92 – 145R.

[36] Vice Adm Timothy Keating Briefing via Satellite – Teleconference from Bahrain，12 April 2003，News Transcript released by the Office of the Assistant Secretary of Defense for Public Affairs，available from http：//www. defense. gov/transcripts/transcript. aspx? transcriptid＝2370.

[37] Photograph：Mehdi Fedouach/AFP/Getty Images. March 29，2003，Buyukmerdes，Turkey；credited by Jeffrey Lewis，Why the Navy Should Retire TLAM/N，13 December 2009，The Arms Control Wonk，available from http：//lewis. armscontrolwonk. com/archive/2560/why – the – navy – should – retire – tlam – n.

［38］ America's Strategic Posture: The Final Report of the Congressional Commission on the Strategic Posture of the United States, 2009, U. S. Institute of Peace Press, Washington, DC, available from the Institute of Peace website, http://www. usip. org/files/America's _ Strategic _ Posture _ Auth _ Ed. pdf.

［39］ An unofficial translation of the original Japanese - language letter is available from the Citizens' Nuclear Information Center, http://icnndngojapan. files. wordpress. com/2010/01/20091224 _ okada _ letter _ en. pdf.

［40］ Joint Communique, The 42nd Meeting of the U. S. - ROK Security Consultative Meeting, October 8, 2010, Washington, DC, available from the Department of Defense website, http://www. defense. gov/news/d20101008usrok. pdf.

［41］ Joint Statement issued at the conclusion of the June 21, 2011 U. S. - Japan Security Consultative Committee meeting, attended by Secretary of State Hillary Rodham Clinton, Secretary of Defense Robert M. Gates, Minister for Foreign Affairs Matsumoto, and Minister of Defense Kitazawa, Toward a Deeper and Broader U. S. - Japan Alliance: Building on 50 Years of Partnership, available from the State Department website, http://www. state. gov/r/pa/prs/ps/2011/06/166597. htm.

［42］ Martin Marietta LGM - 118A "Peacekeeper" ICBM Fact Sheet, available at the Hill AFB website, http://www. hill. af. mil/library/factsheets/factsheet. asp? id＝5762, posted 19 - Oct - 2010.

［43］ Steven A. Pomeroy, Echoes that Never Were: American Mobile Intercontinental Ballistic Missiles, 1956 - 1983, doctoral dissertation, Auburn University, 14 April 2006, report no. CI04 - 1762.

［44］ Steven A. Pomeroy, Echoesthat Never Were: American Mobile Intercontinental Ballistic Missiles, 1956 - 1983, doctoral dissertation, Auburn University, 14 April 2006, report no. CI04 - 1762.

［45］ The United States, Russia, China, Australia, India, France, and Germany are Developing Hypersonic Weapons Technology. See Richard H. Speier et al., Hypersonic Missile Proliferation: Hindering the Spread of a New Class of Weapons, RAND Corporation, 2017, https://www. rand. org/pubs/research _ reports/RR2137. html.